建筑防火问答

郭树林　主编

中国建筑工业出版社

图书在版编目（CIP）数据

建筑防火问答/郭树林主编．—北京：中国建筑工业出版社，2015.7

ISBN 978-7-112-18416-3

Ⅰ.①建…　Ⅱ.①郭…　Ⅲ.①建筑设计-防火-问题解答　Ⅳ.①TU892-44

中国版本图书馆 CIP 数据核字（2015）第 206602 号

建筑防火问答

郭树林　主编

*

中国建筑工业出版社出版、发行（北京西郊百万庄）

各地新华书店、建筑书店经销

北京红光制版公司制版

北京市安泰印刷厂印刷

*

开本：850×1168 毫米　1/32　印张：14⅛　字数：379 千字

2015 年 10 月第一版　　2015 年 10 月第一次印刷

定价：**35.00** 元

ISBN 978-7-112-18416-3

（27654）

本书根据《建筑设计防火规范》（GB 50016—2014）、《火灾自动报警系统设计规范》（GB 50116—2013）等编写。采用一问一答的形式，较为系统地介绍了建筑防火应掌握的基础知识，简要明确，实用性强，全书共分为9章，内容主要包括：火灾基础知识，民用建筑防火设计，厂房、仓库和材料堆场防火设计，建筑防火构造与设施，建筑防火系统设计，建筑防火系统电气设计，建筑施工防火安全要求，建筑施工防火设施及使用，建筑施工现场消防安全管理等。

本书可供施工现场管理人员以及其他相关人员参考使用，也可供各高校建筑专业师生参考使用。

*　　*　　*

责任编辑：郭　栋
责任设计：董建平
责任校对：陈晶晶　刘梦然

编委会

前　言

随着我国经济社会和城市建设的快速发展，各类用火、用电、用油、用气场所大量增加，引发火灾，导致火灾蔓延扩大的不安全因素越来越多，各类建筑火灾事故相继发生，在对这些火灾事故进行多层面的分析研究中发现，火灾防范等技术对策还有待进一步完善或加强。基于此，我们组织编写了此书。

本书根据《建筑设计防火规范》（GB 50016—2014）、《火灾自动报警系统设计规范》（GB 50116—2013）、《建设工程施工现场消防安全技术规范》（GB 50720—2011）编写。共分为 9 章，内容主要包括：火灾基础知识，民用建筑防火设计，厂房、仓库和材料堆场防火设计，建筑防火构造与设施，建筑防火系统设计，建筑防火系统电气设计，建筑施工防火安全要求，建筑施工防火设施及使用，建筑施工现场消防安全管理等。

本书采用一问一答的形式，较为系统地介绍了建筑防火应掌握的基础知识，简要明确，实用性强，可供施工现场管理人员以及其他相关人员参考使用，也可供各高校建筑专业师生参考使用。

由于编写时间仓促，编写经验、理论水平有限，难免有疏漏、不足之处，敬请读者批评指正。

目　　录

1 火灾基础知识

1.1 燃　　烧

问题1：什么是燃烧？

燃烧是一种同时伴有发光、发热的激烈的氧化反应。在化学反应中，失去电子的物质被氧化，而获得电子的物质被还原。所以，氧化不仅仅限于同氧化合。例如，氢在氯中燃烧生成氯化氢，其中氯为－1价，而氢为＋1价。氢失去一个电子，氯得到一个电子，氢被氧化氯被还原。同样，金属钠在氯气中燃烧、炽热的铁在氯气中燃烧等，它们虽然没有同氧化合，但所发生的反应却是一个激烈的氧化反应，并伴有光和热发生。

在铜与稀硝酸的反应中，反应结果生成硝酸铜，其中铜失掉两个电子被氧化，但在该反应中没有同时产生光和热，因此不能称它为燃烧。灯泡中的灯丝连通电源后虽然同时发光、发热，但它也不是燃烧，因为它不是一种激烈的氧化反应，而是由电能转变为光能的一种物理现象。

问题2：燃烧有哪些特征？

燃烧反应通常具有如下三个特征：

1. 生成新的物质

物质在燃烧前后性质发生了根本变化，生成了与原来完全不同的新物质。化学反应是这个反应的本质。如木材燃烧后生成木炭、灰烬以及 CO_2 和水蒸气。

2. 放热

凡是燃烧反应都有热量生成。这是因为燃烧反应都是氧化还原反应。氧化还原反应在进行时总是有旧键的断裂和新键的生成，断键时要吸收能量，成键时又放出能量。在燃烧反应中，断键时吸收的能量要比成键时放出的能量少，所以燃烧反应都是放热反应。

3. 发光和（或）发烟

大部分燃烧现象都伴有光和烟的现象，但也有少数燃烧只发烟而无光产生。燃烧发光的主要原因是由于燃烧时火焰中有白炽的碳粒等固体粒子和某些不稳定的中间物质的生成所致。

问题3：燃烧的方式有哪些？其特点是什么？

可燃物质受热后，由于其聚集状态的不同而发生不同的变化。绝大多数可燃物质的燃烧都是在蒸气或者气体的状态下进行的，并出现火焰。而有的物质则不能变为气态，其燃烧发生在固相中，比如焦炭燃烧时，呈灼热状态。因为可燃物质的性质、状态不同，燃烧的特点也不一样。

1. 气体燃烧

可燃气体的燃烧不需像固体、液体那样经熔化以及蒸发过程，其所需热量仅用于氧化或分解，或将气体加热到燃点，所以容易燃烧且燃烧速度快。根据燃烧前可燃气体与氧混合状况不同，其燃烧方式分为扩散燃烧与预混燃烧。

（1）扩散燃烧

扩散燃烧就是可燃性气体和蒸气分子与气体氧化剂互相扩散，边混合边燃烧。在扩散燃烧中，化学反应速度要比气体混合扩散速度快得多。整个燃烧速度的快慢通过物理混合速度决定。气体（蒸气）扩散多少，就会烧掉多少。人们在生产、生活中的用火（如燃气做饭、点气照明、烧气焊等）都属于这种形式的燃烧。

扩散燃烧的特点：燃烧较为稳定，扩散火焰不运动，可燃气体与气体氧化剂的混合在可燃气体喷口进行。对稳定的扩散燃烧，只要控制得好，就不致导致火灾，一旦发生火灾也较易扑救。

（2）预混燃烧

预混燃烧又称为爆炸式燃烧。它指的是可燃气体、蒸气或粉尘预先同空气（或氧）混合，遇引火源产生带有冲击力的燃烧。预混燃烧通常发生在封闭体系中或在混合气体向周围扩散的速度远小于燃烧速度的敞开体系中，燃烧放热导致产物体积迅速膨胀，压力升高，压力可达709.1～810.4kPa。一般的爆炸反应即属此种。

预混燃烧的特点：燃烧温度高，反应快，火焰传播速度快，反应的混合气体不扩散，在可燃混合气中引入一火源就会产生一个火焰中心，成为热量与化学活性粒子集中源。若预混气体从管口喷出发生动力燃烧，如果流速大于燃烧速度，则在管中形成稳定的燃烧火焰，由于燃烧充分，燃烧速度快，燃烧区呈高温白炽状；如果可燃混合气在管口流速小于燃烧速度，则会发生“回火”，如制气系统检修前不进行置换就烧焊，燃气系统在开车前不进行吹扫就点火，用气系统产生负压“回火”或漏气未被发现而用火时，往往形成动力燃烧，有可能导致设备损坏和人员伤亡。

2. 液体燃烧

易燃、可燃液体在燃烧过程中，燃烧的并不是液体本身，而是液体受热时蒸发出来的液体蒸气被分解、氧化达到燃点而燃烧，即蒸发燃烧。所以，液体是否能发生燃烧、燃烧速率高低，与液体的蒸气压、闪点、沸点以及蒸发速率等性质密切相关。可燃液体会产生闪燃的现象。

可燃液态烃类燃烧时，一般产生橘色火焰并散发浓密的黑色烟云。醇类燃烧时，一般产生透明的蓝色火焰，几乎不产生烟雾。某些醚类燃烧时，液体表面常会伴有明显的沸腾状，这类物质的火灾较难扑灭。在含有水分、黏度较大的重质石油产品，如原油、重油以及沥青油等发生燃烧时，有可能产生沸溢现象及喷溅现象。

（1）闪燃

发生闪燃的原因是易燃或者可燃液体在闪燃温度下蒸发的速度比较慢，蒸发出来的蒸气仅能维持一刹那的燃烧，来不及补充新的蒸气维持稳定的燃烧，所以一闪就灭了。但闪燃却是引起火灾事故的先兆之一。闪点则指的是易燃或可燃液体表面产生闪燃的最低温度。

（2）沸溢

以原油为例，其黏度比较大，并且都含有一定的水分，以乳化水与水垫两种形式存在。所谓乳化水，是原油在开采运输过程中，原油中的水因为强力搅拌成细小的水珠悬浮于油中而成的。放置久之后，油水分离，水由于密度大而沉降在底部形成水垫。

燃烧过程中，这些沸程较宽的重质油品产生热波，在热波向液体深层运动时，因为温度远高于水的沸点，所以热波会使油品中的乳化水汽化，大量的蒸汽就要穿过油层向液面上浮，在向上移动过程中形成油包气的气泡，也就是油的一部分形成了含有大量蒸汽气泡的泡沫。这样，必然导致液体体积膨胀，向外溢出，同时部分未形成泡沫的油品也被下面的蒸汽膨胀力抛出，使液面猛烈沸腾起来，就像“跑锅”一样，这种现象叫作沸溢。

从沸溢过程说明，沸溢形成必须具备下列三个条件：

1）原油具有形成热波的特性，即沸程宽，密度相差比较大。

2）原油中含有乳化水，水遇热波则变成蒸汽。

3）原油黏度较大，使水蒸气不容易由下向上穿过油层。

（3）喷溅

在重质油品燃烧进行过程中，随着热波温度的逐渐升高，热波向下传播的距离也加大，当热波达到水垫时，水垫的水大量蒸发，蒸汽体积迅速膨胀，以至将水垫上面的液体层抛向空中，向外喷射，这种现象叫作喷溅。

通常情况下，发生沸溢要比发生喷溅的时间早得多。发生沸溢的时间与原油的种类、水分含量有关。根据试验，含有1%水分的石油，经45～60min燃烧即会发生沸溢。喷溅发生的时间同油层厚度、热波移动速度及油的线燃烧速度有关。

3. 固体燃烧

按照各类可燃固体的燃烧方式与燃烧特性，固体燃烧的形式大致可分为5种，其燃烧也各有特点。

（1）蒸发燃烧

硫、磷、钾、钠、松香、蜡烛、沥青等可燃固体，在受到火源加热时，先熔融蒸发，随后蒸气与氧气发生燃烧反应，这种形式的燃烧一般叫作蒸发燃烧。樟脑、萘等易升华物质，在燃烧时不经过熔融过程，但其燃烧现象也可以看作一种蒸发燃烧。

（2）表面燃烧

可燃固体（如焦炭、木炭、铁、铜等）的燃烧反应是在其表面由氧和物质直接作用而发生的，称为表面燃烧。这是一种无火焰的燃烧，有时又叫作异相燃烧。

（3）分解燃烧

可燃固体，如木材、煤、合成塑料以及钙塑材料等，在受到火源加热时，先发生热分解，随后分解出的可燃挥发分与氧发生燃烧反应，这种形式的燃烧通常称为分解燃烧。

（4）熏烟燃烧（阴燃）

可燃固体在空气不流通、加热温度比较低、分解出的可燃挥发分较少或者逸散较快、含水分较多等条件下，往往发生只冒烟而没有火焰的燃烧现象，这就是熏烟燃烧，也称阴燃。

（5）动力燃烧（爆炸）

动力燃烧指的是可燃固体或其分解析出的可燃挥发分遇火源所发生的爆炸式燃烧，主要包括可燃粉尘爆炸、炸药爆炸以及轰燃等几种情形。例如，能析出一氧化碳的赛璐珞、能析出氰化氢的聚氨酯等，在大量堆积燃烧时，常会产生轰燃现象。

这里需要指出的是，以上各种燃烧形式的划分不是绝对的，有些可燃固体的燃烧往往包含两种或两种以上的形式。例如，在适当的外界条件下，木材、棉、麻以及纸张等的燃烧会明显地存在分解燃烧、熏烟燃烧以及表面燃烧等形式。

问题4：燃烧的必要条件有哪些?

物质燃烧过程的发生和发展，必须具备以下三个必要条件，即：可燃物、氧化剂和温度（引火源）。只有这三个条件同时具备，才可能发生燃烧现象，无论哪一个条件不满足，燃烧都不能发生。但是，并不是上述三个条件同时存在，就一定会发生燃烧现象，还必须这三个因素相互作用才能发生燃烧。

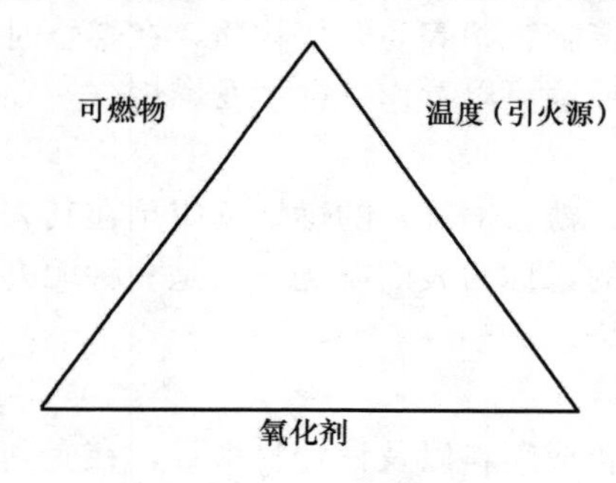

图1-1　燃烧三角形

用燃烧三角形（图1-1）来表示无焰燃烧的基本条件是非常确切的，但是进一步研究表明，对有焰燃烧，由于过程中存在未受抑制的游离基（自由基）作中间体，因而燃烧三角形需要增加一个坐标，形成四面体（图1-2）。自由基是一种高度活泼的化学基团，能与其他的自由基和分子起反应，从而使燃烧按链式反应扩展，所以有焰燃烧的发生需要四个必要条件，即：可燃物、氧化剂、温度（引火源）和未受抑制的链式反应。

1. 可燃物

凡是能与空气中的氧或其他氧化剂发生燃烧化学反应的物

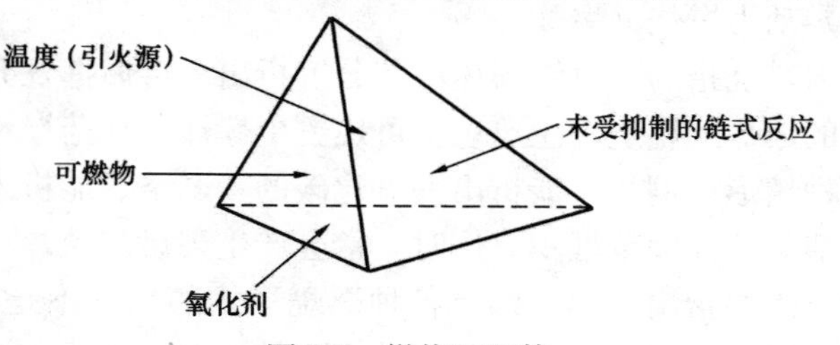

图1-2　燃烧四面体

质称为可燃物。可燃物按其物理状态分为气体可燃物、液体可燃物和固体可燃物三种类别。可燃烧物质大多是含碳和氢的化合物，某些金属如钙、镁、铝等在某些条件下也可以燃烧，还有许多物质如肼、臭氧等在高温下可以通过自己的分解而放出光和热。

2. 氧化剂

支持和帮助可燃物燃烧的物质，即能与可燃物发生氧化反应的物质称为氧化剂。燃烧过程中的氧化剂主要是空气中游离的氧，另外如氟、氯等也可以作为燃烧反应的氧化剂。

3. 温度（引火源）

凡是能够引起物质燃烧的点燃能源，统称为引火源。在一定情况下，各种不同可燃物发生燃烧，都有本身固定的最小点火能量要求，只有达到一定能量才能引起燃烧。常见的引火源有以下几种：

（1）明火

明火是指生产、生活中的炉火、焊接火、烛火、吸烟火，撞击、摩擦打火，机动车辆排气管火星及飞火等。

（2）电弧、电火花

电弧、电火花指的是电气设备、电气线路、电气开关及漏电打火，电话、手机等通信工具火花，静电火花（物体静电放电、人体衣物静电打火以及人体积聚静电对物体放电打火）等。

（3）雷击

雷击瞬间高压放电能够引燃任何可燃物。

（4）高温

高温指的是高温加热、烘烤、积热不散、机械设备故障发热、摩擦发热、聚焦发热等。

（5）自燃引火源

自燃引火源指的是在既无明火又无外来热源的情况下，物质本身自行发热、燃烧起火，如钾、钠等金属遇水着火；白磷、烷基铝在空气中会自行起火；易燃、可燃物质与氧化剂及过氧化物接触起火等。

4. 链式反应

有焰燃烧都存在链式反应。当某种可燃物受热，它不仅会汽化，而且该可燃物的分子还会发生热裂解作用从而产生自由基。自由基是一种高度活泼的化学形态，能与其他的自由基和分子反应，而使燃烧持续进行下去，这就是燃烧的链式反应。

问题5：燃烧的充分条件有哪些？

燃烧的充分条件有以下四方面：

（1）一定的可燃物浓度；

（2）一定的氧气含量；

（3）一定的点火能量；

（4）未受抑制的链式反应。

汽油的最小点火能量为0.2毫焦（mJ），乙醚为0.19mJ，甲醇为0.215mJ。对于无焰燃烧，前三个条件同时存在，相互作用，燃烧就能发生。而对于有焰燃烧，除以上三个条件，燃烧过程中存在未受抑制的游离基（自由基），形成链式反应，使燃烧能够持续下去，亦是燃烧的充分条件之一。

问题6：燃烧中的常用术语有哪些？

1. 闪燃

在液体（固体）表面上能产生足够的可燃蒸气，遇火能产生一闪即灭的火焰的燃烧现象称为闪燃。

2. 阴燃

没有火焰的缓慢燃烧现象称为阴燃。

3. 爆燃

以亚音速传播的爆炸现象称为爆燃。

4. 自燃

可燃物质在没有外部明火等火源的作用下，由于受热或自身发热并蓄热所产生的自行燃烧现象称为自燃。亦即物质在无外界引火源条件下，由于其本身内部所进行的生物、物理、化学过程而产生热量，使温度上升，最后自行燃烧起来的现象。

5. 闪点

在规定的试验条件下，液体（固体）表面能产生闪燃的最低温度称为闪点。同系物中异构体比正构体的闪点低；同系物的闪点随其沸点升高而升高，随其分子量的增加而升高。各组分混合液，如汽油、煤油等，其闪点随沸点的增加而升高；低闪点液体和高闪点液体形成的混合液，其闪点低于这两种液体闪点的平均值。木材的闪点为260℃左右。

闪点的意义如下：

（1）闪点是生产厂房的火灾危险性分类的重要依据；

（2）闪点是储存物品仓库的火灾危险性分类的依据；

（3）闪点是甲、乙、丙类危险液体分类的依据。

（4）以甲、乙、丙类液体分类为依据规定了厂房和库房的耐火等级、占地面积、层数、安全疏散、防火间距、防爆设置等；

（5）以甲、乙、丙类液体的分类为依据规定了液体储罐、堆场的布置、防火间距，可燃和助燃气体储罐的防火间距，液化石油气储罐的布置、防火间距等。

6. 燃点

在规定的试验条件下，液体或固体能发生持续燃烧的最低温度称为燃点。所有液体的燃点都高于闪点。

7. 自燃点

在规定的试验条件下，可燃物质产生自燃的最低温度是该物质的自燃点。

可燃物质发生自燃的主要方式有：

（1）氧化发热。

（2）分解放热。

（3）聚合放热。

（4）发酵放热。

（5）吸附放热。

（6）活性物质遇水。

（7）可燃物与强氧化剂的混合。

影响固体可燃物自燃点的主要因素有：

（1）受热熔融：熔融后可视液体、气体的情况。

（2）固体的颗粒度：固体颗粒越细，其比表面积就越大，自燃点越低。

（3）挥发物的数量：挥发出的可燃物越多，其自燃点越低。

（4）受热时间：可燃固体长时间受热，其自燃点会有所降低。

影响液体、气体可燃物自燃点的主要因素有：

（1）氧浓度：混合气体中氧浓度越高，自燃点越低。

（2）压力：压力越高，自燃点越低。

（3）催化：活性催化剂能降低自燃点，钝性催化剂能提高自燃点。

（4）容器的材质和内径：器壁的不同材质有不同的催化作用；容器直径越小，自燃点越高。

8. 氧指数

是指在规定条件下，固体材料在氧、氮混合气流中，维持平稳燃烧所需的最低氧含量。氧指数高表示材料不易燃烧，氧指数低表示材料容易燃烧。一般认为，氧指数＜22 时，属易燃材料；氧指数在 22～27 之间，属可燃材料；氧指数＞27 时，属难燃材料。

9. 可燃液体的燃烧特点

可燃液体的燃烧实际上是可燃蒸气的燃烧，所以，液体是否能发生燃烧，燃烧速率的高低与液体的蒸气压、沸点、闪点和蒸发速率等性质有关。在不同类型油类的敞口贮罐的火灾中容易出现三种特殊现象：沸溢、喷溅和冒泡。

10. 突沸现象

液体在燃烧过程中，由于不断向液层内传热，会使含有水分、黏度大、沸点在 100℃以上的重油、原油产生沸溢和喷溅现象，导致大面积火灾，这种现象称为突沸现象。能产生突沸现象的油品称为沸溢性油品。

液体火灾危险分类及分级是依照其闪点来划分的，分为甲类（一级易燃液体）：液体闪点低于 28℃；乙类（二级易燃液体）：闪点在 28～60℃之间；丙类（可燃液体）：液体闪点不低于 60℃三种。

固体可燃物必须经过受热、蒸发、热分解，固体上方可燃气体浓度达到燃烧极限，方可持续不断地发生燃烧。燃烧方式分为：蒸发燃烧、分解燃烧、表面燃烧和阴燃四种。一些固体可燃物在空气不流通、加热温度较低或含水分较高时会发生阴燃，如成捆堆放的麻、棉、纸张及大堆垛的煤、草、湿木材等。

问题 7：什么是燃烧产物？它是如何进行分类的？

燃烧产物是指由燃烧或热解作用而产生的全部的物质。也就是说可燃物燃烧时，生成的气体、固体和蒸气等物质均为燃烧产物。比如，灰烬、炭粒（烟）等。

燃烧产物按其燃烧的完全程度分完全燃烧产物和不完全燃烧产物两大类。

1. 完全燃烧产物

如果在燃烧过程中生成的产物不能再燃烧了，那么这种燃烧叫作完全燃烧，其产物称为完全燃烧产物。完全燃烧产物在燃烧区中具有冲淡氧含量抑制燃烧的作用。如燃烧产生的 CO_2、SO_2、H_2O、P_2O_5 等都为完全燃烧产物。

2. 不完全燃烧产物

如果在燃烧过程中生成的产物还能继续燃烧，那么这种燃烧叫作不完全燃烧，其产物即为不完全燃烧产物。如木材在空气不足时燃烧，除生成 CO_2、H_2O 和灰分外，还生成 CO、甲醇、丙酮、乙醛、醋酸以及其他干馏产物，这些产物都能继续燃烧。不完全燃烧产物因具有燃烧性，所以对气体、蒸气、粉尘的不完全燃烧产物当与空气混合后再遇着火源时，有发生爆炸的危险。

问题 8：燃烧产物有哪些特性？

燃烧产物最直接的是烟气。在火灾造成的人员伤亡中，被烟雾熏死的所占比例很大，一般它是被火烧死者的 4～5 倍，着火层以上死的绝大多数是被烟熏死的，可以说火灾时对人的最大威胁是烟。所以，我们认识燃烧产物的危害性非常重要。

1. 致灾危险性

灼热的燃烧产物，由于对流和热辐射作用，都可能引起其他可燃物质的燃烧成为新的起火点，并造成火势扩散蔓延。有些不完全燃烧产物还能与空气形成爆炸性混合物，遇火源而发生爆炸，更易造成火势蔓延。据测试，烟的蔓延速度超过火的 5 倍。起火之后，失火房间内的烟不断进入走廊，在走廊内通常以每秒 0.3～0.8m 的速度向外扩散，如果遇到楼梯间敞开的门（甚至门缝），则以每秒 2～3m 的速度在楼梯间向上窜，直奔最上一层，而且楼越高，窜得越快。炽热的浓烟不但使一般喷水装置难于对付，而且在很远的距离对人体就有强大威胁。

2. 刺激性、减光性、恐怖性

（1）刺激性

烟气中有些气体对人的眼睛有极大的刺激性，使人的眼睛难以睁开，造成人们在疏散过程中行进速度大大降低。所以火灾烟气的刺激性是毒害性的帮凶，增大了人员中毒或被烧死的可能性。

（2）减光性

由于燃烧产物的烟气中，烟粒子对可见光是不透明的，故对可见光有完全的遮蔽作用，使人眼的能见度下降，在火灾中，当烟气弥漫时，可见光会因受到烟粒子的遮蔽作用而大大减弱；尤其是在空气不足时，烟的浓度更大，能见度会降得更低。如果是楼房起火，走廊内大量的烟会使人们不易辨别火势的方向，不易寻找起火地点，看不见疏散方向，找不到楼梯和门，造成安全疏散的障碍，给扑救和疏散工作带来困难。

(3) 恐怖性

在着火后大约15min，烟的浓度最大，人们的能见距离一般只有30cm。特别是发生轰燃时，火焰和烟气冲出门窗洞口，浓烟滚滚，烈焰熊熊，还会使人们产生恐怖感，常给疏散过程造成混乱局面，甚至使有的人失去活动能力和理智。

3. 毒害性

燃烧产生的大量烟和气体，会使空气中氧气含量急速降低，加上CO、HCl、HCN等有毒气体的作用，使在场人员有窒息和中毒的危险，神经系统受到麻痹而出现无意识的失去理智的动作。烟气中的含氧量往往低于人们生理正常所需的数值。在着火的房间内当气体中的含氧量低于6%时，短时间内即会造成人的窒息死亡；即使含氧量在6%～10%之间，人在其中虽然不会短时窒息死亡，但也会因此失去活动能力和智力下降而不能逃离火场，最终丧身火海。烟气中含有多种有毒气体，达到一定浓度时，会造成人的中毒死亡。近年来，高分子合成材料在建筑、装修及家具制造中的广泛应用，火灾所生成的烟气的毒性更加严重。

燃烧产物中的烟气，包括水蒸气，温度较高，载有大量的热，烟气温度会高达数百甚至上千摄氏度，而人在这种高温湿热环境中是极易被烫伤的。试验得知，在着火的房间内，人对高温烟气的忍耐性是有限的，烟气温度越高，忍耐时间越短；在65℃时，可短时忍受；120℃时，15min就可产生不可恢复的损伤；140℃时，忍耐时间约5min；170℃时，忍耐时间约1min；在几百度的烟气高温中人是1min也无法忍受的。

燃烧产物也有其有利的一面。火灾时可根据烟的颜色和气味来判断什么物质在燃烧，根据烟雾的方位、规模、颜色和气味，大致断定着火的方位、火灾的规模等。物质的组成不同，燃烧时产生的烟的成分也不同，成分不同烟的颜色和气味也不同。根据这一特点，我们在扑救火灾的过程中，可根据烟的颜色和气味来判断什么物质在燃烧。另外，完全燃烧的产物在一定程度上有阻止燃烧的作用。如果将房间所有孔洞封闭，随着燃烧的进行，产物的浓度会越来越高，空气中的氧会越来越少，燃烧强度便会随之降低。当产物的浓度达到一定程度时，燃烧会自动熄灭。

问题9：燃烧产物及其毒性都有什么？

燃烧产物是指由燃烧或热解作用产生的全部物质。燃烧产物包括：

1. 二氧化碳（CO_2）

为完全燃烧产物，是一种无色不燃的气体，溶于水，有弱酸性，比空气重1.52倍。二氧化碳在常温和60个大气压下即成液体，当减去压力，这种液态的二氧化碳会很快气化，大量吸热，温度会很快降低，最多可达到−79℃，一部分会凝结成雪状的固体，故俗称干冰。二氧化碳在消防安全上常用作灭火剂。由于钾、钠、钙、镁等金属物质燃烧时产生的高温能够把二氧化碳分解为C和O_2。所以，不能用二氧化碳扑救金属物质的火灾。

CO_2在空气中的含量为1%～2%时即能引起人的不快感，3%时刺激呼吸中枢，使呼吸增加，血压升高；达到5%可使人喘不过气，30分钟内使人中毒；达到7%～10%，数分钟内就会使人失去知觉，以致死亡。

2. 一氧化碳（CO）

为不完全燃烧产物。是一种无色、无味而有强烈毒性的可燃气体，难溶于水，与空气的比重为0.97。一氧化碳的毒性较大，它能从血液的氧血红素里取代氧而与血红素结合形成一氧化碳血红素，从而使人感到严重缺氧。其在空气中的含量0.1%超过1小时可使人头痛，作呕、不舒服；含量0.5%经过2～3分钟就威胁生命；达1.0%时，人呼吸数次便失去知觉，2～3分钟内使人死亡。

在火场烟雾弥漫的房间中，一氧化碳含量比较高时，必须注意防止一氧化碳中毒和一氧化碳与空气形成爆炸性混合物。

3. 二氧化硫（SO_2）

二氧化硫是硫燃烧后生成的产物，无色，有刺激臭味。二氧化硫比空气重 2.26 倍，易溶于水，在 20℃时 1 体积的水能溶解约 40 体积的二氧化硫。二氧化硫有毒，是大气污染中危害较大的一种气体，它严重伤害植物，刺激人的呼吸道，腐蚀金属等。其在大气中的含量达 0.05%时，会在短时间内威胁人的生命。

4. 氯化氢（HCl）

氯化氢是含氯可燃物的燃烧产物。它是一种刺激性气体，吸收空气中的水分后成为酸雾，具有较强的腐蚀性，在较高浓度的场合，会强烈刺激人们的眼睛，引起呼吸道发炎和肺水肿。

5. 氮的氧化物

燃烧产物中氮的氧化物主要是一氧化氮（NO）和二氧化氮（NO_2）。硝酸和硝酸盐分解、含硝酸盐及亚硝酸盐炸药的爆炸过程、硝酸纤维素及其他含氮有机化合物在燃烧时都会产生 NO 或 NO_2。NO 为无色气体；NO_2 为棕红色气体。都具有一种难闻的气味，而且有毒。其含量达到 0.025%，即可在短时间内致人死亡。

6. 五氧化二磷（P_2O_5）

五氧化二磷是可燃物磷的燃烧产物，常温常压下为白色固体粉末，能溶于水，生成偏磷酸（HPO_3）或正磷酸（H_3PO_4）。P_2O_5 的熔点为 563℃，升华点 347℃。所以，燃烧时生成的 P_2O_5 为气态，而后凝固。纯 P_2O_5 无特殊气味，因磷燃烧时常常会有 P_2O_3（或 P_4O_6），P_2O_3 具有蒜味，因而磷燃烧时会闻到蒜味。P_2O_5 有毒，会刺激呼吸器官，引起咳嗽和呕吐。

问题 10：什么是燃烧温度？

燃烧温度实质上就是火焰温度。可燃物质燃烧时所放出的热量，一部分被火焰辐射时散失，而大部分则消耗在加热燃烧产物上，因为燃烧物质燃烧所产生的热量是在火焰燃烧区域内析出的，所以火焰温度也就是燃烧温度。

燃烧的理论温度指可燃物质在空气中于恒压下完全燃烧，且没有热损失（燃烧产生的热全部用来加热产物）的条件下，产物所能达到的最高温度。

物质燃烧时的实际温度（包括火场条件下燃烧温度），往往低于理论燃烧温度。因为一般地说，物质燃烧都进行得并不完全，而且燃烧时放出的热量也有一部分散失到周围环境。

问题 11：燃烧温度有哪些影响因素？

物质燃烧温度视燃烧条件而变化，其大致情况是：

（1）可燃物质的组成和性质不同，燃烧温度也不同。

（2）参与反应的氧化剂的配比不同，燃烧温度也不同。

（3）燃烧持续时间不同，燃烧温度也有不同。随着火灾延续时间的增长，燃烧温度也随之增高。

建筑物发生火灾后，其温度通常是随着火灾延续时间的增长而增高的。

其温度随时间的变化见表 1-1。

火灾温度随时间的变化 **表 1-1**

起火后持续时间	火焰温度
10min	700℃
20min	800℃
30min	840℃
1h	925℃
1.5h	975℃
3h	1050℃
4h	1090℃

火灾延续时间愈长，被辐射的物体接受的热辐射愈多，故邻近建筑物被烤燃蔓延的可能性也愈大（但是，当房屋倒塌或可燃物全部烧完，温度就不再上升了）。因此，火灾发生后，及早发现，及时报警，将火灾扑灭在初期阶段是十分重要的。

火场上，火灾的发展时间和燃烧的持续时间与窗洞面积与房间面积的比值大小有关，若减小窗洞与房间面积的比值，将会增加火灾的发展时间和持续时间。在房间体积相同的条件下，窗洞面积越大时，由于空气流入量较多，所以火灾发展的速度越快，而持续时间则越短。

问题 12：燃烧温度对消防有哪些影响？

（1）根据某些物质的熔化状况或特征，可大致判定燃烧温度。如玻璃的特征见表 1-2。

玻璃在不同温度下的特征　　表 1-2

500℃	普通玻璃被烤碎
700～800℃	玻璃软化
900～950℃	玻璃熔化

又如钢材，若有蓝灰色或黑色薄膜，有微小裂缝，有时呈龟裂现象，是钢材经高温作用过热的主要特征；若钢材只有火烧过的颜色痕迹，表面有时有深红色的渣滓存在，说明钢材虽然被火烧过但没有过热；钢材在 300～400℃时强度急骤下降；600℃时失去承载能力。

（2）根据燃烧温度，可大体确定物质火灾危险性的大小和火势扩展蔓延的速度。一般地说，物质的热值越高，燃烧温度越高，火灾危险性也就越大。在火场上，物质燃烧时所放出的热量，是火势扩展蔓延和造成破坏的基本条件。物质燃烧时放出的热量越大，火焰温度越高，它的辐射热就越强，气体对流的速度就越快。这不仅会使已经着火的物质迅速燃尽，还会引起周围的建筑物和物质受热着火，促使火势迅速蔓延扩展。在火场上，阻止热传播是阻止火势蔓延扩大和扑灭火灾的重要措施之一。

问题 13：什么是燃烧速度？

燃烧速度是在单位面积上和单位时间内烧掉的可燃物质的

数量。

1. 气体燃烧速度

气体的燃烧速度随物质的组成不同而异。简单气体燃烧只需受热氧化等过程，如氢气；而复杂的气体则要经过受热、分解、氧化等过程才能开始燃烧，如天然气、乙炔等。简单的气体比复杂的气体燃烧速度快。

在气体燃烧中，扩散燃烧速度取决于气体的扩散速度，而混合燃烧速度则取决于本身的化学反应速度。通常混合燃烧速度高于扩散燃烧速度，故气体的燃烧性能，常以火焰传播速度来衡量。

火焰传播速度在不同管径的管道中测试时其值不同，一般随着管径增加而增加，当达到某个直径时，速度就不再增加；同样，火焰传播速度随着管径的减小而减小，并在达到某个小的管径时，火焰就不再传播。管中火焰不再传播时的管径称为极限管径。燃烧出口的直径若小于极限管径，火焰就不会向管内传播。

2. 液体燃烧速度

液体燃烧速度取决于液体的蒸发，即先蒸发后燃烧，燃烧速度与液体初温、贮罐直径、罐内液面高低、液体中水分含量等多种因素有关。初温越高，燃烧越快；罐中液位低时比液位高时燃烧要快；不含水的比含水的燃烧要快。液体着火后，火焰沿液体表面蔓延，其速度可达 0.5～2m/s。

为了使液体燃烧继续下去，必须向液体输入大量热，使表层蒸发，火焰靠辐射加热液体，故火焰沿液面蔓延速度除决定于液体初温、热容、蒸发潜热外，还决定于火焰的辐射能力。如苯在初温为 16℃时燃烧速度为 165.37K/（m^2・h）。此外，风速对火焰蔓延速度也有很大影响。

3. 固体燃烧速度

固体物质的燃烧速度，一般要小于可燃气体和液体。且不同固体的燃烧速度也有很大的差异。如萘及其衍生物、三硫化磷、松香等，在常温下是固体、燃烧过程是受热熔化、蒸发、汽化、分解氧化、起火燃烧，一般速度较慢。而硝基化合物、硝化纤维制品，本身含有不稳定的基团，燃烧是分解式的，较剧烈，速度很快。

问题14：什么是火焰？

火焰是指发光的气相燃烧区域。火焰的存在是燃烧过程中最明显的标志。凡是气体燃烧、液体燃烧都有火焰存在。固体燃烧如果有挥发性的热解产物产生也有火焰产生。由于焦炭、木炭等无热解产物的固体燃烧时没有气相存在，所以没有火焰，只有发光现象的灼热燃烧，也称为无焰燃烧。

问题15：火焰有哪些特征？

发光是火焰一个重要的特征。但组成不同的物质燃烧所形成的火焰，其光的明亮程度和颜色则不同。

根据这一特征把火焰分为显光火焰和不显光火焰两种。显光火焰是指那些光亮的火焰。在通常情况下很易被人看清。不显光火焰是指那些不明亮的，通常不易被人看清，尤其是强光下人眼不易看到的火焰。

如果将可燃物的组成与它的火焰特征比较，可以发现含氧量达50％以上的可燃物，燃烧时成不显光的火焰；含氧量在50％以下的物质燃烧时，生成显光的火焰；含碳量在60％以上的可燃物燃烧时则生成显光而又带有大量熏烟的火焰。

有机可燃物在空气中燃烧时，火焰的亮度或颜色主要取决于物质中氧和碳的含量。因为碳粒是导致火焰发光的首要因素，如果物质中含氧量越多，燃烧越完全，在火焰中生成的碳粒就越少，因而火焰的光亮度就减弱或不显光（呈浅蓝色）。如果物质中含氧量不多，而含碳量多，由于燃烧不完全，在火焰中能产生较多的碳粒，便使火焰亮度增加。当含碳量增加到一定程度时，火焰中的碳粒特别多，以致使大到的碳粒聚结成碳黑，这种火焰称为熏烟火焰。

火焰显不显光不仅与物质的组成有关，而且还与燃烧条件有关。如果把纯氧引入火焰内部，则原来显光的火焰就会变成不显光的火焰，而有熏烟的火焰就会变成无熏烟的火焰。

问题 16：火焰对消防有哪些影响？

在火场上，救援人员可以根据火焰特征判定火灾的相关信息，采取相应救援措施。一般来说，火焰温度与火焰颜色、亮度等有关。火焰温度越高，火焰越明亮，辐射强度越高，对周围人员和可燃物的威胁就越大。

（1）可以根据火焰认定起火部位和范围。

（2）根据火焰颜色可大致判定出是什么物质在燃烧。

（3）可根据火焰颜色大致判断火场的温度。一般来说，火焰暗红色说明火场温度小于 400℃；深红色说明达到 700℃；鲜明樱红色已达 1000℃；白色表明 1300℃；若发出耀眼的白光，则说明温度已超过 1500℃。

（4）根据火焰大小与流动方向，可估计其燃烧速度和火势蔓延方向，以便及时确定灭火救灾的最佳方案（含主攻方向、灭火力量与灭火剂等），迅速扑灭火灾。

（5）掌握不显光火焰的特点，防止火焰扩大火势和灼伤人员。由于有些物质，如甲酸、甲醇、二硫化碳、甘油、硫、磷等燃烧的火焰颜色呈蓝（黄）色，白天不易看见，所以，在扑救这类物质的火灾时，一定要注意流散的液体是否着火，以防止火势扩大和发生烧伤事故。

（6）在火灾情况下，火焰发展、蔓延的趋势除与可燃物本身的性质有关外，还要受到气象、堆垛状况和地势的影响。对于室外火灾，火焰蔓延受风速的影响很大。风速大，蔓延速度快。在同风速情况下，火焰蔓延的规律是：顺风＞侧风＞逆风；对于液体火灾，火焰的蔓延速度不仅受风的影响，而且还受地势的影响，因液体能从高地势的位置流向低洼处，所以火焰也随之蔓延。

1.2 爆　　炸

问题 17：什么是爆炸？

爆炸是物质的一种非常急剧的物理、化学变化。也是大量能量在短时间内迅速释放或急剧转化成机械功的现象。通常它借助于气体的膨胀来实现。

从物质运动的表现形式来看，爆炸就是物质剧烈运动的一种表现。物质运动急剧增速，由一种状态迅速地转变成另一种状态，并在极短时间内释放出大量能量的现象就是爆炸。

一般地说，整个爆炸过程可以分为两个阶段：第一阶段，物质的能量以一定的形式（定容、绝热）转变为强压缩能；第二阶段，强压缩能急剧绝热膨胀对外做功，引起被作用介质的变形、移动和破坏。

问题 18：按照爆炸的能量来源，爆炸可分为哪几类？

按照爆炸的能量来源可分为物理性爆炸、化学性爆炸和核爆炸三种。

1. 物理性爆炸

物理性爆炸是由物理变化而引起的，物质因状态或压力发生突变而形成的爆炸现象。例如锅炉的爆炸，容器内液体过热汽化引起的爆炸，压缩气体、液化气体超压引起的爆炸等，都属于物理性爆炸。物理性爆炸前后物质的性质及化学成分均不改变。

2. 化学性爆炸

化学性爆炸是由于物质发生极迅速的化学反应，产生高温、高压而引起的爆炸现象。化学性爆炸前后物质的性质及成分均发生了根本的变化。化学性爆炸按爆炸时所发生的化学变化，可分为三类。

（1）简单分解爆炸　引起简单分解爆炸的爆炸物在爆炸时并不一定发生燃烧反应，爆炸所需的热量，是由于爆炸物质本身分解时产生的。属于这一类的物质有叠氮铅、乙炔酮、乙炔银、碘化氮、氯化氮等。这类物质是非常危险的，受轻微震动即引起爆炸。如：

$$PbN_6 \rightarrow Pb + 3N_2$$

$$Ag_2C_2 \rightarrow 2Ag + 2C$$

（2）复杂分解爆炸　各种含氧炸药和烟花爆竹的爆炸就属于复杂分解爆炸。这类物质的危险性较简单分解爆炸物质为低。在发生爆炸时伴有燃烧反应，燃烧需要的氧是其本身分解时产生的。属于这一类的物质有 TNT 炸药、苦味酸、硝化棉等。

（3）爆炸性混合物爆炸　可燃性混合物是指由可燃物质与助燃物质组成的爆炸性物质，一切可燃气体、蒸气和可燃粉尘与空气（或氧气）组成的混合物均属此类。例如，一氧化碳与空气混合的爆炸反应：

$$2CO + O_2 + 3.76N_2 = 2CO_2 + 3.76N_2 + Q$$

这类爆炸实际上是在火源作用下产生的一种瞬间燃烧反应。

通常称可燃性混合物为有爆炸危险的物质，它们只有在适当的条件下才变为危险的物质。这些条件包括可燃物质的含量、氧化剂含量以及点火源的能量等。可燃性混合物的爆炸危险性较低，但较普遍，工业生产中遇到的主要是这类爆炸事故。

3. 核爆炸

由原子核分裂或热核的反应引起的爆炸称为核爆炸。核爆炸时可形成数百万度到数千万度的高温，在爆炸中心可形成数百万大气压（1 大气压＝101325Pa）的高压，同时发出很强的光和热辐射以及各种粒子的贯穿辐射。因此核爆炸比化学性爆炸具有更大的破坏力，核爆炸的能量相当于数千吨到数万吨 TNT 炸药爆炸的能量，如原子弹、氢弹、中子弹的爆炸，就属于这类爆炸。

问题19：按照爆炸的传播速度，爆炸可分为哪几类？

根据爆炸传播速度，可将爆炸分为轻爆、爆炸和爆轰。

轻爆是指物质爆炸时的燃烧速度为每秒数米，爆炸时无多大破坏力，声响也不太大。例如，无烟火药在空气中的快速燃烧、可燃气体混合物在接近爆炸含量上限或下限时的爆炸都属于此类。

爆炸是指物质爆炸时的燃烧速度为每秒十几米至数百米，爆炸时能在爆炸点引起压力激增，有较大的破坏力，有震耳的声响。可燃性气体混合物在多数情况下的爆炸，以及被压榨火药遇火源引起的爆炸等都属于此类。

爆轰是指物质爆炸时的燃烧速度为1000～7000m/s的爆炸现象。其特点是突然引起极高压力并产生超音速的“冲击波”。由于在极短时间内发生的燃烧产物急速膨胀，像活塞一样挤压其周围气体，反应所产生的能量有一部分传给被压缩的气体层，于是形成的冲击波，由它本身的能量所支持，迅速传播并能远离爆轰的发源地而独立存在，同时可引起该处的其他爆炸性气体混合物或炸药发生爆炸，从而产生一种“殉爆”现象。

问题20：按照反应相态，爆炸可分为哪几类？

按反应相态的不同，爆炸可分为以下三类：

1. 气相爆炸

它包括可燃性气体和助燃性气体混合物的爆炸；气体的分解爆炸；液体被喷成雾状物在剧烈燃烧时引起的爆炸等。

2. 液相爆炸

它包括聚合爆炸、蒸发爆炸以及不同液体混合所引起的爆炸。

3. 固相爆炸

它包括爆炸性化合物和混合危险物质的爆炸。

问题21：爆炸的主要特征是什么？

一般来说，爆炸现象具有以下特征：

（1）爆炸过程进行得很快；

（2）发出或大或小的响声；

（3）爆炸点附近压力急剧升高；

（4）周围介质发生震动或邻近物质遭到破坏。

问题22：爆炸有哪些破坏作用？

爆炸的破坏作用大致包括以下几个方面：

1. 震荡（地震）作用

在遍及破坏作用的区域内，有一个能使物体震荡，使之松散的力量。

2. 冲击波作用

爆炸能够在瞬间释放出巨大的能量，产生高温高压气体，使周围空气发生强烈震荡，通常称之为“冲击波”。在距爆炸中心一定范围内，建筑物受到冲击波的作用，将会受到破坏或造成伤害。爆炸冲击波的强度是以标准大气压（101.325kPa）来表示的。

3. 碎片的冲击作用

机械设备等在发生爆炸时，变成碎片飞出去，会在相当大的范围内造成危害。碎片飞散范围，通常在100～150m左右。碎片的厚度越小，飞散的速度越大，危害越严重。

4. 热作用（火灾）

爆炸温度在2000～3000℃左右。通常爆炸气体扩散只发生在极其短促的瞬间，对一般可燃物质而言，不足以造成起火燃烧，而且有时冲击波还能起到灭火作用。但建筑物内留存的大量热量，会把从破坏设备内部不断流出的可燃气体或可燃蒸气点燃，使建筑内的可燃物全部起火，加重爆炸的破坏。

问题 23：引起爆炸的火源有哪些？

在生产过程中出现的火源一般有明火、高温表面、冲击摩擦、自然发热、电火花、静电火花、光或热的射线以及非生产用火八种。这些着火源往往是引起易燃易爆物质着火爆炸的常见原因，控制这类火源的使用范围，严格使用制度，对于防火、防爆是十分必要的。

问题 24：如何防止明火引起的爆炸？

生产过程中的明火主要是指加热用火、维修用火以及其他火源。

1. 加热用火

在加热易燃物料时，应尽量避免采用明火而采用蒸气或其他热载体，如果必须采用明火，设备应严格密闭，燃烧室应与设备分开建筑或置于隔离装置中，明火加热设备的布置应远离可能泄漏易燃液体和蒸气的工艺设备和储罐区，并应布置在散发易燃物料设备的侧风或上风向，有一个以上的明火设备，应将其集中布置在装置或罐区的边缘，并考虑一定的安全距离。锅炉房的设置也要考虑上述要求，烟囱要有一定的高度。

2. 维修用火

主要是指焊割、喷灯以及熬制用火等。在有火灾爆炸危险的车间或罐区，应尽量避免焊割作业，最好将需要检修的设备或管段卸至安全地点修理。进行焊接作业的地方要与易燃易爆的生产设备、管道、储罐保持一定的安全距离，对输送、盛装可燃物料的设备、管道进行动火时，应将系统进行彻底的清洗，并用惰性气体进行吹扫置换，最后分析可燃气体的浓度。在可燃气浓度符合规定标准时，才准动火。

当需要修理的系统与其他设备连通时，应将相连的管道拆下断开或加堵金属盲板隔绝，防止易燃的物料进入检修系统，以防在动火时发生燃烧或爆炸。

若在不停产的条件下动火检修，一般要求环境通风良好，装置内部保持正压，装置内易燃介质中含氧量极低，使装置或储罐内可燃气或蒸气浓度保证在爆炸上限以上时才能动火。

电焊所用电线破残应及时更换，不能利用与易燃易爆生产设备有联系的金属件作为电焊地线，防止在电路接触不良的地方产生高温或电火花。

3. 其他用火

对熬炼设备要经常检查，防止烟道窜火和熬锅破漏。盛装物料不要过满，防止溢出，并要严格控制加热温度。在生产区熬炼时，应注意熬炼地点的选择。

喷灯是一种轻便的加热器具，在有爆炸危险的车间使用喷灯，应按动火制度进行，在其他地点使用喷灯时，要将操作地点的可燃物清理干净。

烟囱飞火、汽车、拖拉机、柴油机的排气管喷火、都能引起可燃物料的燃烧爆炸，为防止烟囱飞火，炉膛内燃烧要充分，烟囱要有足够的高度，必要时应装置火星熄灭器，在烟囱周围一定距离，不得堆放易燃易爆物品，不得搭建易燃建筑。为了防止汽车、拖拉机排气管喷火引起火灾，可在排气管上安装阻火器。

问题 25：如何防止高温表面引起的爆炸？

要防止易燃物料与高温的设备、管道表面相接触。可燃物料的排放口应远离高温表面。高温表面要有隔热保温措施，不能在高温管道和设备上烘烤衣服及其他可燃物件。应经常清除高温表面上的污垢和物料，防止因高温表面引起物料自燃分解。

问题 26：如何防止摩擦和撞击引起的爆炸？

机器轴承转动部分的摩擦、铁器的相互撞击或铁器工具打击混凝土地面等，都可能发生火花。当管道或铁容器裂开，高速喷出的物料也可能因摩擦而起火。因此，对轴承应及时添油，保持良好的润滑，并应经常清除附着的可燃污垢。

铁器撞击、摩擦易产生火花，成为着火源，可采用青铜材质作为撞击工具，防止产生火花。在设备运转操作中应尽量避免不必要的撞击和摩擦。凡是可能发生撞击的两部分应采用两种不同的金属制成，例如钢与铜、钢与铝等，在不能使用有色金属制造的某些设备里，应在采用惰性气体保护的条件下进行操作。

在搬运盛有可燃气体或易燃液体的金属容器时，不要抛掷，防止互相撞击，以免因产生火花或容器爆裂而造成火灾和爆炸事故。

不准穿带钉子的鞋进入易燃易爆车间，特别危险的防爆工房内，地面应采用不发火的材质（如菱苦土、橡皮等）铺成。

问题 27：如何防止自然发热引起的爆炸？

油抹布、油棉纱等易自燃引起火灾，所以，应将它们装入金属桶内，放置在安全地带并及时清理。煤堆不宜过高、过大，以防煤的自燃。

问题 28：如何防止电气火花引起的爆炸？

根据放电原理，电火花可分为三种：如高电压的火花放电、短时间的弧光放电、接点上的微弱火花。在工厂里使用的大量低压电器设备，往往会产生后两种着火源的火花，这些电火花虽放电能量极小，只对需要点火能量极小的可燃气体、易燃液体蒸气、爆炸粉尘、堆积纤维粉尘等构成危险，在存放这些危险物质的场所中，一般都设有动力、照明及其他电气设备。其产生的电火花引起的火灾爆炸事故发生率很高，所以必须对电气设备及其配线认真选择防爆类型和仔细安装。同时，还要采取严格的使用、维护、检修制度和其他防火防爆措施，把电火花的危害降到最低程度。

问题 29：如何防止静电火花引起的爆炸？

工业生产和生活中的大多数静电是由于不同物质的接触和分离或互相摩擦而产生的。例如，生产工艺中的挤压、切割、搅拌、喷溅、流动和过滤以及生活中的行走、起立、穿脱衣服等都会产生静电。其静电的数值大小和物质的性质、运动的速度、接触的压力以及环境条件都有关。

静电的电位一般是较高的，例如人体在穿脱衣服时常可产生一万多伏的电压，但其总的能量是较小的。在生产和生活中产生的静电虽可使人受到电击，但不致直接危及人的生命。静电最严重的危害是因发生静电火花而导致可燃物燃烧、爆炸，对需要点火能量小的可燃气体或蒸气尤其严重，如油罐车装油时爆炸、用汽油擦地时着火等。因此，在有汽油、苯、氢气等易燃物质的场所，要特别注意防止静电危害。

防静电方法有两种：一是抑制静电的产生；二是迅速把产生的静电泄掉。

问题 30：如何防止其他火源、强光和热辐射引起的爆炸？

它们都会导致易燃物的燃烧，如夏天强烈的日光照射会导致硝化纤维自燃，直至酿成火灾爆炸事故。大功率照明灯的长时间烘烤，也是火灾事故常见的原因。

在生产的厂区和仓库内要严禁非生产用火，禁止带入火柴和烟卷。吸烟容易引起火灾，烟头的温度可达 800℃，超过许多可燃物的自燃点，且可阴燃较长时间，它常常构成引发火灾事故的火源。

问题 31：什么是爆炸极限？

爆炸极限是指可燃气体、蒸气或粉尘与空气混合后，遇火产生爆炸的最高或最低浓度。通常用体积百分数表示。

可燃气体、蒸气或粉尘与空气组成的混合物，能使火焰传播的最低浓度称为该气体或蒸气的爆炸下限，也称燃烧下限。相反，能使火焰传播的最高浓度称为该气体或蒸气的爆炸上限，也称燃烧上限。

问题 32：影响爆炸极限的因素有哪些？

各种不同的可燃气体和可燃液体蒸气，由于它们的理化性质的不同，因而具有不同的爆炸极限。

一种可燃气体或可燃液体蒸气的爆炸极限，也并非固定不变，它们受温度、压力、氧含量、惰性介质、容器的直径等因素的影响。

1. 温度的影响

混合气体的原始温度升高，则爆炸下限降低，上限增高，爆炸极限范围扩大，爆炸危险性增加。

混合物温度升高使其分子内能增加，使燃烧速度加快，而且由于分子内能的增加和燃烧速度的加快，使原来含有过量空气（低于爆炸下限）或可燃物（高于爆炸上限）而不能使火焰蔓延的混合物含量变为可以使火焰蔓延的含量，从而扩大了爆炸极限范围。

2. 氧含量的影响

混合物中含氧量增加，爆炸极限范围扩大，尤其是爆炸上限提高得更多。可燃气体在空气和纯氧中的爆炸极限范围比较见表 1-3。

几种可燃气体在空气中和纯氧中的爆炸极限范围（%）　表 1-3

物质名称	在空气中的爆炸极限	范围	在纯氧中的爆炸极限	范围
甲烷	4.9～1.5	10.1	5～61	56.0
乙烷	3～5	12.0	3～66	63.0
丙烷	2.1～9.5	7.4	2.3～55	52.7
丁烷	1.5～8.5	7.0	1.8～49	47.8
乙烯	2.75～34	31.25	3～80	77.0
乙炔	1.53～34	79.7	2.8～93	90.2
氢气	4～75	71.0	4～95	91.0
氨	15～28	13.0	13.5～79	65.5
一氧化碳	12～74.5	62.5	15.5～94	78.5

3. 惰性介质的影响

如果在爆炸混合物中掺入不燃烧的惰性气体（如氮、水蒸气、二氧化碳、氩、氦等），随着惰性气体所占体积分数的增加，爆炸极限范围则缩小，惰性气体的含量提高到某一数值，可使混合物不能爆炸。一般情况下，惰性气体对混合物爆炸上限的影响较之对下限的影响更加显著。因为惰性气体含量加大，表示氧的含量相对减小，而在上限中氧的含量本来已经很小，故惰性气体含量稍为增加一点即产生很大影响，而使爆炸上限显著下降。

4. 原始压力的影响

混合物的原始压力对爆炸极限有很大影响，压力增大，爆炸极限范围也扩大，尤其是爆炸上限明显提高。

5. 容器

充装容器的材质、尺寸等，对物质爆炸极限均有影响。试验证明，容器管子直径越小，爆炸极限范围越小。同一可燃物质，管径越小，其火焰蔓延速度就越小。当管径（或火焰通道）小到一定程度时，火焰即不能通过。这一间距称为最大灭火间距，也叫作临界直径。当管径小于最大灭火间距，火焰因不能通过而被熄灭。

容器大小对爆炸极限的影响也可以从器壁效应得到解释。燃烧是由自由基产生一系列连锁反应的结果，只有当新生自由基大于消失的自由基时，燃烧方可继续。但随着管道直径（尺寸）的减小，自由基与管道壁的碰撞机率相应增大。当尺寸减少到一定程度时，即因自由基（与器壁碰撞）销毁大于自由基产生，燃烧反应便不能继续进行。

关于材料的影响，例如氢和氟在玻璃器皿中混合，甚至放在液态空气温度下于黑暗中也能发生爆炸。而在银制器皿中，一般温度下才能发生反应。

6. 能源

火花的能量、热表面的面积，火源与混合物的接触时间等，均对爆炸极限有影响。如甲烷对电压为100V、电流强度为1A

的电火花，无论在何种比例下都不爆炸，如电流强度为 2A 时，其爆炸极限为 5.9%～13.6%；3A 时为 5.85%～14.8%。所以各种爆炸混合物都有一个最低引爆能量（一般在接近化学理论量时出现）。

除以上因素外，光对爆炸极限也有影响。众所周知，在黑暗中氢与氯的反应十分缓慢，但在强光照射下则发生连锁反应导致爆炸。又如甲烷与氯的混合物，在黑暗中长时间内不发生反应，但在日光照射下，便会引起激烈的反应。如果两种气体的比例适当，就能发生爆炸。另外，表面活性物质对某些介质也有影响，如在球形器皿内于 530℃时，氢与氧完全无反应，但是向器皿中插入石英、玻璃、铜或铁棒时，则发生爆炸。

问题 33：什么是泄压装置？

泄压装置是防爆防火的重要安全装置，泄压装置包括安全阀和爆破片以及呼吸阀和放空管。

问题 34：什么是阻火装置？

阻火装置的作用是防止火焰窜入设备、容器与管道内，或阻止火焰在设备和管道内扩展。常见的阻火设备有安全水封、阻火器和单向阀。

1. 安全水封

一般装设在气体管线与生产设备之间，以水作为阻火介质。其作用原理是：来自气体发生器或气柜的可燃气体，经安全水封到生产设备中去。一旦在安全水封的两侧中任一侧着火，火焰至水封即被熄灭，从而阻止火势的蔓延。

安全水封的可靠性与容器内的液位直接有关，应根据设备内的压力保持一定的高度，否则起不到液封作用，运行中要经常检查液位高度。

寒冷地区为防止水封冻结可通入蒸汽，也可加入适量甘油、矿物油、乙二醇、三甲酚磷酸酯等，或用食盐、氯化钙的水溶液等作为防冻液。

2. 阻火器

火焰在管中的蔓延速度随着管径的减少而减小。当管径小到某个极限值时，管壁的热损失大于反应热，从而使火焰熄灭。阻火器就是根据这一原理制成的。在管路上连接一个内装金属网或砾石的圆筒，则可以阻止火焰从圆筒的一端蔓延到另一端。

影响阻火器性能的因素是阻火层的厚度及其孔隙和通道的大小。某些可燃气体和蒸气阻火孔的临界直径如下：甲烷 0.4～0.5mm；氢、乙炔、汽油及天然石油气 0.1～0.2mm。

3. 单向阀

单向阀是仅允许流体向一定方向流动，遇有回流时自动关闭的一种器件。可防止高压燃烧气流逆向窜入未燃低压部分引起管道、容器、设备爆裂，或在可燃性气体管线上作为防止回头火的安全装置，如液化石油气的气瓶上的调压阀就是一种单向阀。

气体压缩机和油泵在停电、停气和不正常条件下可能倒流造成事故，应在压缩机和油泵的出口管线上设置单向阀。

问题 35：如何防止形成爆炸介质？

物质是燃烧的基础，设法消除或取代可燃物，限制可燃气体、蒸气或粉尘在空气中的浓度，使性质互相抵触的物质分离等，就可以防止或减少火灾的发生。

（1）以不燃或难燃材料，代替可燃或易燃材料，提高耐火极限。

1）用截面 20cm×20cm 的钢筋混凝土柱代替同样截面大小的木柱，其耐火极限可由 1h 提高到 2h。

2）在木板和可燃的包装上涂刷用水玻璃调剂的无机防火涂料，其耐焰温度可达 1200℃。

3）用乙酸纤维代替硝酸纤维制造电影胶片，其燃点可由 180℃提高到 320℃。

（2）加强通风，使可燃气体、蒸气或粉尘达不到爆炸极限。

通风可分为自然通风和机械通风，按更换空气的作用又分为排风和送风。

1）通风换气次数要有保证，自然通风不足，要加设机械通风。例如，酸性蓄电池充电时能放出氢气，当采用开口蓄电池时，通风换气次数应保证每小时不少于15次，当采用防酸隔爆式蓄电池时，通风量可按空气中的最大含氢量（按体积计）不超过0.7%计算。像木工车间的喷漆工房和机加工车间的汽油洗涤工房，应有强力的局部排风设备。

2）通风排气口的设置要得当。室内如有比空气轻的可燃气体，排风口应设在上部；否则应将排风口设在下部。

3）甲、乙类生产厂房内的空气，因含有易燃易爆气体，不可再循环使用，其排风设备和送风设备应分设于独立的通风机室。丙类生产厂房内的空气，如含有可燃粉尘、纤维，经过净化后，可以再循环使用。

（3）密闭设备，不使可燃物料泄漏和空气渗入。

许多可燃物料具有流动性和扩散性，如果盛装它们的设备和管路的密闭性不好，就会向外逸，造成“跑、冒、滴、漏”现象，以致在空间发生燃烧、爆炸事故。尤其是在负压条件操作时，如果密封不好，空气就会进入设备中，和设备中的可燃物料形成爆炸性混合物，从而有可能使设备发生严重的爆炸。

通常渗漏多半发生于设备、管路及管件的各个连接处，或发生于设备的封头盖、人孔盖与主体的连接处，以及发生于设备的转轴与壳体的密封处。为保证设备系统的密闭性，通常采用下列办法。

1）尽量采用焊接接头，减少法兰连接。如用法兰连接，根据操作压力的大小，可以分别采用平面、准槽面和凹凸面等不同形状的法兰，同时衬垫要严密，螺栓要拧紧。

2）根据工艺温度、压力和介质的要求，选用不同的密封垫圈。一般工艺普遍采用石棉橡胶板（也有制成耐溶性、耐油性的石棉橡胶板）垫圈。在高温、高压或强腐蚀性介质中采用聚四氟乙烯等塑料板或金属垫圈。最近许多机泵改成端面机械密封，防漏效果较好。如果采用填料密封仍达不到要求时，有的可加水封或油封。

3）注意检测试漏，设备系统投产前和大修后开车前应结合水压试验，用压缩氮气或压缩空气做气密性检验。即使设备内的压力升到一定数值，保持一段时间，如果压力不降低或降低不超过规定，即可认为合格。或者向设备内充入惰性气体，受压后再用肥皂水喷涂在焊缝、法兰等连接处，如有渗漏即会产生泡沫。也可以针对设备内存放物质的特性，采用相应的试漏措施。例如，设备内有氯气和氯化氢气，可用氨气在设备各部位试熏，产生白烟处即为渗漏点；如设备内系酸性或碱性气体，可利用 pH 试纸试验，渗漏处能使试纸变色。

4）平时注意维修保养，发现配件、填料破损，要及时维修或更换；发现法兰螺栓松弛，设法紧固。

（4）清洗置换设备系统，防止可燃物与空气形成爆炸性混合物。

开工生产前或检修后开车前，必须用惰性气体置换机泵设备系统内的空气，取样分析含氧量在 0.5%以下时，方可开车输送可燃物料；否则，可燃物料进入设备系统与空气汇合，即能形成爆炸性混合物。

停车停产前或检修前，必须用惰性气体置换机泵设备内的可燃物料。否则，可燃物料泄出（有压力时）或空气渗入（负压时）形成爆炸混合物。特别是动火检修时，设备系统内有可燃物料存在，会发生爆炸伤人事故。

对于盛过油、气的桶和罐，需要动火补焊时，必须先用水或水蒸气将其中残余液体及沉淀物彻底清洗干净，否则会起火爆炸。

（5）对遇冷空气、水或受热容易自燃的物质，多采用隔绝空气储存。

如金属钠存于煤油中，黄磷存于水中，活性镍存于酒精中，烷基铝存于氮中，二硫化碳封存于水中等。

（6）充装惰性气体保护有易燃、易爆危险的生产过程

例如充氮保护乙炔的发生、甲醇的氧化、TNT 的球磨等，氮气等惰性气体在使用时应经过气体分析，其中含氧量不得超过 2%。

问题 36：具有爆炸危险性的粉尘有哪些？

现在人们已经发现的具有爆炸危险性的粉尘有：

（1）金属粉末，如镁粉、铝粉。

（2）煤炭粉尘，如煤和活性炭。

（3）粮食，如淀粉、面粉。

（4）合成材料，如塑料、染料。

（5）饲料，如血粉、鱼粉。

（6）农副产品，如棉花、烟草粉尘。

（7）林产品，如木粉、纸粉等。

问题 37：产生粉尘爆炸的条件有哪些？

（1）粉尘本身必须是可燃性的。

（2）粉尘必须具有相当大的比表面积。

（3）粉尘必须在空气中悬浮，与空气混合形成爆炸极限范围内的混合物。

（4）有足够的点火能量。

问题 38：粉尘爆炸的机理是什么？

飞扬悬浮于空气中的粉尘与空气组成的混合物，也同气体或蒸气混合物一样，具有爆炸下限和爆炸上限。粉尘混合物的爆炸反应也是一种连锁反应，即在火源作用下产生原始小火球，随着热和活性中心的发展和传播，火球不断扩大而形成爆炸。

问题 39：粉尘爆炸有哪些特点？

粉尘混合物的爆炸有下列特点：

（1）粉尘混合物爆炸时，燃烧不完全。如煤粉爆炸时，燃烧的是所分解出来的气体产物，灰渣是来不及燃烧的。

（2）有产生二次爆炸的可能性。由于粉尘初次爆炸的气浪会将沉积的粉尘扬起，在新的空间形成达到爆炸极限的混合物质而产生二次爆炸，这种连续爆炸会造成严重的破坏。

（3）爆炸的感应期较长。粉尘的燃烧过程比气体的燃烧过程复杂，有的要经过尘粒表面的分解或蒸发阶段，有的是要有一个从表面向中心延烧的过程，因而感应期较长，可达数十秒，是气体的数十倍。

（4）粉尘点火的起始能量大。如前面所述，有一个粉尘表面粒子接受热量，升温阶段，因此其起始能量需 10J 以上，是气体的近百倍。

（5）粉尘爆炸会产生两种有毒气体，一种是一氧化碳，另一种是爆炸物（如塑料）自身分解产生的毒性气体。

问题 40：粉尘爆炸有哪些影响因素？

1. 理化性质

燃烧热越大的物质越容易引起爆炸，如煤粉、硫等；氧化速度大的物质越易引起爆炸，如镁、氧化亚铁、染料等；容易带电的粉尘越易引起爆炸。粉尘在其生产过程中，由于相互碰撞、摩擦、放射线照射、电晕放电及接触带电体等原因，几乎总是带有一定的电荷。粉尘带电荷后，将改变其某些物理性质，如附着性、凝聚性等，同时对人体的危害也将增大。粉尘的荷电量随着温度升高而提高，随表面积增大及含水量减少而增大。粉尘爆炸还与其所含挥发物有关，如当煤粉中挥发物低于 10％时就不会发生爆炸。而焦炭是不会有爆炸危险的。

2. 颗粒大小

所有的粉尘都可能以极其细微的固体颗粒悬浮于空气中。雾化的物质有很大的表面积，这是粉尘造成爆炸的原因之一。粉尘的表面上吸附了空气中的氧，而氧在这种情况下具有极大的活力，容易与雾化的物质发生化学反应。粉尘的颗粒越细，氧就吸附得越多，因而越容易发生爆炸。随着粉尘颗粒的减小，不仅其化学活性增强，而且还可能有静电电荷的形成。有爆炸危险的粉尘颗粒的大小，对于不同的物质，变动范围在 0.0001～0.1mm。一般粉尘越细，燃点越低，粉尘的爆炸下限越小；粉尘的粒子越干燥，燃点越低，危险性就越大。

3．粉尘的浮游性

粉尘在空气中停留时间的长短与粒径、密度、温度等有关。粉尘在空气中停留的时间越长，其危险性越大。见表 1-4 所列为空气中粉尘自由落下速度与粒径、密度及温度的关系。

空气中粉尘自由落下速度(cm/s)与粒径、密度及温度的关系　　表 1-4

粒径/μm	粉尘密度 ρ/(g/cm³)					
	ρ=1			ρ=2		
	温度/℃			温度/℃		
	20	177	370	20	177	370
5	0.075	0.055	0.043	0.150	0.109	0.085
10	0.30	0.22	0.17	0.60	0.44	0.34
30	2.68	1.96	1.53	5.23	3.91	3.06
50	7.25	5.39	4.24	14.1	10.7	8.43
70	13.5	10.4	8.23	25.4	20.1	16.3
100	24.7	20.1	16.4	45.6	37.6	31.7
200	68.5	62.9	55.2	115	108	101
500	200	199	116	316	328	325
1000	390	415	426	594	642	685
5000	1160	1422	1650	1680	2070	2390

4．粉尘与空气混合的含量

粉尘与空气的混合物仅在悬浮于空气中的固体物质的颗粒足够细小且有足够的含量时，才能发生爆炸。与蒸气或气体爆炸一样，粉尘爆炸同样有上下限。混合物中氧气含量越高，则燃点越低，最大爆炸压力和压力上升速度越高，因而越容易发生爆炸，并且爆炸越激烈。在粉尘爆炸范围内，由于最大爆炸压力和压力上升速度是随含量变化的，因而当含量不同时，爆炸的剧烈程度也不同。但在一般资料中，多数只列出粉尘的爆炸下限，这是因为粉尘爆炸的上限较高，在通常情况下是不易达到的。

应当注意造成粉尘爆炸并非一定要在所有场所的整个空间都形成有爆炸危险的浓度，一般只要粉尘在房屋中成层地附着于墙壁、顶棚、设备上，就可能引起爆炸。

问题 41：如何控制粉尘爆炸？

控制产生粉尘爆炸的主要技术措施是缩小粉尘扩散范围，消除粉尘，适当增湿，控制火源。对于产生可燃粉尘的生产装置(如 Al 粉的粉碎等)，则可以进行惰化防护，即在生产装置中通入惰性气体，使实际氧含量比临界氧含量低 20%。在通入惰性气体时，必须注意把装置里的气体完全混合均匀。在生产过程中，要对惰性气体的压力、气流或对氧气浓度进行测试，应保证不超过临界氧含量。

还可以采用抑爆装置等技术措施。抑爆装置由爆炸压力探测器、抑爆剂发射器和信号放大器组成，如图 1-3 所示，其抑爆效果如图 1-4 所示。

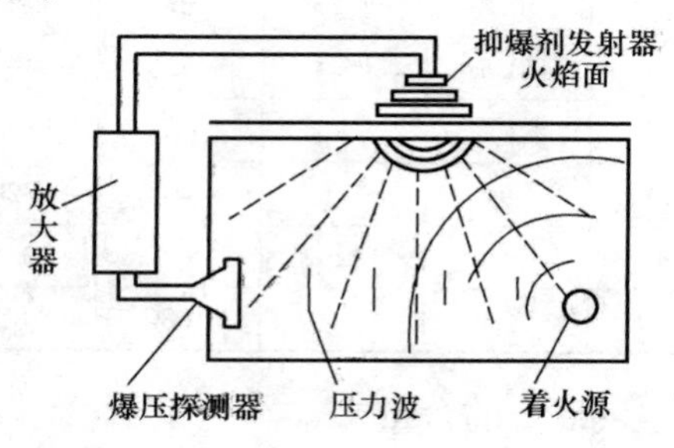

图 1-3　爆炸抑制装置

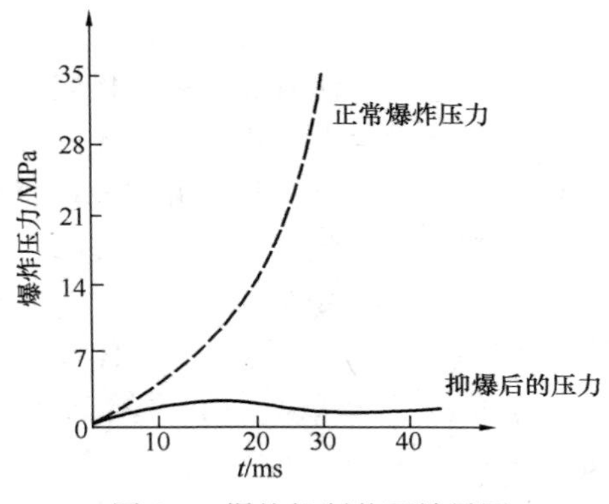

图 1-4　爆炸抑制装置效果图

1.3　火　　灾

问题 42：什么是火灾？

火灾是指在时间和空间上失去控制的燃烧所造成的灾害。

问题 43：按照燃烧对象，火灾如何进行分类？

1. 固体可燃物火灾

普通固体可燃物燃烧引起的火灾，又称 A 类火灾。

固体物质是火灾中最常见的燃烧对象，主要有木材及木制品，纸张、纸板、家具；棉花、服装、布料、床上用品；粮食；合成橡胶、合成纤维、合成塑料、电工产品、化工原料、建筑材料、装饰材料等，种类极其繁杂。

固体可燃物的燃烧方式有熔融蒸发式燃烧、升华燃烧、热分解式燃烧和表面燃烧四种类型。大多数固体可燃物是热分解式燃烧。由于固体可燃物用途广泛、种类繁多、性质差异较大，导致固体物质火灾危险性差别较大，评定时要从多方面综合考虑。

2. 液体可燃物火灾

油脂及一切可燃液体引起的火灾，又称为 B 类火灾。

油脂包括原油、汽油、柴油、煤油、重油、动植物油；可燃液体主要有酒精、苯、乙醚、丙酮等各种有机溶剂。

液体燃烧是液体可燃物首先受热蒸发变成可燃蒸气，其后是可燃蒸气扩散，并与空气掺混形成预混可燃气，着火燃烧后在空间形成预混火焰或扩散火焰。轻质液体的蒸发属相变过程，重质液体的蒸发时还伴随有热分解过程。闪点是评定可燃液体的火灾危险性的物理量。闪点低于 28℃的可燃液体属甲类火险物质，例如汽油；闪点大于及等于 28℃，小于 60℃的可燃液体属乙类火险物质，例如煤油：大于等于 60℃的可燃液体属丙类火险物质，例如柴油、植物油。

3. 气体可燃物火灾

可燃气体引起的火灾，又称为 C 类火灾。

可燃气体的燃烧方式分为预混燃烧和扩散燃烧。可燃气与空气预先混合好的燃烧称为预混燃烧，可燃气与空气边混合边燃烧称为扩散燃烧。失去控制的预混燃烧会产生爆炸，这是气体可燃物火灾中最危险的燃烧方式。可燃气体的火灾危险性用爆炸下限进行评定。爆炸下限小于 10%的可燃气为甲类火险物质，例如氢气、甲烷、乙炔等：爆炸下限大于或等于 10%的可燃气为乙类火险物质，例如氨气、一氧化碳、某些城市煤气。应当指出，绝大部分可燃气属于甲类火险物质，极少数才属于乙类火险物质。

4. 可燃金属火灾

可燃金属燃烧引起的火灾，又称为 D 类火灾。

例如锂、钠、钾、钙、镁、铝、锶、锆、锌、钚、钍和铀，由于它们处于薄片状、颗粒状或熔融状态时很容易着火，称它们为可燃金属。可燃金属引起的火灾之所以从 A 类火灾中分离出来，单独作为 D 类火灾，是由于这些金属在燃烧时，燃烧热很大，为普通燃料的 5～20 倍，火焰温度较高，有的甚至达到 3000℃以上；并且，在高温下金属性质活泼，能与水、二氧化碳、氮、卤素及含卤化合物发生化学反应，使常用灭火剂失去作用，必须采用特殊的灭火剂灭火。

问题44：按照火灾发生地点，火灾如何进行分类？

1. 地上火灾

地上火灾指发生在地表面上的火灾。地上火灾包括地上建筑火灾和森林火灾。地上建筑火灾分为民用建筑火灾、工业建筑火灾。

（1）民用建筑火灾

包括发生在城市和村镇的一般民用建筑和高层民用建筑内的火灾，以及发生在百货商场、饭店、宾馆、写字楼、影剧院、歌舞厅、机场、车站、码头等公用建筑内的火灾。

（2）工业建筑火灾

包括发生在一般工业建筑和特种工业建筑内的火灾。特种工业建筑是指油田、油库、化学品工厂、粮库、易燃和爆炸物品厂及仓库等火灾危险及危害性较大的场所。

（3）森林火灾

是指森林大火造成的危害。森林火灾不仅造成林木资源的损失，而且对生态和环境构成不同程度的破坏。

2. 地下火灾

地下火灾指发生在地表面以下的火灾。地下火灾主要包括发生在矿井、地下商场、地下油库、地下停车场和地下铁道等地点的火灾。这些地点属于典型的受限空间，空间结构复杂，受定向风流的作用使火灾及烟气蔓延速度相对较快，再加上逃生通道上逃生人员和救灾人员逆流行进，救灾工作难度较大。

3. 水上火灾

水上火灾指发生在水面上的火灾。水上火灾主要包括发生在江、河、湖、海上航行的客轮、货轮和油轮上的火灾。也包括海上石油平台，以及油面火灾等。

4. 空间火灾

空间火灾指发生在飞机、航天飞机和空间站等航空及航天器中的火灾。特别是发生在航天飞机和空间站中的火灾，由于远离地球，重力作用较小，甚至完全失重，属微重力条件下的火灾。其火灾的发生与蔓延与地上建筑、地下建筑以及水上火灾相比，具有明显的特殊性。

问题45：按照火灾损失严重程度，火灾如何进行分类？

1. 特别重大火灾

指造成30人以上死亡，或者100人以上重伤，或者1亿元以上直接财产损失的火灾。

2. 重大火灾

指造成10人以上30人以下死亡，或者50人以上100人以下重伤，或者5000万元以上1亿元以下直接财产损失的火灾。

3. 较大火灾

指造成3人以上10人以下死亡，或者10人以上50人以下重伤，或者1000万元以上5000万元以下直接财产损失的火灾。

4. 一般火灾

指造成3人以下死亡或10人以下重伤，或者1000万元以下直接财产损失的火灾。

此外，根据起火原因，火灾又可分为由违反电器燃气等安装规定、玩火、抽烟、用火不慎、自然原因等造成的火灾。而且，随着社会和经济的发展，这些火灾的发生越来越普遍，也引起了人们越来越多的关注。

问题46：火灾的性质有哪些？

1. 火灾的发生既有确定性又有随机性

火灾作为一种燃烧现象，其规律具有确定性，同时又具有随机性。可燃物着火引起火灾，必须具备一定的条件，遵循一定的规律。条件具备时，火灾必然会发生；条件不具备，物质无论如何不会燃烧。但在一个地区、一段时间内，什么地方、什么单位、什么时间发生火灾，往往很难预测，即对于一场具体的火灾来说，其发生又具有随机性。火灾的随机性由于火灾发生原因极其复杂所致。因此，必须时时警惕火灾的发生。

2. 火灾的发生是自然因素和社会因素共同作用的结果

火灾的发生首先与建筑科技、消防设施、可燃物燃烧特性，以及火源、风速、天气、地形、地物等物理化学因素有关。但火灾的发生绝对不是纯粹的自然现象，还与人们的生活习惯、操作技能、文化修养、教育程度、法律知识，以及规章制度、文化经济等社会因素有关。因此，消防工作是一项复杂的、涉及各个方面的系统工程。

问题 47：火灾产生的主要原因有哪些？

发生火灾事故的原因主要有以下 9 个方面：

（1）用火管理不当。无论对生产用火（如焊接、铸造、锻造和热处理等工艺）还是对生活用火（如吸烟、使用炉灶等）的火源管理不善，都可能造成火灾。

（2）对易燃物品管理不善，库房不符合防火标准，没有根据物质的性质分类储存。例如，将性质互相抵触的化学物品放在一起，遇水燃烧的物质放在潮湿地点，灭火要求不同的物质放在一起等，都可能引起火灾。

（3）电气设备绝缘不良，安装不符合规程要求，发生超负荷、短路、接触电阻过大等，都可能引起火灾。

（4）工艺布置不合理，易燃易爆场所未采取相应的防火防爆措施，设备缺乏维护检修或检修质量低劣，都可能引起失火。

（5）违反安全操作规程，使设备超压超温，或在易燃易爆场所违章动火，吸烟或违章使用汽油等易燃液体，都可能引起火灾。

（6）通风不良，生产场所的可燃蒸气、气体或粉尘在空气中达到爆炸浓度，遇火源引起失火。

（7）避雷设备装置不当，缺乏检修或没有避雷装置，发生雷击引起失火。

（8）易燃易爆生产场所的设备、管线没有采取消除静电措施，发生放电引起火灾。

（9）油布、棉纱、沾油铁屑等，由于放置不当，在一定条件下发生自燃起火。

问题 48：火灾有哪些危害？

（1）火灾会造成大量的人员伤亡。

（2）火灾会造成惨重的直接财产损失。

（3）火灾会造成不良的社会政治影响。

问题 49：火灾事故的过程可分为哪几个阶段？

通过对大量的火灾事故的研究分析得出，一般火灾事故的发展过程可分为四个阶段：

1. 酝酿期

在这个阶段，可燃物质在着火源的作用下析出或分解出可燃气体，产生冒烟、阴燃等火灾苗子。

2. 发展期

在这个阶段，火苗蹿起，火势迅速扩大。

3. 全盘期

在这个阶段，火焰包围所有可燃物质，使燃烧面积达到最大限度。这时，温度不断上升，气流加剧，并放出强大的辐射热。

4. 衰灭期

在这个阶段，可燃物质逐渐烧完或灭火措施奏效，火势逐渐衰落，最终熄灭。

问题 50：火灾事故有哪些特点？

1. 严重性

火灾易造成重大的伤亡事故和经济损失，使国家财产蒙受巨大损失，严重影响生产的顺利进行，甚至迫使工矿企业停产，通常需较长时间才能恢复。有时，火灾与爆炸同时发生，损失更为惨重。

2. 复杂性

发生火灾的原因往往比较复杂，主要表现在着可燃物广泛、火源众多、灾后事故调查和鉴定环境破坏严重等。此外，由于建筑结构的复杂性和多种可燃物的混杂也给灭火和调查分析带来很多困难。

3. 突发性

火灾事故往往是在人们意想不到的情况下突然发生，虽然存在有事故的征兆，但一方面是由于目前对火灾事故的监测、报警等手段的可靠性、实用性和广泛应用尚不理想；另一方面，则是因为至今还有相当多的人员对火灾事故的规律及其征兆了解甚微，耽误救援时间，致使对火灾的认识、处理、救援造成很大困难。

问题51：火灾的蔓延方式有哪些？

火灾的发生、发展就是一个火灾发展蔓延、能量传播的过程。热传播是影响火灾发展的决定性因素。热量通过以下三种方式传播：热传导、热对流和热辐射。

1. 火焰蔓延

初始燃烧的表面火焰，在使可燃材料燃烧的同时，并将火灾蔓延开来。火焰蔓延速度主要取决于火焰传热的速度。

2. 热传导

火灾区域燃烧产生的热量，经导热性好的建筑构件或建筑设备传导，能够使火灾蔓延到相邻或上下层房间。例如，薄壁隔墙、楼板、金属管壁，都可以把火灾区域的燃烧热传导至另一侧的表面，使地板上或靠着隔墙堆积的可燃、易燃物质燃烧，导致火灾扩大。应指出的是，火灾通过传导的方式蔓延扩大，有两个比较明显的特点：其一是必须具有导热性好的媒介，如金属构件、薄壁构件或金属设备等；其二是蔓延的距离较近，一般只能是相邻的建筑空间。可见，由热传导蔓延扩大火灾的范围是有限的。

3. 热对流

热对流作用可以使火灾区域的高温燃烧产物与火灾区域外的冷空气发生强烈流动，将高温燃烧产物传播到较远处，造成火势扩大。建筑房间起火时，在建筑内燃烧产物则往往经过房门流向走道，窜到其他房间，并通过楼梯间向上层扩散。在火场上，浓烟流窜的方向，往往就是火势蔓延的方向。

4. 热辐射

热辐射是物体在一定温度下以电磁波方式向外传送热能的过程。一般物体在通常所遇到的温度下，向空间发射的能量，绝大多数都集中于热辐射。建筑物发生火灾时，火场的温度高达上千度，通过外墙开口部位向外发射大量的辐射热，对邻近建筑构成威胁；同时，也会加速火灾在室内的蔓延。

问题 52：火灾的蔓延途径有哪些？

建筑内某一房间发生火灾，当发展到轰燃之后，火势猛烈，就会突破该房间的限制。当向其他空间蔓延时，其途径有：未适当划分防火分区，使火灾在未受任何限制的条件下蔓延扩大；防火隔墙和房间隔墙未砌到楼板基层底部，导致火灾在吊顶空间内部蔓延；由可燃的户门及可燃隔墙向其他空间蔓延；电梯井竖向蔓延；非防火、防烟楼梯间及其他竖井未作有效防火分隔而形成竖向蔓延；外窗口形成的竖向蔓延；通风管道等及其周围缝隙造成火灾蔓延等。

1. 火灾在水平方向的蔓延

（1）未划分防火分区

对于主体为耐火结构的建筑来说，建筑物内未划分水平防火分区，没有防火墙及相应的防火门等形成控制火灾的区域空间，是造成水平蔓延的主要原因之一。

（2）洞口分隔不完善

对于耐火建筑来说，火灾横向蔓延的另一原因是洞口处的分隔处理不完善。如，户门为可燃的木质门，火灾时被烧穿；金属防火卷帘无水幕保护，导致卷帘被烧熔化；管道穿孔处未用不燃材料密封等等都能使火灾从一侧向另一侧蔓延。加之，现实生活中也有设计不合理及设计合理但未能合理使用两种现象；就钢质防火门来说，在建筑物正常使用情况下，门是开着的，有的甚至用木楔子支住，一旦发生火灾不能及时关闭，也会造成火灾蔓延。

此外，防火卷帘和防火门受热后变形很大，一般凸向加热一侧。防火卷帘在火焰的作用下，其背火面的温度很高，如果无水幕保护，其背火面将会产生强烈的热辐射。在背火面靠近卷帘堆放的可燃物，或卷帘与可燃构件、可燃装修接触时，就会导致火灾蔓延。

(3) 吊顶内部空间蔓延火灾

目前，有些框架结构建筑，竣工时只是个大的空间，出售或出租给用户后，由用户自行分隔、装修。有不少装设吊顶的建筑，房间与房间、房间与走廊之间的分隔墙只做到吊顶底皮，吊顶的上部仍为连通空间。一旦起火，极易在吊顶内部蔓延且难以及时发现，导致灾情扩大；就是没有设吊顶，隔墙如不砌到耐火楼板基层的底部，留有孔洞或连通空间，也会成为火灾蔓延和烟气扩散的途径。

(4) 火灾通过可燃的隔墙、吊顶、地毯等蔓延

可燃构件与装饰物在火灾时，直接成为火灾荷载。

2. 火灾通过竖井蔓延

建筑物内部有电梯、楼梯、管道井、垃圾道等竖井，这些竖井往往贯穿整个建筑，若未作周密完善的防火设计，一旦发生火灾，就可以蔓延到建筑的任意一层。

此外，建筑中一些不引人注意的孔洞有时会造成整座大楼的恶性火灾，尤其是在现代建筑中，吊顶与楼板之间，变形缝、幕墙与分隔构件之间的空隙，保温夹层，通风管道等都有可能因施

工质量等留下孔洞，而且有的孔洞水平方向与竖直方向互相穿通，用户往往不知道这些火灾隐患的存在，未采取相应的防火措施，火灾时会导致火灾的蔓延。

(1) 通过楼梯间蔓延　火灾高层建筑的楼梯间，若未按防火、防烟要求设计，则在火灾时犹如烟囱一般，烟火很快会由此向上蔓延。

有些高层建筑楼梯间的门未采用防火门，发生火灾后，不能有效地阻止烟火进入楼梯间，以致形成火灾蔓延通道，甚至造成重大的火灾事故。

(2) 火灾通过电梯井蔓延　电梯间未设防烟前室及防火门分隔，将会形成一座座竖向烟囱。

在现代商业大厦及交通枢纽、航空等人流集散量大的建筑物内，一般以自动扶梯代替了电梯。自动扶梯所形成的竖向连通空间，也是火灾蔓延的途径，设计时必须予以高度重视。

(3) 火灾通过其他竖井蔓延　高层建筑中的通风竖井、管道井、电缆井、垃圾井也是高层建筑火灾蔓延的主要途径。

此外，垃圾道是容易着火的部位，是火灾中火势蔓延的竖向通道。防火意识淡薄者，习惯将未熄灭的烟头扔进垃圾井，引燃可燃垃圾，导致火灾在垃圾井内隐燃、扩大、蔓延。

3. 火灾通过空调系统管道蔓延

高层建筑空调系统，未在规定部位设防火阀，采用不燃烧的风管，采用不燃或难燃材料做保温层，火灾时会造成严重损失。

通风管道蔓延火灾一般有两种方式，一是通风道内起火并向连通的空间（房间、吊顶内部、机房等）蔓延；二是通风管道把起火房间的烟火送到其他空间。通风管道不仅很容易把火灾蔓延到其他空间，更危险的是它可以吸进火灾房间的烟气，而在远离火场的其他空间再喷吐出来，造成大批人员因烟气中毒而死亡。因此，在通风管道穿越防火分区处，一定要设置具有自动关闭功能的防火阀。

4. 火灾由窗口向上层蔓延

在现代建筑中，往往从起火房间窗口喷出烟气和火焰，沿窗间墙及上层窗口向上窜越，烧毁上层窗户，引燃房间内的可燃物，使火灾蔓延到上部楼层。若建筑物采用带形窗，火灾房间喷出的火焰被吸附在建筑物表面，有时甚至会吸入上层窗户内部。

问题 53：固体可燃物在火灾中是如何蔓延的？

固体可燃物的燃烧过程比气体、液体可燃物的燃烧过程要复杂得多，影响因素也很多。

1. 影响因素

固体可燃物一旦着火燃烧后，就会沿着可燃物表面蔓延。蔓延速度与环境因素和材料特性有关，其大小决定了火势发展的快慢。

（1）固体的熔点、热分解温度越低，其燃烧速率越快，火灾蔓延速度也越快。

（2）外界环境中的氧浓度增大，火焰传播速度加快。

（3）风速增加也有利于火焰的传播，但风速过大会吹灭火焰。空气压力增加，提高了化学反应速率，加速了火焰传播。

相同的材料，在相同的外界条件下，火焰沿材料的水平方向、倾斜方向及垂直方向的传播蔓延速度也不相同。在无风的条件下，火焰形状基本是对称的，由于火焰的上升而夹带的空气流在火焰四周也是对称的，火焰将会逆着空气流的方向向四周蔓延。火焰向材料表面未燃烧区域的传热方式主要是热辐射，但在火焰根部对流换热占主导地位。

有风时，火焰顺着风向倾斜。火焰和材料表面间的热辐射不再对称。在上风侧，火焰逆风方向传播。然而，辐射角系数较小，辐射热可忽略不计，气相热传导是主要的传热方式，因此火焰传播速度非常慢，甚至不能传播。而在下风侧，火焰和材料表面间的传热主要为热辐射和对流换热，辐射角系数较大，所以火焰传播速度较快。

2. 薄片状固体可燃物火灾的蔓延

纸张、窗帘、幕布等薄片状固体一旦着火燃烧，其火灾的蔓延规律与一般固体相比有显著的特点。这是因为这种固体可燃物面积大、厚度小、热容量小，受热后升温快。并且这种火的蔓延速度较快，对整个火灾过程的发展影响大，应当作为早期灭火的主要对象。

特别是幕布、窗帘等可燃物，平时垂直放置。由于火灾过程的热浮力作用，火灾蔓延速度更快。

问题 54：液体可燃物在火灾中是如何蔓延的？

液体可燃物的燃烧可分为喷雾燃烧和液面燃烧两种，火焰可在油雾中和液面上传播，使火灾蔓延。

1. 油雾中火灾的蔓延

当输油管道或者储油罐破裂时，大量燃油从裂缝中喷出，形成油雾，一旦着火燃烧，火灾就会蔓延。在这种条件下形成的喷雾条件一般较差，雾化质量不高，产生的液滴直径较大。而且液滴所处的环境温度为室温，所以液滴蒸发速率较小，着火燃烧后形成油雾扩散火焰。

液滴群火焰传播特性与燃料性质（如分子量和挥发性）有关，分子量越小，挥发性越好，其火焰传播速度接近于气体火焰传播速度。影响液滴群火焰传播速度的另一个重要因素是液滴的平均粒径。例如，四氢化萘液雾的火焰传播，当液滴直径小于 $10\mu m$ 时，火焰呈蓝色连续表面，传播速度与液体蒸气和空气的预混气体的燃烧速率相类似；当液滴直径在 $10\sim40\mu m$ 时，既有连续火焰面形成的蓝色，还夹杂着黄色和白色的发光亮点，火焰区呈团块状，表明存在着单个液滴燃烧形成的扩散火焰；当液滴直径超过 $40\mu m$ 时，火焰已不形成连续表面，而是从一颗液滴传到另一颗液滴。火焰能否传播以及火焰的传播速度都将受到液滴间距、液滴尺寸和液体性质的影响。当一颗液滴所放出的热量足以使邻近液滴着火燃烧时，火焰才能传播下去。

2. 液面火灾的蔓延

可燃液体表面在着火之前会形成可燃蒸气与空气的混合气体。当液体温度超过闪点时，液面上的蒸气浓度在爆炸浓度范围之内，这时若有点火源，火焰就会在液面上传播。当液体的温度低于闪点时，由于液面上蒸气浓度小于爆炸浓度下限，因此用一般的点火源是不能点燃的，也就不存在火焰的传播。但是，若在一个大液面上，某一端有强点火源使低于闪点的液体着火，因为火焰向周围液面传递热量，使周围液面的温度有所升高，蒸发速率有所加快，这样火焰就能继续传播蔓延。并且液体温度比较低，这时的火焰传播速度比较慢。当液体温度低于闪点时，火焰蔓延速度较慢，当液体温度超过闪点后，火焰蔓延速度急剧加快。

3. 含可燃液体的固面火灾蔓延

当可燃液体泄漏到地面（如土、沙滩）上，地面就成了含有可燃物的固体表面，一旦着火燃烧就形成了含可燃液体的固面火灾。

（1）可燃液体闪点对火灾蔓延的影响

含可燃液体的固面火灾的蔓延与可燃液体的闪点有关，当液体初温较高，尤其超过闪点时，含可燃液体的固面火灾的蔓延速度较快。随着风速增大，含可燃液体的固面火灾的蔓延速度减小，当风速达到某一值之后，蔓延速度急剧下降，甚至灭火。

（2）地面沙粒的直径对火灾蔓延的影响

地面沙粒的直径也会影响含可燃液体的固面火灾的蔓延。并且随着粒径的增大，火灾蔓延速度不断减小。

问题 55：气体可燃物在火灾中是如何蔓延的？

可燃气体与空气混合后可形成预混合可燃混合气，一旦着火燃烧，就形成了气体可燃物中的火灾蔓延。

预混气的流动状态对燃烧过程有很大的影响。流动状态不同，产生的燃烧形态就不同，处于层流状态的火焰因可燃混合气流速不高没有扰动，火焰表面光滑，燃烧状态平稳。火焰通过热传导和分子扩散把热量和活化中心（自由基）供给邻近的尚未燃烧的可燃混合气薄层，可使火焰传播下去。这种火焰称为层流火焰。

当可燃混合气流速较高或者流通截面较大、流量增大时，流体中将产生大大小小数量极多的流体涡团，做无规则的旋转和移动。在流动过程中，穿过流线前后和上下扰动。火焰表面皱褶变形，变短变粗，翻滚并发出声响。这种火焰称为湍流火焰。与层流火焰不同，湍流火焰面的热量和活性中心（自由基）不向未燃混合气输送，而是靠流体的涡团运动来激发和强化，由流体运动状态支配。同层流燃烧相比，湍流燃烧要更为激烈，火焰传播速度要大得多。

预混气的燃烧有可能发生爆轰。发生爆轰时，其火焰传播速度非常快，一般超过音速，产生压力也非常高，并对设备产生非常严重的破坏。

问题 56：影响火灾严重性的因素有哪些？

建筑火灾严重性是指在建筑中发生火灾的大小及危害程度。火灾严重性取决于火灾达到的最高温度以及在最高温度下燃烧持续的时间，它表明了火灾对建筑结构或建筑造成损坏和对建筑中人员、财产造成危害的程度大小。

影响火灾严重性的因素大致有以下六个方面：

（1）可燃材料的燃烧性能。

（2）可燃材料的数量（火灾荷载）。

（3）可燃材料的分布。

（4）着火房间的热性能。

（5）着火房间的大小和形状。

（6）房间开口的面积和形状。

其中，建筑的类型和构造等对火灾严重性的影响比较突出，特别是建筑内可燃物或可燃材料的数量及燃烧性能对火灾全面发展阶段，即火灾旺盛期的燃烧速度、火场强度、火灾持续时间影响尤为突出。

问题 57：火灾与社会经济有什么关系?

火灾的双重性。尤其是随机性特征表明，火灾是一种同人类活动密切相关，但是不完全以人的意志为转移的灾害现象，火灾具有与社会环境条件和人类行为密切关联的特性。随着社会生产规模的扩大、财富积累的迅速增加以及生活水平的提高，造成火灾的因素增多，即使采取了一些常规性的或者应急性的防灾措施，也难以杜绝火灾发生，火灾发生频率和造成的损失呈显著增长的趋势。据火灾统计资料表明，20 世纪后半叶，美国经济快速增长，1950～2000 年 50 年间，其国民生产总值由 2822 亿美元增长至 98960 亿美元，国民生产总值增加了 35 倍的同时，火灾直接财产损失增长了约有 17 倍，由 1950 年的 6.5 亿美元增加到 2000 年的 112 亿美元。日本从 1959～1991 年火灾直接财产损失也增加了 7.8 倍。《中国火灾统计年鉴》的火灾统计数据表明，1950 年到 2005 年 56 年间，我国共发生火灾约 466.4 万起，死亡约 18 万人，伤约 47.5 万人，直接经济损失达 255.9 亿元。自 1996 年以来，随着经济的快速发展，我国火灾起数持续增长，2001～2005 年五年间我国火灾起数达到了 121.7 万起，死亡约 1.2 万人，伤 1.6 万人，直接经济损失达 75.5 亿元。近年来火灾的起数达到了 56 年总和的 26%左右。令人感到欣慰的是，随着国家对消防安全的重视，我国 1950～2006 年间火灾数据的统计分析见表 1-5，1991～2006 年间火灾数据的统计分析如图 1-5、图 1-6 所示。

我国 1950～2005 年火灾数据统计分析　　表 1-5

年度	火灾起数/万起	死亡/万人	受伤/万人	直接损失/亿元
1950～2005	466.4	18.0	47.5	255.9
1991～2005	210.5	3.7	5.9	191.7
1996～2005	190.5	2.5	3.8	145.1
2001～2005	121.7	1.2	1.6	75.5
2006	22.2702	0.1517	0.1418	7.8

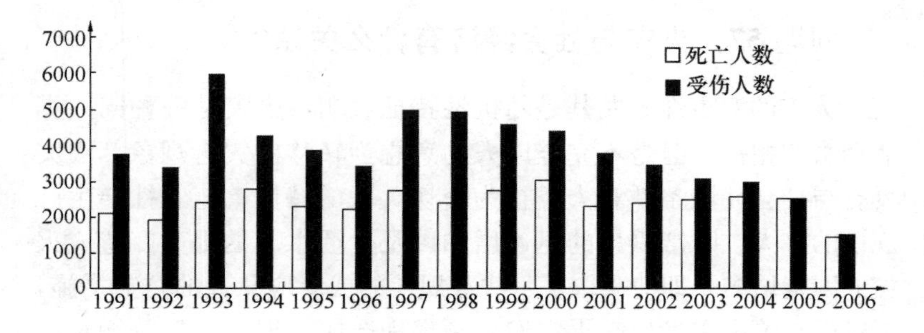

图 1-5　1991～2006 年火灾伤亡情况

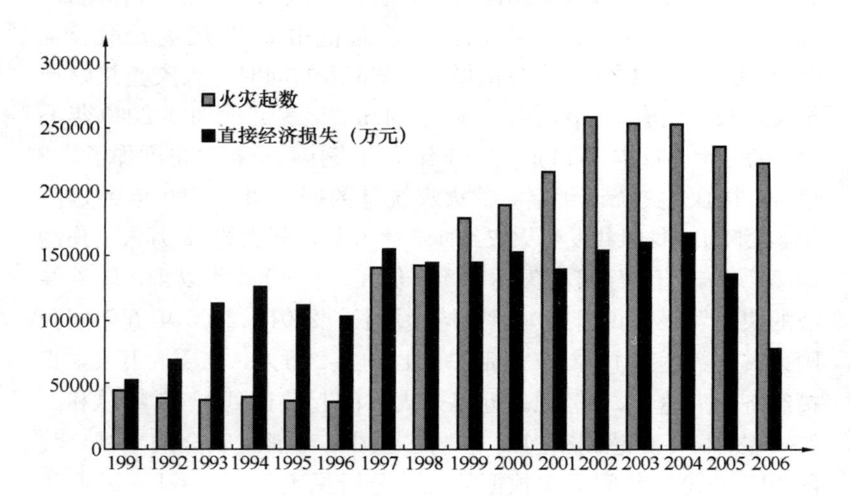

图 1-6　1991～2006 年火灾损失情况

据火灾统计资料的分析表明，20 世纪 80 年代以前，我国火灾主要集中是在农村地区，火灾起数、死亡和受伤人数以及直接经济损失四项指标农村占较大份额。近年来随着经济的蓬勃发展，我国城市化水平发展速度突飞猛进，城市人口也随之迅速增加。但是，绝大多数城市还处于新城与旧城、城区与工业区以及商业区与棚户区共存的状态，相当一部分城市中还遗留有由于历史原因建成的不符合消防规范标准的加油（气）站及易燃易爆品生产储存点等，城市格局处于畸形状态。自 20 世纪 80 年代开始，我国城市火灾的比例逐年上升，农村火灾比例下降，城市火灾四项指标占到60%以上。尤其是，城市建筑密度增大，地下工程和高层建筑增加，24m以上、100m以上的高层以及超高层建筑已成为城市建设的主流，建筑物内人员密度高度集中。大量新开发的建筑物高度节节攀升，盲目追求规模及功能的庞大、复杂。特别是新建建筑和后期改造的旧建筑盲目追求装修的奢华程度，建筑物的火灾荷载以及消防设计和施工存在严重的超规范及违规范的现象。城市火灾由过去易燃易爆品集中的工厂、仓库以及居民住宅等场所开始向商场、饭店、舞厅等公共建筑以及高层建筑、地下建筑蔓延。20世纪90年代开始，重特大火灾尤其是公共建筑物内重特大恶性火灾事故显著增多，并且由于建筑物内人员密集，火灾造成的人员伤亡惨重。建筑火灾所导致的经济损失上升到全部火灾经济损失的80%以上，城市建筑火灾已成为威胁社会公共安全水平的一个重要因素。

所以，研究建筑火灾发生和防治的规律，开发切实有效的建筑消防技术，是当前加强城市公共安全的一项重要任务，具有十分重要的现实意义及社会价值。

问题58：什么是火灾烟气？

火灾烟气是燃烧过程的一种混合物产物，主要有：

（1）可燃物热解或燃烧产生的气相产物，如未燃气体、水蒸气、CO、CO_2、多种低分子的碳氢化合物及少量的硫化物、氯化物、氰化物等。

（2）由于卷吸而进入的空气。

（3）多种微小的固体颗粒和液滴。

问题59：火灾烟气的组成有哪些？

火灾烟气的成分和性质取决于发生热解和燃烧的物质本身的化学组成，以及与燃烧条件有关的供氧条件、供热条件和空间、时间情况。火灾烟气中含有燃烧和热分解所生成的气体（如一氧化碳、二氧化碳、氯化氢、硫化氢、氰化氢、乙醛、苯、甲苯、光气、氯气、氨、丙醛等）、悬浮在空气中的液态颗粒（蒸气冷凝而成的均匀分散的焦油类粒子和高沸点物质的凝缩液滴等）和固态颗粒（燃料充分燃烧后残留下来的灰烬和碳黑固体粒子）。

火灾时各种可燃物质燃烧生成有毒气体各不相同，例如，纸张和木材燃烧主要产生一氧化碳和二氧化碳；棉花和人造纤维燃烧主要产生有毒气体也是一氧化碳和二氧化碳；酚醛树脂燃烧主要产生一氧化碳、氨和氰化物。

问题 60：火灾烟气有哪些特征？

1. 火灾烟气的浓度

烟是指在空气中浮游的固体或液体烟粒子，其粒径在 0.01～10μm 之间。而火灾时产生的烟，除了烟粒子外，还包括其他气体燃烧产物以及未参加燃烧反应的气体。

火灾中的烟气浓度，一般有质量浓度、粒子浓度和光学浓度三种表示法。

（1）烟的质量浓度

单位容积的烟气中所含烟粒子的质量，称为烟的质量浓度 η_s（mg/m^3），即：

$$\eta_s = \frac{m_s}{V_s} \tag{1-1}$$

式中 m_s——容积 V_0 的烟气中含有烟粒子的质量（mg）；

V_s——烟气容积（m^3）。

（2）烟的粒子浓度

单位容积的烟气中所含烟粒子的数目，称为烟的粒子浓度 n_s（个/m^3），即：

$$n_s = \frac{N_s}{V_s} \tag{1-2}$$

式中 N_s——容积 V_s 的烟气中含有的烟粒子数。

（3）烟的光学浓度

当可见光通过烟层时，烟粒子削减光线的强度。光线减弱的程度与烟的浓度有函数关系。光学浓度就是由光线通过烟层后的能见距离，用减光系数 C_s来表示。

在火灾时，建筑物内充入烟和其他燃烧产物，降低火场的能见距离，从而影响人员的安全疏散，阻碍消防队员接近火点救人和灭火。

设光源与受光物体之间的距离为 L（m），无烟时受光物体处的光线强度为 I_0（cd），有烟时光线强度为 I（cd），则由朗伯—比尔定律得：

$$I = I_0 e^{-c_s L} \tag{1-3}$$

或

$$C_s = \frac{1}{L} \ln \frac{I_0}{I} \tag{1-4}$$

式中 C_s——烟的减光系数（m^{-1}）；

L——光源与受光体之间的距离（m）；

I_0——光源处的光强度（cd）。

从式（1-4）可以看出，当 C_s值越大时，也就是烟的浓度越大时，光线强度 I 就越小；L 值越大时，亦即距离越远时，I 值就越小。

我们在恒温的电炉中燃烧试块，把燃烧所产生的烟集蓄在一定容积的集烟箱里，同时测定试块在燃烧时的重量损失和集烟箱内烟的浓度，来研究各种材料在火灾时的发烟特性。然后，将测量得到的结果列于表 1-6 中。

建筑材料燃烧时产生烟的浓度和表观密度　　表 1-6

材料	木材		氯乙烯树脂	苯乙烯泡沫塑料	聚氨酯泡沫塑料	发烟筒（有酒精）
燃烧温度/℃	300～210	580～620	820	500	720	720
空气比	0.41～0.49	2.43～2.65	0.64	0.17	0.97	—
减光系数/m^{-1}	10～35	20～31	＞35	30	32	3
表观密度差(%)	0.7～1.1	0.9～1.5	2.7	2.1	0.4	2.5

注：表观密度差是指在同温度下，烟的表现密度 γ_s 与空气表观密度 γ_a 之差的百分比，即 $\frac{\gamma_s - \gamma_a}{\gamma_s}$。

2. 建筑材料的发烟量和发烟速度

各种建筑材料在不同的温度下，单位重量的建筑材料所产生的烟量是不同的，具体数值参见表 1-7。

各种材料产生的烟量（m^3/g）　**表 1-7**

材料名称	300℃	400℃	500℃
松	4.0	1.8	0.4
杉木	3.6	2.1	0.4
普通胶合板	4.0	1.0	0.4
难燃胶合板	3.4	2.0	0.6
硬质纤维板	1.4	2.1	0.6
锯木屑板	2.8	2.0	0.4
玻璃纤维增强塑料	—	6.2	4.1
聚氯乙烯	—	4.0	10.4
聚苯乙烯	—	12.6	10.0
聚氨酯（人造橡胶之一）	—	14.0	4.0

从表中可以看出，木材类在温度升高时，发烟量有所减少。这是因为分解出的碳质微粒在高温下又重新燃烧，并且温度升高后减少了碳质微粒的分解，高分子有机材料产生大量的烟气。

除了发烟量外，火灾中影响生命安全的另一重要因素就是发烟速度，即单位时间、单位重量可燃物的发烟量，表 1-8 是由试验得到的各种材料的发烟速度。

各种材料的发烟速度［$m^3/(s \cdot g)$］　**表 1-8**

材料名称	加热温度/℃											
	225	230	235	260	280	290	300	350	400	450	500	550
针枞	—	—	—	—	—	—	0.72	0.80	0.71	0.38	0.17	0.17
杉	—	0.17	—	0.25	—	0.28	0.61	0.72	0.71	0.53	0.13	0.31
普通胶合板	0.03	—	—	0.09	0.25	0.26	0.93	1.08	1.10	1.07	0.31	0.24
难燃胶合板	0.01	—	0.09	0.11	0.13	0.20	0.56	0.61	0.58	0.59	0.22	0.20

续表

材料名称	加热温度/℃											
	225	230	235	260	280	290	300	350	400	450	500	550
硬质板	—	—	—	—	—	—	0.76	1.22	1.19	0.19	0.26	0.27
微片板	—	—	—	—	—	—	0.63	0.76	0.85	0.19	0.15	0.12
苯乙烯泡沫板 A	—	—	—	—	—	—	—	1.58	2.68	5.92	6.90	8.96
苯乙烯泡沫板 B	—	—	—	—	—	—	—	1.24	2.36	3.56	5.34	4.46
聚氨酯	—	—	—	—	—	—	—	—	5.0	11.5	15.0	16.5
玻璃纤维增强塑料	—	—	—	—	—	—	—	—	0.50	1.0	3.0	0.5
聚氯乙烯	—	—	—	—	—	—	—	—	0.10	4.5	7.50	9.70
聚苯乙烯	—	—	—	—	—	—	—	—	1.0	4.95	—	2.97

该表说明，当木材类在加热温度超过 350℃的时候，发烟速度一般随温度的升高而降低。而高分子有机材料则恰好相反。高分子材料的发烟速度比木材要大得多，这是因为高分子材料的发烟系数大，并且燃烧速度快。

3. 能见距离

火灾的烟气导致人们辨认目标的能力大大降低，并使事故照明和疏散标志的作用减弱。因此，人们在疏散时通常看不清周围的环境，甚至达到辨认不清疏散方向，找不到安全出口，影响人员安全的程度。当能见距离下降到 3m 以下时，逃离火场就非常困难。

研究证明，烟的减光系数 C_s 与能见距离 D 之积为常数 C，其数值因观察目标的不同而不同。

（1）疏散通道上的反光标志、疏散门等，$C=2\sim4$；对发光型标志、指示灯等，$C=5\sim10$。用公式表示：

$$D \approx \frac{2\sim4}{C_s} \tag{1-5}$$

能见距离 D（m）与烟浓度 C_s 的关系，还可以从图 1-7 的试验结果予以说明。

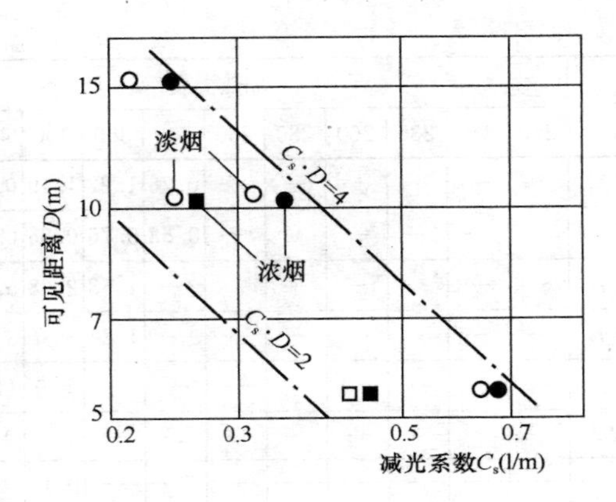

图 1-7　反射型标志的能见距离

○●反射系数为 0.7；□■反射系数为 0.3；室内平均照度为 70lx

有关室内装饰材料等反光型材料的能见距离见表 1-9。

反光饰面材料的能见距离 *D*（m）　　**表 1-9**

反光系数	室内饰面材料名称	烟的浓度 C_s/m^{-1}					
		0.2	0.3	0.4	0.5	0.6	0.7
0.1	红色木地板、黑色大理石	10.40	6.93	5.20	4.16	3.47	2.97
0.2	灰砖、菱苦土地面、铸铁、钢板地面	13.87	9.24	6.93	5.55	4.62	3.96
0.3	红砖、塑料贴面板、混凝土地面、红色大理石	15.98	10.59	7.95	6.36	5.30	4.54
0.4	水泥砂浆抹面	17.33	11.55	8.67	6.93	5.78	4.95
0.5	有窗未挂帘的白墙、木板、胶合板、灰白色大理石	18.45	12.30	9.22	7.23	6.15	5.27
0.6	白色大理石	19.36	12.90	9.68	7.74	6.45	5.53
0.7	白墙、白色水磨石、白色调合漆、白水泥	20.13	13.42	10.06	8.05	6.93	5.75
0.8	浅色瓷砖、白色乳胶漆	20.80	13.86	10.40	8.32	6.93	5.94

（2）对发光型标志、指示灯等，$C=5\sim10$。用公式表示：

$$D \approx \frac{5 \sim 10}{C_s} \tag{1-6}$$

能见距离 D 与烟浓度 C_s 的关系由图 1-8 的试验结果予以说明。

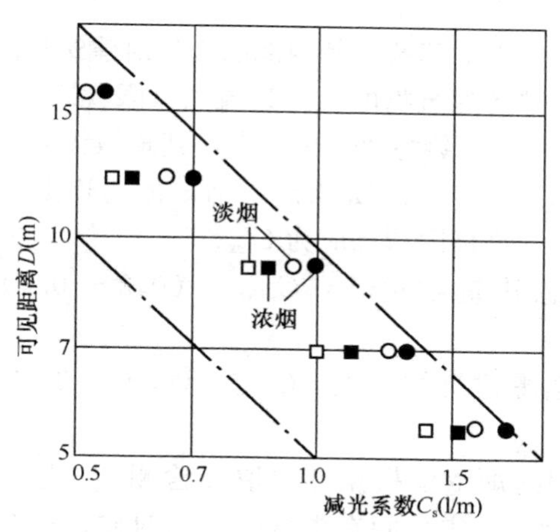

图 1-8 发光型标志的能见距离

○●20cd/m²；□■500cd/m²；室内平均照度为 40lx

不同功率的电光源的能见距离见表 1-10。

发光型标志的能见距离 D（m） **表 1-10**

I_0/（lm/m²）	电光源类型	功率/W	烟的浓度 C_s/m^{-1}				
			0.5	0.7	1.0	1.3	1.5
2400	荧光灯	40	16.95	12.11	8.48	6.52	5.65
2000	白炽灯	150	16.59	11.85	8.29	6.38	5.53
1500	荧光灯	30	16.01	11.44	8.01	6.16	5.34
1250	白炽灯	100	15.65	11.18	7.82	6.02	5.22
1000	白炽灯	80	15.21	10.86	7.60	5.85	5.07
600	白炽灯	60	14.18	10.13	7.09	5.45	4.73
350	白炽灯、荧光灯	40.8	13.13	9.36	6.55	5.04	4.37
222	白炽灯	25	12.17	8.70	6.09	4.68	4.06

4. 烟的允许极限浓度

为了使身处火场中的人们能够看清疏散楼梯间的门和疏散标志，保障疏散安全，需要确定疏散时人们的能见距离不得小于某一最小值。这个最小的允许能见距离称为疏散极限视距，一般用D_{min}表示。

对于不同用途的建筑，其内部的人员对建筑物的熟悉程度也不同。对于不熟悉建筑物的人，其疏散极限视距应规定较大值，即$D_{min}=30m$；对于熟悉建筑物的人，其疏散极限视距应规定采用较小值，即$D_{min}=5m$。如果要看清疏散通道上的门和反光型标志，则烟的允许极限浓度应为C_{smax}：

对于熟悉建筑物的人：$C_{smax}=(0.2\sim0.4)m^{-1}$，平均为$0.3m^{-1}$；

对于不熟悉建筑物的人：$C_{smax}=(0.07\sim0.13)m^{-1}$，平均为$0.1m^{-1}$。

火灾房间的烟浓度根据实验取样检测，一般为$C_s=(25\sim30)m^{-1}$。因此，火灾房间有黑烟喷出的时候，这时室内烟浓度即为$C_s=(25\sim30)m^{-1}$。由此可见，为了保障疏散安全，无论是熟悉还是不熟悉建筑物的人，烟在走廊里的浓度只允许达到起火房间内烟浓度的1/300(0.1/30)～1/100(0.3/30)的程度。

问题61：火灾烟气有哪些危害？

国内外大量建筑火灾表明，死亡人数中有50%左右是被烟气毒死的。近年来由于各种塑料制品大量用于建筑物内，以及无窗房间的增多和空调设备的广泛使用等原因，火灾烟气中毒亡人员的比例有显著增加。烟气的危害性集中反映在三个方面。

1. 对人体的危害

在火灾中，人员除了直接被烧或者跳楼死亡之外，其他的死亡原因大都和烟气有关，主要有：

(1) 一氧化碳中毒

一氧化碳被人吸入后和血液中的血红蛋白结合成为一氧化碳

血红蛋白，从阻碍血液将氧输送到人体各部分。当一氧化碳和血液50%以上的血红蛋白结合时，便能造成脑和中枢神经严重缺氧，继而失去知觉，甚至死亡。即使一氧化碳的吸入量在致死量以下，也会因缺氧而引发头痛无力及呕吐等症状，最终仍可导致不能及时逃离火场而死亡。不同浓度的一氧化碳对人体的影响程度见表1-11。

CO对人体的影响程度 **表1-11**

空气中一氧化碳含量（%）	对人体的影响程度
0.01	数小时对人体影响不大
0.05	1.0h内对人体影响不大
0.1	1.0h后头痛，不舒服，呕吐
0.5	引起剧烈头晕，经20～30min有死亡危险
1.0	呼吸数次失去知觉，经过1～2min即可能死亡

（2）缺氧

在着火区域的空气中充满了一氧化碳、二氧化碳及其他有毒气体，加之燃烧需要大量的氧气，这就造成空气中的含氧量大大降低。发生爆炸时甚至可以降到5%以下，此时人体会受到强烈的影响而死亡，其危险性也不亚于一氧化碳。空气中缺氧对人体的影响情况见表1-12。气密性较好的房间，有时少量可燃物的燃烧也会造成含氧降低较多。

缺氧对人体的影响程度 **表1-12**

空气中氧的浓度（%）	症状
21	空气中含氧的正常值
20	无影响
16～12	呼吸、脉搏增加，肌肉有规律的运动受到影响
12～10	感觉错乱，呼吸紊乱，肌肉不舒畅，很快疲劳
10～6	呕吐，神志不清
6	呼吸停止，数分钟后死亡

（3）烟气中毒

木材制品燃烧产生的醛类，聚氯乙烯燃烧产生的氢氯化合物都具有很强的刺激性，甚至是致命的。随着新型建筑材料及塑料的广泛使用，烟气的毒性也越来越大，火灾疏散时的有毒气体允许浓度见表1-13。

疏散时有毒气体允许浓度 **表1-13**

毒性气体种类	一氧化碳 CO	二氧化碳 CO_2	氯化氢 HCl	光气 $COCl_2$	氨 NH_3	氰化氢 HCN
允许浓度	0.2	3.0	0.1	0.0025	0.3	0.02

（4）窒息

火灾时，人员可能因头部烧伤或吸入高温烟气而使口腔及喉部肿胀，以致引起呼吸道阻塞窒息。此时，如没有得到及时抢救，就有被烧死或被烟气毒死的可能。

在烟气对人体的危害中，以一氧化碳的增加和氧气的减少影响最为严重。起火后这些因素是相互混合共同作用于人体的，这比其单独作用更具危险性。

2. 对疏散的危害

在着火区域的房间及疏散通道内，充满了含有大量一氧化碳及各种燃烧成分的热烟，甚至远离火区的部位及火区上部也可能烟雾弥漫，这给人员的疏散带来了极大的困难。烟气中的某些成分会对眼睛、鼻、喉产生强烈刺激，使人们视力下降且呼吸困难。浓烟能造成人们的恐惧感，使人们失去行为能力甚至出现异常行为。烟气集中在疏散通道的上部空间，通常使人们掩面弯腰地摸索行走，速度既慢又不易找到安全出口，甚至还可能走回头路。人们在烟中停留一两分钟就可能昏倒，四五分钟就有死亡的危险。

3. 对扑救的危害

消防队员在进行灭火救援时，同样要受到烟气的威胁。烟气严重妨碍消防员的行动；弥漫的烟雾影响视线，使消防队员很难找到起火点，也不易辨别火势发展的方向，灭火行动难以有效地开展。同时，烟气中某些燃烧产物还有造成新的火源和促使火势发展的危险；不完全燃烧物可能继续燃烧，有的还能与空气形成爆炸性混合物；带有高温的烟气会因气体的热对流和热辐射而引燃烧其他可燃物。导致火场扩大，给扑救工作增大了难度。

问题 62：控制火灾烟气有哪些主要措施?

火灾烟气对人体的危害巨大，预防火灾烟气的产生和防范烟气对人们的危害十分重要，所以应当采取必要措施做好火灾烟气的防控工作。

1. 减少火灾烟气的产生

由于烟气是火灾燃烧产物，因此，要尽量控制建筑物内的可燃物数量。建筑构件要采用不燃烧体或难燃烧体材料，室内装修材料应该选用 A 级或 B_1 级材料，尤其是卡拉 OK 歌厅、舞厅、电影放映厅、饭店、宾馆、商场、网吧等人员密集场所，不能使用海绵、塑料、纤维等高分子化合物进行室内装修。

办公场所、居民住宅的室内装修也要尽量减少木材的使用量，窗帘、家具应满足防火要求。

2. 采取有效的防、排烟措施

建筑物发生火灾后，有效的烟气控制可以为人员疏散提供安全环境；控制和减少烟气从火灾区域向周围相邻空间的蔓延；为火灾扑救人员提供安全保证；保护人员生命财产安全；帮助火灾后及时排除烟气。

控制烟气在建筑物内的蔓延主要有两条途径：一是合理划分防烟分区，二是选择合适的防、排烟设置方式。防烟分区的划分，即用某些耐火性能好的物体或材料把烟气阻挡在某些限定区域，不让它蔓延到可能对人和物产生危害的地方。这种方法适用于建筑物与起火区没有开口、漏洞或缝隙的区域。

防、排烟系统可分为防烟系统和排烟系统。防烟系统是指采用机械加压送风方式或自然通风方式，防止烟气进入疏散通道的系统；排烟系统是指采用自然通风或机械排烟方式，使烟气沿着对人和物没有危害的渠道排到建筑外，从而消除烟气的有害影响的系统。排烟有自然排烟和机械排烟两种形式。排烟窗、排烟井是建筑物中常见的自然排烟形式，它们主要适用于烟气具有足够大的浮力、可能克服其他阻碍烟气流动的驱动力的区域。机械排烟的方式可克服自然排烟的局限，能够有效地排出烟气。在《建筑设计防火规范》（GB 50016—2014）等技术规范规定的地点，要设置机械排烟设施，保证火灾后将火灾烟气及时排除。

很多大规模建筑的内部结构是相当复杂的，其烟气控制往往是几种方法的有机结合。防、排烟形式的合理性不但关系到烟气控制的效果，而且具有很大的经济意义。

3. 逃生时避免火灾烟气侵害

由于烟气的相对密度比空气轻，起火后烟气向上蔓延迅速，地面烟雾浓度相对较低，毒气相对较少。所以，人们从火场逃生时应紧贴地面匍匐前行。当火灾后人们被困在室内时，逃生时应先用手摸摸房门，如果房门发烫，说明外面火势较大，穿过大火和烟雾逃生困难，此时应关好房门，用棉絮、床单将门缝塞严，泼水降温，防止烟雾进入，另想办法逃生。如若必须穿过烟雾逃生时，可采用毛巾防烟法。将毛巾折叠起来捂住口鼻，可起到很好的防烟作用。使用毛巾捂住口鼻时，一定使过滤烟的面积尽量增大，确保将口鼻捂严。在穿过烟雾区时，即使感到呼吸阻力增大，也绝不能将毛巾从口鼻上拿开，一旦拿开就可能立即导致中毒。消防队员在灭火救援过程中也应该做好个人防护工作，佩戴空气呼吸器进入火灾现场开展灭火救人，防止烟气袭击。

问题 63：什么是烟的允许极限浓度？

为了使处于火场中的人们能够看清疏散楼梯间的门和疏散标志，确保疏散安全，需要确定疏散时人们的能见距离不得小于某一最小值。这个最小的允许能见距离称为疏散极限视距，一般用 D_{min} 表示。

对于不同用途的建筑，其内部的人员对建筑物的熟悉程度也不同。对于不熟悉建筑物的人，其疏散极限视距应规定较大值，即 D_{min}＝30m；对于熟悉建筑物的人，其疏散极限视距应规定采用较小值，即 D_{min}＝5m。因而，若要看清疏散通道上的门和反光型标志，则烟的允许极限浓度应为 C_{smax}：

对于熟悉建筑物的人：C_{smax}＝（0.2～0.4）m^{-1}，平均为 0.3m^{-1}；

对于不熟悉建筑物的人：C_{smax}＝（0.07～0.13）m^{-1}，平均为 0.1m^{-1}。

火灾房间的烟浓度根据试验取样检测，一般为 C_s＝（25～30）m^{-1}。因此，当火灾房间有黑烟喷出时，这时室内烟浓度即为 C_s＝（25～30）m^{-1}。由此可见，为了确保疏散安全，无论是熟悉还是不熟悉建筑物的人，烟在走廊里的浓度只允许达到起火房间内烟浓度的 1/300（0.1/30）～1/100（0.3/30）的程度。

2 民用建筑防火设计

2.1 建筑耐火等级

问题64：建筑耐火等级有哪些作用?

耐火等级是用以衡量建筑物耐火程度的分级标准。规定建筑物的耐火等级是建筑设计防火技术措施中最基本的措施之一。对于不同性质、不同类型的建筑物，提出不同的耐火等级要求，可做到既有利于消防安全，又可有利于节约基本建设投资。

建筑物具有较高的耐火等级，可以起到下列几方面作用：在建筑物发生火灾时，确保其在一定的时间内不破坏，不传播火灾，延缓以及阻止火势的蔓延；为人们安全疏散提供必要的时间条件，保证建筑物内的人员能够安全脱险；为消防人员扑救火灾创造条件；为建筑物在火灾后修复重新使用提供可能。

火灾实例说明，耐火等级高的建筑物，其发生火灾的次数少，而火灾时被火烧坏及倒塌的可能也很小；而耐火等级低的建筑，发生火灾的概率大，火灾中往往容易被烧坏，导致局部或整体倒塌，火灾损失大。对于不同类型及性质的建筑，提出不同的耐火等级要求。可做到既有利于消防安全，又有利于节约基本建设投资。建筑物具有较高的耐火等级，可以起到下列几方面的作用。

（1）在建筑物发生火灾时，能够确保其能在一定的时间内不破坏、不传播火灾，延缓以及阻止火势的蔓延。

（2）为人们安全疏散提供必要的疏散时间，保证建筑物内人员能安全脱险。建筑物层数越多，疏散到地面的路程就越长，所需疏散时间也越长。为了保证建筑物内人员安全疏散，在设计中除了要周密地考虑完善的安全疏散设施之外，还要做到承重构件具有足够的耐火能力。

（3）为消防人员扑救火灾创造有利条件。扑救建筑火灾时，消防人员往往要进入建筑物内进行扑救。若其主体结构没有足够的抵抗火烧的能力，则在较短时间内发生局部或全部破坏、倒塌现象，不仅会给消防扑救工作造成许多困难，而且极有可能造成重大伤亡事故。

（4）为建筑物火灾后重新修复使用提供有利条件。在通常情况下，若建筑物主体结构耐火能力越好，抵抗火烧时间就越长，则其火灾时破坏少，灾后的修复也就越快。如巴西“安得斯”大楼为钢筋混凝土框架结构，大火延烧了十几个小时，其内部装修和其他可燃物品全部烧光，但其主体结构基本完好。又如，韩国“大然阁”旅馆的主体结构是型钢框架外包混凝土的劲性钢结构，采用钢筋混凝土楼板。在发生火灾后大火延烧了8个多小时，其主体结构依然完好。而这两座高层建筑在事后都进行了修复，得以重新使用。

问题65：影响建筑物耐火等级的因素有哪些？

1. 火灾危险性

（1）建筑物的火灾危险性大小直接决定其耐火等级的选定。

（2）对于民用建筑来说，使用性质有很大差异，因而诱发火灾的可能性也就不同。而且发生火灾后的人员疏散、火灾扑救的难度也不同。一般住宅的火灾危险性小，而使用人数多的大型公共建筑火灾危险性大，在耐火标准上就要区别对待。

（3）对于工业建筑来说，火灾危险性大的建筑应该相应具有较高的耐火等级。

厂房和仓库耐火等级的选定，主要是根据其生产和储存物品的火灾危险性选定的。厂房内生产的火灾危险性和仓库内储存物品的火灾危险性，均划分为甲类、乙类、丙类、丁类、戊类共五个类别。

2. 建筑物的重要性

建筑物的重要程度是确定其耐火等级的重要因素。对于性质重要，功能多、设备复杂，规模大、建筑标准高，人员大量集中、扑救困难的重要建筑，如国家机关重要的办公楼、中心通信枢纽大楼、中心广播电视大楼、大型影剧院、礼堂、大型商场、重要的科研楼、藏书楼、档案楼、高级旅馆等建筑，其耐火等级应为一、二级。

3. 建筑物的高度

建筑物高度越高，功能越复杂，火灾时人员的疏散和火灾扑救越困难，损失也越大。由于高层建筑的特殊性，有必要对其采取一些特别严格的措施。高层民用建筑根据其建筑高度、使用功能和楼层的建筑面积可分为两类，要求一类建筑物的耐火等级应为一级；二类建筑物的耐火等级不应低于二级。

此外，高层工业厂房和高层库房应采用一级或二级耐火等级的建筑。当采用二级建筑时，其梁、楼板应符合一级耐火等级的要求。但是，设有自动灭火设备时，火灾规模会相应减小，故可以不再提高。

对高度较大的建筑物选定较高的耐火等级，提高其耐火能力，可以确保其在火灾条件下不发生倒塌破坏，给人员安全疏散和消防扑救创造有利条件。

4. 火灾荷载

火灾荷载大的建筑物发生火灾后，火灾持续燃烧时间长，燃烧猛烈，火场温度高，对建筑构件的破坏作用大。为了保证火灾荷载较大的建筑物在发生火灾时建筑结构构件的安全，应相应地提高这种建筑的耐火等级，使建筑构件具有较高的耐火极限。

问题 66：民用建筑的耐火等级分为哪几个等级?

1. 划分标准

按照我国建筑设计、建筑结构及施工的实际情况，并考虑到今后建筑的发展趋势，同时参考国外划分耐火等级的经验，将普通建筑的耐火等级划分为四级。一般来说，一级耐火等级建筑是钢筋混凝土结构或砖混结构。二级耐火等级建筑和一级耐火等级建筑基本上相似，但其构件的耐火极限可以较低，而且可以采用未加保护的钢屋架。三级耐火等级建筑是木屋顶、钢筋混凝土楼板、砖墙组成的砖木结构。四级耐火等级建筑是木屋顶、难燃烧体墙壁组成的可燃结构。

2. 划分依据

划分建筑物的耐火等级是以楼板的耐火极限为基准的。因为楼板直接承受人和物品的重量，然后再将这些荷载传给梁、墙、柱等构件，是最基本的承重构件。

各耐火等级建筑物中楼板的耐火极限确定以后，其他建筑构件的耐火极限就可以与楼板相比较而确定。在建筑结构中所占的地位比楼板重要者（如梁、柱、承重墙等），其耐火极限应当高于楼板；比楼板次要者（如隔墙、吊顶等），其耐火极限可适当降低。

楼板耐火极限的确定，是以我国火灾情况和建筑特点为依据的。火灾统计表明，我国95%的火灾的延续时间均在2h以内，在1h内扑灭的约占80%，在1.5h以内扑灭的约占90%；同时，建筑物所采用的普通钢筋混凝土空心楼板，保护层厚度为10mm的，其耐火极限达1.00h；现浇钢筋混凝土整体式梁板的耐火极限大都在1.50h以上。因此，将一级耐火等级建筑物楼板的耐火极限定为1.50h，二级耐火等级的定为1.00h，三级耐火等级的定为0.50h，四级耐火等级的定为0.25h。其他建筑构件的耐火极限以二级耐火等级建筑物的楼板为基准，比楼板重要的建筑构件的耐火极限要求高一些，比楼板次要的建筑构件的耐火极限要求低一些。以二级耐火等级建筑为例：楼板由梁来支承，梁的耐火极限比楼板要求高，定为1.50h；而梁又由墙或柱来支承，墙和柱的耐火极限分别定为2.00h和2.50h。其他依此类推。

问题 67：不同耐火等级民用建筑相应构件的燃烧性能和耐火极限有哪些规定？

不同耐火等级建筑相应构件的燃烧性能和耐火极限不应低于表 2-1 的规定。

不同耐火等级建筑相应构件的燃烧性能和耐火极限（h） 表 2-1

构件名称		耐火等级			
		一级	二级	三级	四级
墙	防火墙	不燃性 3.00	不燃性 3.00	不燃性 3.00	不燃性 3.00
	承重墙	不燃性 3.00	不燃性 2.50	不燃性 2.00	难燃性 0.50
	非承重外墙	不燃性 1.00	不燃性 1.00	不燃性 0.50	可燃性
	楼梯间和前室的墙 电梯井的墙 住宅建筑单元之间的墙和分户墙	不燃性 2.00	不燃性 2.00	不燃性 1.50	难燃性 0.50
	疏散走道两侧的隔墙	不燃性 1.00	不燃性 1.00	不燃性 0.50	难燃性 0.25
	房间隔墙	不燃性 0.75	不燃性 0.50	难燃性 0.50	难燃性 0.25
柱		不燃性 3.00	不燃性 2.50	不燃性 2.00	难燃性 0.50
梁		不燃性 2.00	不燃性 1.50	不燃性 1.00	难燃性 0.50
楼板		不燃性 1.50	不燃性 1.00	不燃性 0.50	可燃性

续表

构件名称	耐火等级			
	一级	二级	三级	四级
屋顶承重构件	不燃性 1.50	不燃性 1.00	可燃性 0.50	可燃性
疏散楼梯	不燃性 1.50	不燃性 1.00	不燃性 0.50	可燃性
吊顶（包括吊顶搁栅）	不燃性 0.25	难燃性 0.25	难燃性 0.15	可燃性

注：1. 除《建筑设计防火规范》(GB 50016—2014）另有规定外，以木柱承重且墙体采用不燃材料的建筑，其耐火等级应按四级确定。

2. 住宅建筑构件的耐火极限和燃烧性能可按现行国家标准《住宅建筑规范》(GB 50368—2005）的规定执行。

问题 68：不同建筑构件的耐火极限和燃烧性能有哪些？

各类非木结构构件的燃烧性能和耐火极限见表 2-2。

各类非木结构构件的燃烧性能和耐火极限　　表 2-2

序号	构件名称	构件厚度或截面最小尺寸/mm	耐火极限/h	燃烧性能
一	承重墙			
1	普通黏土砖、硅酸盐砖，混凝土、钢筋混凝土实体墙	120 180 240 370	2.50 3.50 5.50 10.50	不燃性 不燃性 不燃性 不燃性
2	加气混凝土砌块墙	100	2.00	不燃性
3	轻质混凝土砌块、天然石料的墙	120 240 370	1.50 3.50 5.50	不燃性 不燃性 不燃性

续表

序号	构件名称		构件厚度或截面最小尺寸/mm	耐火极限/h	燃烧性能
二	非承重墙				
1	普通黏土砖墙	1. 不包括双面抹灰	60 120	1.50 3.00	不燃性 不燃性
		2. 包括双面抹灰(15mm厚)	150 180 240	4.50 5.00 8.00	不燃性 不燃性 不燃性
2	七孔黏土砖墙(不包括墙中空120mm)	1. 不包括双面抹灰	120	8.00	不燃性
		2. 包括双面抹灰	140	9.00	不燃性
3	粉煤灰硅酸盐砌块墙		200	4.00	不燃性
4	轻质混凝土墙	1. 加气混凝土砌块墙	75 100 200	2.50 6.00 8.00	不燃性 不燃性 不燃性
		2. 钢筋加气混凝土垂直墙板墙	150	3.00	不燃性
		3. 粉煤灰加气混凝土砌块墙	100	3.40	不燃性
		4. 充气混凝土砌块墙	150	7.50	不燃性
5	空心条板隔墙	1. 菱苦土珍珠岩圆孔	80	1.30	不燃性
		2. 炭化石灰圆孔	90	1.75	不燃性
6	钢筋混凝土大板墙(C20)		60 120	1.00 2.60	不燃性 不燃性
7	轻质复合隔墙	1. 菱苦土板夹纸蜂窝隔墙，构造(mm)：2.5+50(纸蜂窝)+25	77.5	0.33	难燃性
		2. 水泥刨花复合板隔墙(内空层60mm)	80	0.75	难燃性

续表

序号	构件名称		构件厚度或截面最小尺寸/mm	耐火极限/h	燃烧性能
7	轻质复合隔墙	3. 水泥刨花板龙骨水泥板隔墙，构造(mm)：12＋86(空)＋12	110	0.50	难燃性
		4. 石棉水泥龙骨石棉水泥板隔墙，构造(mm)：5＋80(空)＋60	145	0.45	不燃性
8	石膏空心条板隔墙	1. 石膏珍珠岩空心条板，膨胀珍珠岩的表观密度为50～80kg/m³	60	1.50	不燃性
		2. 石膏珍珠岩空心条板，膨胀珍珠岩的表观密度为60～120kg/m³	60	1.20	不燃性
		3. 石膏珍珠岩塑料网空心条板，膨胀珍珠岩的表观密度为60～120kg/m³	60	1.30	不燃性
		4. 石膏珍珠岩双层空心条板，构造(mm)：60＋50(空)＋60	170	3.75	不燃性
		膨胀珍珠岩的表观密度为50～80kg/m³	170	3.75	不燃性
		膨胀珍珠岩的表观密度为60～120kg/m³	60	1.50	不燃性
		5. 石膏硅酸盐空心条板	90	2.25	不燃性
		6. 石膏粉煤灰空心条板	60	1.28	不燃性
		7. 增强石膏空心墙板	90	2.50	不燃性

续表

序号	构件名称		构件厚度或截面最小尺寸/mm	耐火极限/h	燃烧性能
9	石膏龙骨两面钉表右侧材料的隔墙	1. 纤维石膏板，构造(mm)：10＋64(空)＋10	84	1.35	不燃性
		8.5＋103(填矿棉，表观密度为100kg/m³)＋8.5	120	1.00	不燃性
		10＋90(填矿棉，表观密度为100kg/m³)＋10	110	1.00	不燃性
		2. 纸面石膏板，构造(mm)			
		11＋68(填矿棉，表观密度为100kg/m³)＋11	90	0.75	不燃性
		12＋80(空)＋12	104	0.33	不燃性
		11＋28(空)＋11＋65(空)＋11＋28(空)＋11	165	1.50	不燃性
		9＋12＋128(空)＋12＋9	170	1.20	不燃性
		25＋134(空)＋12＋9	180	1.50	不燃性
		12＋80(空)＋12＋12＋80(空)＋12	208	1.00	不燃性
10	木龙骨两面钉表右侧材料的隔墙	1. 石膏板，构造(mm)：12＋50(空)＋12	74	0.30	难燃性
		2. 纸面玻璃纤维石膏板，构造(mm)：10＋55(空)＋10	75	0.60	难燃性
		3. 纸面纤维石膏板，构造(mm)：10＋55(空)＋10	75	0.60	难燃性

续表

序号	构件名称		构件厚度或截面最小尺寸/mm	耐火极限/h	燃烧性能
10	木龙骨两面钉表右侧材料的隔墙	4. 钢丝网（板）抹灰，构造（mm）：15＋50（空）＋15	80	0.85	难燃性
		5. 板条抹灰，构造（mm）：15＋50（空）＋15	80	0.85	难燃性
		6. 水泥刨花板，构造（mm）：15＋50（空）＋15	80	0.30	难燃性
		7. 板条抹1∶4石棉水泥隔热灰浆，构造（mm）：20＋50（空）＋20	90	1.25	难燃性
		8. 苇箔抹灰，构造（mm）：15＋70＋15	100	0.85	难燃性
11	钢龙骨两面钉表右侧材料的隔墙	1. 纸面石膏板，构造：			
		20mm＋46mm（空）＋12mm	78	0.33	不燃性
		2×12mm＋70mm（空）＋2×12mm	118	1.20	不燃性
		2×12mm＋70mm（空）＋3×12mm	130	1.25	不燃性
		2×12mm＋75mm（填岩棉，表观密度为100kg/m³）＋2×12mm	123	1.50	不燃性
		12mm＋75mm（填50mm玻璃棉）＋12mm	99	0.50	不燃性
		2×12mm＋75mm（填50mm玻璃棉）＋2×12mm	123	1.00	不燃性
		3×12mm＋75mm（填50mm玻璃棉）＋3×12mm	147	1.50	不燃性
		12mm＋75mm（空）＋12mm	99	0.52	不燃性
		12mm＋75mm（其中5.0%厚岩棉）＋12mm	99	0.90	不燃性
		15mm＋9.5mm＋75mm＋15mm	123	1.50	不燃性

续表

序号	构件名称		构件厚度或截面最小尺寸/mm	耐火极限/h	燃烧性能
11	钢龙骨两面钉表右侧材料的隔墙	2. 复合纸面石膏板，构造(mm)： 10＋55(空)＋10 15＋75(空)＋1.5＋9.5(双层板受火)	 75 101	 0.60 1.10	 不燃性 不燃性
		3. 耐火纸面石膏板，构造： 12mm＋75mm(其中5.0%厚岩棉)＋12mm 2×12mm＋75mm＋2×12mm 2×15mm＋100mm(其中8.0%厚岩棉)＋15mm	 99 123 145	 1.05 1.10 1.50	 不燃性 不燃性 不燃性
		4. 双层石膏板，板内掺纸纤维，构造： 2×12mm＋75mm(空)＋2×12mm	123	1.10	不燃性
		5. 单层石膏板，构造(mm)： 12＋75(空)＋12 12＋75(填50mm厚岩棉，表观密度100kg/m³)＋12	 99 99	 0.50 1.20	 不燃性 不燃性
		6. 双层石膏板，构造： 18mm＋70mm(空)＋18mm 2×12mm＋75mm(空)＋2×12mm 2×12mm＋75mm(填岩棉，表观密度100kg/m³)＋2×12mm	 106 123 123	 1.35 1.35 2.10	 不燃性 不燃性 不燃性

续表

序号	构件名称		构件厚度或截面最小尺寸/mm	耐火极限/h	燃烧性能
11	钢龙骨两面钉表右侧材料的隔墙	7. 防火石膏板，板内掺玻璃纤维，岩棉表观密度为 60kg/m³，构造：			
		2×12mm+75mm(空)+2×12mm	123	1.35	不燃性
		2×12mm+75mm(填40mm岩棉)+2×12mm	123	1.60	不燃性
		12mm+75mm(填50mm岩棉)+12mm	99	1.20	不燃性
		3×12mm+75mm(填50mm岩棉)+3×12mm	147	2.00	不燃性
		4×12mm+75mm(填50mm岩棉)+4×12mm	171	3.00	不燃性
		8. 单层玻镁砂光防火板，硅酸铝纤维棉表观密度为 180kg/m³，构造：			
		8mm+75mm(填硅酸铝纤维棉)+8mm	91	1.50	不燃性
		10mm+75mm(填硅酸铝纤维棉)+10mm	95	2.00	不燃性
		9. 布面石膏板，构造：			
		12mm+75mm(空)+12mm	99	0.40	难燃性
		12mm+75mm(填玻璃棉)+12mm	99	0.50	难燃性
		2×12mm+75mm(空)+2×12mm	123	1.00	难燃性
		2×12mm+75mm(填玻璃棉)+2×12mm	123	1.20	难燃性

续表

序号	构件名称		构件厚度或截面最小尺寸/mm	耐火极限/h	燃烧性能
11	钢龙骨两面钉表右侧材料的隔墙	10. 矽酸钙板(氧化镁板)填岩棉，岩棉表观密度为 180kg/m³，构造：			
		8mm+75mm+8mm	91	1.50	不燃性
		10mm + 75mm + 10mm	85	2.00	不燃性
		11. 硅酸钙板填岩棉，岩棉表观密度为 100kg/m³，构造：			
		8mm+75mm+8mm	91	1.00	不燃性
		2×8mm+75mm+2×8mm	107	2.00	不燃性
		9mm+100mm+9mm	118	1.75	不燃性
		10mm + 100mm + 10mm	120	2.00	不燃性
12	轻钢龙骨两面钉表右侧材料的隔墙	1. 耐火纸面石膏板，构造：			
		3×12mm+100mm(岩棉)+2×12mm	160	2.00	不燃性
		3×15mm+100mm(50mm 厚岩棉)+2×12mm	169	2.95	不燃性
		3×15mm+100mm(80mm 厚岩棉)+2×15mm	175	2.85	不燃性
		3×15mm+150mm(100mm 厚岩棉)+3×15mm	240	4.00	不燃性
		9.5mm+3×12mm+100mm(空)+100mm(80mm 厚岩棉)+2×12mm+9.5mm+12mm	291	3.00	不燃性

续表

序号	构件名称		构件厚度或截面最小尺寸/mm	耐火极限/h	燃烧性能
12	轻钢龙骨两面钉表右侧材料的隔墙	2. 水泥纤维复合硅酸钙板，构造(mm)：			
		4(水泥纤维板)+52(水泥聚苯乙烯粒)+4(水泥纤维板)	60	1.20	不燃性
		20(水泥纤维板)+60(岩棉)+20(水泥纤维板)	100	2.10	不燃性
		4(水泥纤维板)+92(岩棉)+4(水泥纤维板)	100	2.00	不燃性
		3. 单层双面夹矿棉硅酸钙板	100 90 140	1.50 1.00 2.00	不燃性 不燃性 不燃性
		4. 双层双面夹矿棉硅酸钙板			
		钢龙骨水泥刨花板，构造（mm）：12 + 76(空)+12	100	0.45	难燃性
		钢龙骨石棉水泥板，构造（mm）：12 + 76(空)+6	93	0.30	难燃性
13	两面用强度等级32.5级硅酸盐水泥，1∶3水泥砂浆的抹面的隔墙	1. 钢丝网架矿棉或聚苯乙烯夹芯板隔墙，构造(mm)：			
		25(砂浆)+50(矿棉)+25(砂浆)	100	2.00	不燃性
		25(砂浆)+50(聚苯乙烯)+25(砂浆)	100	1.07	难燃性

续表

<table>
<tr><th>序号</th><th colspan="2">构件名称</th><th>构件厚度或截面最小尺寸/mm</th><th>耐火极限/h</th><th>燃烧性能</th></tr>
<tr><td rowspan="5">13</td><td rowspan="5">两面用强度等级32.5级硅酸盐水泥，1∶3水泥砂浆的抹面的隔墙</td><td>2. 钢丝网聚苯乙烯泡沫塑料复合板隔墙，构造(mm)：
23(砂浆)＋54(聚苯乙烯)＋23(砂浆)</td><td>100</td><td>1.30</td><td>难燃性</td></tr>
<tr><td>3. 钢丝网塑夹芯板(内填自熄性聚苯乙烯泡沫)隔墙</td><td>76</td><td>1.20</td><td>难燃性</td></tr>
<tr><td>4. 钢丝网架石膏复合墙板，构造(mm)：
15(石膏板)＋50(硅酸盐水泥)＋50(岩棉)＋50(硅酸盐水泥)＋15(石膏板)</td><td>180</td><td>4.00</td><td>不燃性</td></tr>
<tr><td>5. 钢丝网岩棉夹芯复合板</td><td>110</td><td>2.00</td><td>不燃性</td></tr>
<tr><td>6. 钢丝网架水泥聚苯乙烯夹芯板隔墙，构造(mm)：
35(砂浆)＋50(聚苯乙烯)＋35(砂浆)</td><td>120</td><td>1.00</td><td>难燃性</td></tr>
<tr><td>14</td><td colspan="2">增强石膏轻质板墙
增强石膏轻质内墙板(带孔)</td><td>60
90</td><td>1.28
2.50</td><td>不燃性
不燃性</td></tr>
<tr><td rowspan="2">15</td><td rowspan="2">空心轻质板墙</td><td>1. 孔径38，表面为10mm水泥砂浆</td><td>100</td><td>2.00</td><td>不燃性</td></tr>
<tr><td>2. 62mm孔空心板拼装，两侧抹灰19mm(砂∶碳∶水泥比为5∶1∶1)</td><td>100</td><td>2.00</td><td>不燃性</td></tr>
</table>

续表

<table>
<tr><th>序号</th><th colspan="2">构件名称</th><th>构件厚度或截面最小尺寸/mm</th><th>耐火极限/h</th><th>燃烧性能</th></tr>
<tr><td rowspan="4">16</td><td rowspan="4">混凝土砌块墙</td><td>1. 轻集料小型空心砌块</td><td>330×140
330×190</td><td>1.98
1.25</td><td>不燃性
不燃性</td></tr>
<tr><td>2. 轻集料(陶粒)混凝土砌块</td><td>330×240
330×290</td><td>2.92
4.00</td><td>不燃性
不燃性</td></tr>
<tr><td>3. 轻集料小型空心砌块(实体墙体)</td><td>330×190</td><td>4.00</td><td>不燃性</td></tr>
<tr><td>4. 普通混凝土承重空心砌块</td><td>330×140
330×190
330×290</td><td>1.65
1.93
4.00</td><td>不燃性
不燃性
不燃性</td></tr>
<tr><td>17</td><td colspan="2">纤维增强硅酸钙板轻质复合隔墙</td><td>50～100</td><td>2.00</td><td>不燃性</td></tr>
<tr><td>18</td><td colspan="2">纤维增强水泥加压平板墙</td><td>50～100</td><td>2.00</td><td>不燃性</td></tr>
<tr><td rowspan="2">19</td><td colspan="2">1. 水泥聚苯乙烯粒子复合板(纤维复合)墙</td><td>60</td><td>1.20</td><td>不燃性</td></tr>
<tr><td colspan="2">2. 水泥纤维加压板墙</td><td>100</td><td>2.00</td><td>不燃性</td></tr>
<tr><td>20</td><td colspan="2">采用纤维水泥加轻质粗细填充骨料混合浇筑，振动滚压成型玻璃纤维增强水泥空心板隔墙</td><td>60</td><td>1.50</td><td>不燃性</td></tr>
<tr><td>21</td><td colspan="2">金属岩棉夹芯板隔墙，构造：双面单层彩钢板，中间填充岩棉(表观密度 100kg/m^3)</td><td>50
80
100
120
150
200</td><td>0.30
0.50
0.80
1.00
1.50
2.00</td><td>不燃性
不燃性
不燃性
不燃性
不燃性
不燃性</td></tr>
<tr><td>22</td><td colspan="2">轻质条板隔墙，构造：双面单层 4mm 硅钙板，中间填充聚苯混凝土</td><td>90
100
120</td><td>1.00
1.20
1.50</td><td>不燃性
不燃性
不燃性</td></tr>
<tr><td>23</td><td colspan="2">轻集料混凝土条板隔墙</td><td>90
120</td><td>1.50
2.00</td><td>不燃性
不燃性</td></tr>
</table>

续表

序号	构件名称		构件厚度或截面最小尺寸/mm	耐火极限/h	燃烧性能
24	灌浆水泥板隔墙，构造(mm)	6+75(中灌聚苯混凝土)+6	87	2.00	不燃性
		9+75(中灌聚苯混凝土)+9	93	2.50	不燃性
		9+100(中灌聚苯混凝土)+9	118	3.00	不燃性
		12+150(中灌聚苯混凝土)+12	174	4.00	不燃性
25	双面单层彩钢面玻镁夹芯板隔墙	1. 内衬一层 5mm 玻镁板，中空	50	0.30	不燃性
		2. 内衬一层 10mm 玻镁板，中空	50	0.50	不燃性
		3. 内衬一层 12mm 玻镁板，中空	50	0.60	不燃性
		4. 内衬一层 5mm 玻镁板，中填表观密度为 100kg/m³的岩棉	50	0.90	不燃性
		5. 内衬一层 10mm 玻镁板，中填铝蜂窝	50	0.60	不燃性
		6. 内衬一层 12mm 玻镁板，中填铝蜂窝	50	0.70	不燃性
26	双面单层彩钢面石膏复合板隔墙	1. 内衬一层 12mm 石膏板，中填纸蜂窝	50	0.70	难燃性
		2. 内衬一层 12mm 石膏板，中填岩棉(120kg/m³)	50 100	1.00 1.50	不燃性 不燃性
		3. 内衬一层 12mm 石膏板，中空	75 100	0.70 0.90	不燃性 不燃性

续表

序号	构件名称		构件厚度或截面最小尺寸/mm	耐火极限/h	燃烧性能
27	钢框架间填充墙、混凝土墙，当钢框架为	1. 用金属网抹灰保护，其厚度为： 25mm	—	0.75	不燃性
		2. 用砖砌面或混凝土保护，其厚度为： 60mm 120mm	 — —	 2.00 4.00	 不燃性 不燃性
三	柱				
1	钢筋混凝土柱		180×240 200×200 200×300 240×240 300×300 200×400 200×500 300×500 370×370	1.20 1.40 2.50 2.00 3.00 2.70 3.00 3.50 5.00	不燃性 不燃性 不燃性 不燃性 不燃性 不燃性 不燃性 不燃性 不燃性
2	普通黏土砖柱		370×370	5.00	不燃性
3	钢筋混凝土圆柱		直径 300 直径 450	3.00 4.00	不燃性 不燃性
4	有保护层的钢柱，保护层	1. 金属网抹 M5 砂浆，厚度(mm)： 25 50	 — —	 0.80 1.30	 不燃性 不燃性
		2. 加气混凝土，厚度(mm)： 40 50 70 80	 — — — —	 1.00 1.40 2.00 2.33	 不燃性 不燃性 不燃性 不燃性

续表

序号	构件名称		构件厚度或截面最小尺寸/mm	耐火极限/h	燃烧性能
4	有保护层的钢柱，保护层	3. C20 混凝土，厚度(mm)：			
		25	—	0.80	不燃性
		50	—	2.00	不燃性
		100	—	2.80	不燃性
		4. 普通黏土砖，厚度(mm)：			
		120	—	2.85	不燃性
		5. 陶粒混凝土，厚度(mm)：80	—	3.00	不燃性
		6. 薄涂型钢结构防火涂料，厚度(mm)：			
		5.5	—	1.00	不燃性
		7.0	—	1.50	不燃性
		7. 厚涂型钢结构防火涂料，厚度(mm)：			
		15	—	1.00	不燃性
		20	—	1.50	不燃性
		30	—	2.00	不燃性
		40	—	2.50	不燃性
		50	—	3.00	不燃性

续表

序号	构件名称		构件厚度或截面最小尺寸/mm	耐火极限/h	燃烧性能
5	有保护层的钢管混凝土圆柱（λ≤60），保护层	金属网抹M5砂浆，厚度(mm)： 25 35 45 60 70	D=200	 1.00 1.50 2.00 2.50 3.00	 不燃性 不燃性 不燃性 不燃性 不燃性
		金属网抹M5砂浆，厚度(mm)： 20 30 35 45 50	D=600	 1.00 1.50 2.00 2.50 3.00	 不燃性 不燃性 不燃性 不燃性 不燃性
		金属网抹M5砂浆，厚度(mm)： 18 26 32 40 45	D=1000	 1.00 1.50 2.00 2.50 3.00	 不燃性 不燃性 不燃性 不燃性 不燃性
		金属网抹M5砂浆，厚度(mm)： 15 25 30 36 40	D≥1400	 1.00 1.50 2.00 2.50 3.00	 不燃性 不燃性 不燃性 不燃性 不燃性

续表

序号	构件名称		构件厚度或截面最小尺寸/mm	耐火极限/h	燃烧性能
5	有保护层的钢管混凝土圆柱（λ≤60），保护层	厚涂型钢结构防火涂料，厚度(mm)：	D=200		
		8		1.00	不燃性
		10		1.50	不燃性
		14		2.00	不燃性
		16		2.50	不燃性
		20		3.00	不燃性
		厚涂型钢结构防火涂料，厚度(mm)：	D=600		
		7		1.00	不燃性
		9		1.50	不燃性
		12		2.00	不燃性
		14		2.50	不燃性
		16		3.00	不燃性
		厚涂型钢结构防火涂料，厚度(mm)：	D=1000		
		6		1.00	不燃性
		8		1.50	不燃性
		10		2.00	不燃性
		12		2.50	不燃性
		14		3.00	不燃性
		厚涂型钢结构防火涂料，厚度(mm)：	D≥1400		
		5		1.00	不燃性
		7		1.50	不燃性
		9		2.00	不燃性
		10		2.50	不燃性
		12		3.00	不燃性

续表

序号	构件名称		构件厚度或截面最小尺寸/mm	耐火极限/h	燃烧性能
6	有保护层的钢管混凝土方柱、矩形柱（λ≤60），保护层	金属网抹M5砂浆，厚度（mm）： 40 55 70 80 90	B=200	 1.00 1.50 2.00 2.50 3.00	 不燃性 不燃性 不燃性 不燃性 不燃性
		金属网抹M5砂浆，厚度（mm）： 30 40 55 65 70	B=600	 1.00 1.50 2.00 2.50 3.00	 不燃性 不燃性 不燃性 不燃性 不燃性
		金属网抹M5砂浆，厚度（mm）： 25 35 45 55 65	B=1000	 1.00 1.50 2.00 2.50 3.00	 不燃性 不燃性 不燃性 不燃性 不燃性
		金属网抹M5砂浆，厚度（mm）： 20 30 40 45 55	B≥1400	 1.00 1.50 2.00 2.50 3.00	 不燃性 不燃性 不燃性 不燃性 不燃性

续表

序号	构件名称		构件厚度或截面最小尺寸/mm	耐火极限/h	燃烧性能
6	有保护层的钢管混凝土方柱、矩形柱（$\lambda \leqslant 60$），保护层	厚涂型钢结构防火涂料，厚度(mm)：			
		8	$B=200$	1.00	不燃性
		10		1.50	不燃性
		14		2.00	不燃性
		18		2.50	不燃性
		25		3.00	不燃性
		厚涂型钢结构防火涂料，厚度(mm)：			
		6	$B=600$	1.00	不燃性
		8		1.50	不燃性
		10		2.00	不燃性
		12		2.50	不燃性
		15		3.00	不燃性
		厚涂型钢结构防火涂料，厚度(mm)：			
		5	$B=1000$	1.00	不燃性
		6		1.50	不燃性
		8		2.00	不燃性
		10		2.50	不燃性
		12		3.00	不燃性
		厚涂型钢结构防火涂料，厚度(mm)：			
		4	$B=1400$	1.00	不燃性
		5		1.50	不燃性
		6		2.00	不燃性
		8		2.50	不燃性
		10		3.00	不燃性

续表

序号	构件名称		构件厚度或截面最小尺寸/mm	耐火极限/h	燃烧性能
四	梁				
	简支的钢筋混凝土梁	1. 非预应力钢筋，保护层厚度(mm)：			
		10	—	1.20	不燃性
		20	—	1.75	不燃性
		25	—	2.00	不燃性
		30	—	2.30	不燃性
		40	—	2.90	不燃性
		50	—	3.50	不燃性
		2. 预应力钢筋或高强度钢丝，保护层厚度(mm)：			
		25	—	1.00	不燃性
		30	—	1.20	不燃性
		40	—	1.50	不燃性
		50	—	2.00	不燃性
		3. 有保护层的钢梁：			
		15mm 厚 LG 防火隔热涂料保护层	—	1.50	不燃性
		20mm 厚 LY 防火隔热涂料保护层	—	2.30	不燃性
五	楼板和屋顶承重构件				
1	非预应力简支钢筋混凝土圆孔空心楼板，保护层厚度(mm)：				
	10		—	0.90	不燃性
	20		—	1.25	不燃性
	30		—	1.50	不燃性

续表

序号	构件名称	构件厚度或截面最小尺寸/mm	耐火极限/h	燃烧性能
2	预应力简支钢筋混凝土圆孔空心楼板，保护层厚度(mm)：			
	10	—	0.40	不燃性
	20	—	0.70	不燃性
	30	—	0.85	不燃性
3	四边简支的钢筋混凝土楼板，保护层厚度(mm)：			
	10	70	1.40	不燃性
	15	80	1.45	不燃性
	20	80	1.50	不燃性
	30	90	1.85	不燃性
4	现浇的整体式梁板，保护层厚度(mm)：			
	10	80	1.40	不燃性
	15	80	1.45	不燃性
	20	80	1.50	不燃性
	现浇的整体式梁板，保护层厚度(mm)：			
	10	90	1.75	不燃性
	20	90	1.85	不燃性
	现浇的整体式梁板，保护层厚度(mm)：			
	10	100	2.00	不燃性
	15	100	2.00	不燃性
	20	100	2.10	不燃性
	30	100	2.15	不燃性
	现浇的整体式梁板，保护层厚度(mm)：			
	10	110	2.25	不燃性
	15	110	2.30	不燃性
	20	110	2.30	不燃性
	30	110	2.40	不燃性
	现浇的整体式梁板，保护层厚度(mm)：			
	10	120	2.50	不燃性
	20	120	2.65	不燃性

续表

序号	构件名称		构件厚度或截面最小尺寸/mm	耐火极限/h	燃烧性能
5	钢丝网抹灰粉刷的钢梁，保护层厚度(mm)： 10 20 30		— — —	0.50 1.00 1.25	不燃性 不燃性 不燃性
6	屋面板	1. 钢筋加气混凝土屋面板，保护层厚度10mm	—	1.25	不燃性
		2. 钢筋充气混凝土屋面板，保护层厚度10mm	—	1.60	不燃性
		3. 钢筋混凝土方孔屋面板，保护层厚度10mm	—	1.20	不燃性
		4. 预应力钢筋混凝土槽形屋面板，保护层厚度10mm	—	0.50	不燃性
		5. 预应力钢筋混凝土槽瓦，保护层厚度10mm	—	0.50	不燃性
		6. 轻型纤维石膏板屋面板	—	0.60	不燃性
六	吊顶				
1	木吊顶搁栅	1. 钢丝网抹灰	15	0.25	难燃性
		2. 板条抹灰	15	0.25	难燃性
		3. 1：4水泥石棉浆钢丝网抹灰	20	0.50	难燃性

续表

序号	构件名称		构件厚度或截面最小尺寸/mm	耐火极限/h	燃烧性能
1	木吊顶搁栅	4. 1∶4水泥石棉浆板条抹灰	20	0.50	难燃性
		5. 钉氧化镁锯末复合板	13	0.25	难燃性
		6. 钉石膏装饰板	10	0.25	难燃性
		7. 钉平面石膏板	12	0.30	难燃性
		8. 钉纸面石膏板	9.5	0.25	难燃性
		9. 钉双层石膏板(各厚8mm)	16	0.45	难燃性
		10. 钉珍珠岩复合石膏板(穿孔板和吸声板各厚15mm)	30	0.30	难燃性
		11. 钉矿棉吸声板	—	0.15	难燃性
		12. 钉硬质木屑板	10	0.20	难燃性
2	钢吊顶搁栅	1. 钢丝网(板)抹灰	15	0.25	不燃性
		2. 钉石棉板	10	0.85	不燃性
		3. 钉双层石膏板	10	0.30	不燃性
		4. 挂石棉型硅酸钙板	10	0.30	不燃性
		5. 两侧挂0.5mm厚薄钢板，内填表观密度为$100kg/m^3$的陶瓷棉复合板	40	0.40	不燃性

续表

序号	构件名称		构件厚度或截面最小尺寸/mm	耐火极限/h	燃烧性能
3	双面单层彩钢面岩棉夹芯板吊顶，中间填表观密度为120kg/m^{3}的岩棉		50 100	0.30 0.50	不燃性 不燃性
4	钢龙骨单面钉表右侧材料	1. 防火板，填表观密度为100kg/m^{3}的岩棉，构造：			
		9mm＋75mm(岩棉)	84	0.50	不燃性
		12mm ＋ 100mm（岩棉）	112	0.75	不燃性
		2×9mm＋100mm(岩棉)	118	0.90	不燃性
		2. 纸面石膏板，构造			
		12mm＋2mm 填缝料＋60mm(空)	74	0.10	不燃性
		12mm＋1mm 填缝料＋12mm＋1mm 填缝料＋60mm(空)	86	0.40	不燃性
		3. 防火纸面石膏板，构造			
		12mm ＋ 50mm（填60kg/m^{3}的岩棉）	62	0.20	不燃性
		15mm＋1mm 填缝料＋15mm＋1mm 填缝料＋60mm(空)	92	0.50	不燃性

续表

序号	构件名称		构件厚度或截面最小尺寸/mm	耐火极限/h	燃烧性能
七	防火门				
1	木质防火门：木质面板或木质面板内设防火板	1. 门扇内填充珍珠岩 2. 门扇内填充氯化镁、氧化镁 丙级 乙级 甲级	 40～50 45～50 50～90	 0.50 1.00 1.50	 难燃性 难燃性 难燃性
2	钢木质防火门	1. 木质面板 1)钢质或钢木质复合门框、木质骨架，迎/背火面一面或两面设防火板，或不设防火板。门扇内填充珍珠岩，或氯化镁、氧化镁 2)木质门框、木质骨架，迎/背火面一面或两面设防火板或钢板。门扇内填充珍珠岩，或氯化镁、氧化镁 2. 钢质面板 钢质或钢木质复合门框、木质骨架，迎/背火面一面或两面设防火板，或不设防火板。门扇内填充珍珠岩，或氯化镁、氧化镁 丙级 乙级 甲级	 40～50 45～50 50～90	 0.50 1.00 1.50	 难燃性 难燃性 难燃性

续表

序号	构件名称		构件厚度或截面最小尺寸/mm	耐火极限/h	燃烧性能
3	钢质防火门	钢质或钢木质复合门框、木质骨架，迎/背火面一面或两面设防火板，或不设防火板。门扇内填充珍珠岩，或氯化镁、氧化镁 丙级 乙级 甲级	 40～50 45～70 50～90	 0.50 1.00 1.50	 难燃性 难燃性 难燃性
八	防火窗				
1	钢质防火窗	窗框钢质，窗扇钢质，窗框填充水泥砂浆，窗扇内填充珍珠岩，或氧化镁、氯化镁，或防火板。复合防火玻璃	25～30 30～38	1.00 1.50	不燃性 不燃性
2	木质防火窗	窗框、窗扇均为木质，或均为防火板或木质复合。窗框无填充材料，窗扇迎/背火面外设防火板和木质面板，或为阻燃实木。复合防火玻璃	25～30 30～38	1.00 1.50	难燃性 难燃性

续表

序号	构件名称		构件厚度或截面最小尺寸/mm	耐火极限/h	燃烧性能
3	钢木复合防火窗	窗框钢质，窗扇木质，窗框填充采用水泥砂浆、窗扇迎背火面外设防火板和木质面板，或为阻燃实木。复合防火玻璃	25～30 30～38	1.00 1.50	难燃性 难燃性
九	防火卷帘				
	1. 钢质普通型防火卷帘(帘板为单层)			1.50～3.00	不燃性
	2. 钢质复合型防火卷帘(帘板为双层)			2.00～4.00	不燃性
	3. 无机复合防火卷帘(采用多种无机材料复合而成)			3.00～4.00	不燃性
	4. 无机复合轻质防火卷帘(双层，不需水幕保护)			4.00	不燃性

注：1. λ为钢管混凝土构件长细比，对于圆钢管混凝土，$\lambda=4L/D$；对于方、矩形钢管混凝土，$\lambda=2\sqrt{3}L/B$；L为构件的计算长度。
2. 对于矩形钢管混凝土柱，B为截面短边边长。
3. 确定墙的耐火极限不考虑墙上有无洞孔。
4. 墙的总厚度包括抹灰粉刷层。
5. 中间尺寸的构件，其耐火极限建议经试验确定，亦可按插入法计算。
6. 计算保护层时，应包括抹灰粉刷层在内。
7. 现浇的无梁楼板按简支板的数据采用。
8. 无防火保护层的钢梁、钢柱、钢楼板和钢屋架，其耐火极限可按0.25h确定。
9. 人孔盖板的耐火极限可参照防火门确定。
10. 防火门和防火窗的“木质”均为经阻燃处理。

各类木结构构件的燃烧性能和耐火极限见表2-3。

各类木结构构件的燃烧性能和耐火极限 **表 2-3**

构件名称			截面图和结构厚度或截面最小尺寸/mm	耐火极限/h	燃烧性能
承重墙	木龙骨两侧钉石膏板的承重内墙	1. 15mm 耐火石膏板 2. 木龙骨：截面尺寸 40mm×90mm 3. 填充岩棉或玻璃棉 4. 15mm 耐火石膏板 木龙骨的间距为 400mm 或 600mm	厚度 120	1.00	难燃性
		1. 15mm 耐火石膏板 2. 木龙骨：截面尺寸 40mm×140mm 3. 填充岩棉或玻璃棉 4. 15mm 耐火石膏板 木龙骨的间距为 400mm 或 600mm	厚度 170	1.00	难燃性
	木龙骨两侧钉石膏板＋定向刨花板的承重外墙	1. 15mm 耐火石膏板 2. 木龙骨：截面尺寸 40mm×90mm 3. 填充岩棉或玻璃棉 4. 15mm 定向刨花板 木龙骨的间距为 400mm 或 600mm	厚度 120 曝火面	1.00	难燃性
		1. 15mm 耐火石膏板 2. 木龙骨：截面尺寸 40mm×140mm 3. 填充岩棉或玻璃棉 4. 15mm 定向刨花板 木龙骨的间距为 400mm 或 600mm	厚度 170 曝火面	1.00	难燃性

续表

构件名称			截面图和结构厚度或截面最小尺寸/mm	耐火极限/h	燃烧性能
非承重墙	木龙骨两侧钉石膏板的非承重内墙	1. 双层15mm耐火石膏板 2. 双排木龙骨，木龙骨截面尺寸40mm×90mm 3. 填充岩棉或玻璃棉 4. 双层15mm耐火石膏板 木龙骨的间距为400mm或600mm	厚度245	2.00	难燃性
		1. 双层15mm耐火石膏板 2. 双排木龙骨交错放置在40mm×140mm的底梁板上，木龙骨截面尺寸40mm×90mm 3. 填充岩棉或玻璃棉 4. 双层15mm耐火石膏板 木龙骨的间距为400mm或600mm	厚度200	2.00	难燃性
		1. 双层12mm耐火石膏板 2. 木龙骨：截面尺寸40mm×90mm 3. 填充岩棉或玻璃棉 4. 双层12mm耐火石膏板 木龙骨的间距为400mm或600mm	厚度138	1.00	难燃性
		1. 12mm耐火石膏板 2. 木龙骨：截面尺寸40mm×90mm 3. 填充岩棉或玻璃棉 4. 12mm耐火石膏板 木龙骨的间距为400mm或600mm	厚度114	0.75	难燃性

续表

构件名称			截面图和结构厚度或截面最小尺寸/mm	耐火极限/h	燃烧性能
非承重墙	木龙骨两侧钉石膏板的非承重内墙	1.15mm 普通石膏板 2. 木龙骨：截面尺寸 40mm×90mm 3. 填充岩棉或玻璃棉 4.15mm 普通石膏板 木龙骨的间距为 400mm 或 600mm	厚度 120	0.50	难燃性
	木龙骨两侧钉石膏板或定向刨花板的非承重外墙	1.12mm 耐火石膏板 2. 木龙骨：截面尺寸 40mm×90mm 3. 填充岩棉或玻璃棉 4.12mm 定向刨花板 木龙骨的间距为 400mm 或 600mm	厚度 114 曝火面	0.75	难燃性
		1.15mm 耐火石膏板 2. 木龙骨：截面尺寸 40mm×90mm 3. 填充岩棉或玻璃棉 4.15mm 耐火石膏板 木龙骨的间距为 400mm 或 600mm	厚度 120 曝火面	1.25	难燃性

续表

构件名称			截面图和结构厚度或截面最小尺寸/mm	耐火极限/h	燃烧性能
非承重墙	木龙骨两侧钉石膏板或定向刨花板的非承重外墙	1. 12mm 耐火石膏板 2. 木龙骨：截面尺寸 40mm×140mm 3. 填充岩棉或玻璃棉 4. 12mm 定向刨花板 木龙骨的间距为 400mm 或 600mm	厚度 164 曝火面	0.75	难燃性
		1. 15mm 耐火石膏板 2. 木龙骨：截面尺寸 40mm×140mm 3. 填充岩棉或玻璃棉 4. 15mm 耐火石膏板 木龙骨的间距为 400mm 或 600mm	厚度 170 曝火面	1.25	难燃性
柱		支持屋顶和楼板的胶合木柱（四面曝火）： 1. 横截面尺寸：200mm×280mm	200 280	1.00	可燃性
		支持屋顶和楼板的胶合木柱（四面曝火）： 2. 横截面尺寸：272mm×352mm 横截面尺寸在 200mm×280mm 的基础上每个曝火面厚度各增加 36mm	272 352	1.00	可燃性

续表

构件名称		截面图和结构厚度或截面最小尺寸/mm	耐火极限/h	燃烧性能
梁	支持屋顶和楼板的胶合木柱（三面曝火）： 1. 横截面尺寸：200mm×400mm	200 400	1.00	可燃性
	支持屋顶和楼板的胶合木柱（三面曝火）： 2. 横截面尺寸：272mm×436mm 横截面尺寸在200mm×400mm的基础上每个曝火面厚度各增加36mm	272 436	1.00	可燃性

续表

构件名称		截面图和结构厚度或截面最小尺寸/mm	耐火极限/h	燃烧性能
楼板	1. 楼面板为18mm定向刨花板或胶合板 2. 楼板搁栅 40mm×235mm 3. 填充岩棉或玻璃棉 4. 顶棚为双层12mm耐火石膏板 采用实木搁栅或工字木搁栅，间距 400mm或600mm	厚度277 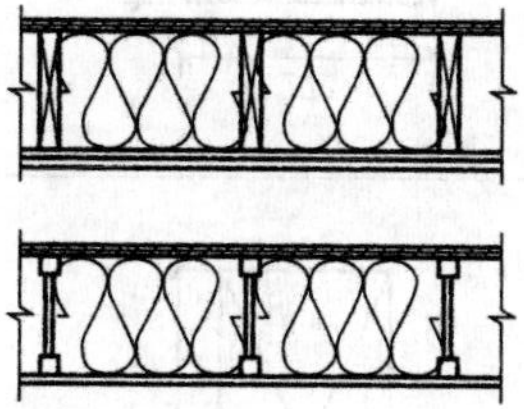	1.00	难燃性
屋顶承重构件	1. 屋顶椽条或轻型木桁架 2. 填充保温材料 3. 顶棚为12mm耐火石膏板 木桁架的间距为400mm或600mm	椽檩屋顶截面 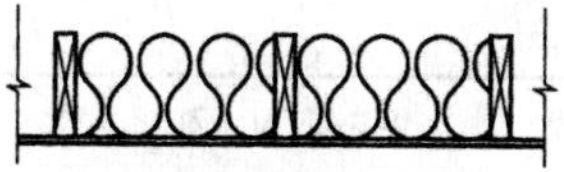	0.50	难燃性

续表

构件名称		截面图和结构厚度或截面最小尺寸/mm	耐火极限/h	燃烧性能
屋顶承重构件	1. 屋顶椽条或轻型木桁架 2. 填充保温材料 3. 顶棚为 12mm 耐火石膏板 木桁架的间距为 400mm 或 600mm	轻型木桁架屋顶截面	0.50	难燃性
吊顶	1. 实木楼盖结构 40mm×235mm 2. 木板条 30mm×50mm（间距为 400mm） 3. 顶棚为 12mm 耐火石膏板	独立吊顶，厚度 42mm。总厚度 277mm 1 2 3 406 406	0.25	难燃性

问题69：民用建筑的耐火等级有哪些要求？

民用建筑的耐火等级应根据其建筑高度、使用功能、重要性和火灾扑救难度等确定，并应符合下列规定：

（1）地下或半地下建筑（室）和一类高层建筑的耐火等级不应低于一级。

（2）单、多层重要公共建筑和二类高层建筑的耐火等级不应低于二级。

2.2 总平面布局与平面布置

问题70：民用建筑总平面布局应满足哪些要求？

在总平面布局中，应合理确定建筑的位置、防火间距、消防车道和消防水源等，不宜将民用建筑布置在甲、乙类厂（库）房，甲、乙、丙类液体储罐，可燃气体储罐和可燃材料堆场的附近。

为确保建筑总平面布局的消防安全，在建筑设计阶段要合理进行总平面布置时要避免在甲、乙类厂房和仓库，可燃液体和可燃气体储罐以及可燃材料堆场的附近布置民用建筑，以从根本上防止和减少火灾危险性大的建筑发生火灾时对民用建筑的影响。

问题71：锅炉房的布置应满足哪些要求？

燃油或燃气锅炉、油浸变压器、充有可燃油的高压电容器和多油开关等，宜设置在建筑外的专用房间内；确需贴邻民用建筑布置时，应采用防火墙与所贴邻的建筑分隔，且不应贴邻人员密集场所，该专用房间的耐火等级不应低于二级；确需布置在民用建筑内时，不应布置在人员密集场所的上一层、下一层或贴邻，并应符合下列规定：

（1）燃油或燃气锅炉房、变压器室应设置在首层或地下一层的靠外墙部位，但常（负）压燃油或燃气锅炉可设置在地下二层或屋顶上。设置在屋顶上的常（负）压燃气锅炉，距离通向屋面的安全出口不应小于 6m。

采用相对密度（与空气密度的比值）不小于 0.75 的可燃气体为燃料的锅炉，不得设置在地下或半地下。

（2）锅炉房、变压器室的疏散门均应直通室外或安全出口。

（3）锅炉房、变压器室等与其他部位之间应采用耐火极限不低于 2.00h 的防火隔墙和 1.50h 的不燃性楼板分隔。在隔墙和楼板上不应开设洞口，确需在隔墙上设置门、窗时，应采用甲级防火门、窗。

（4）锅炉房内设置储油间时，其总储存量不应大于 $1m^3$，且储油间应采用耐火极限不低于 3.00h 的防火隔墙与锅炉间分隔；确需在防火隔墙上设置门时，应采用甲级防火门。

（5）变压器室之间、变压器室与配电室之间，应设置耐火极限不低于 2.00h 的防火隔墙。

（6）油浸变压器、多油开关室、高压电容器室，应设置防止油品流散的设施。油浸变压器下面应设置能储存变压器全部油量的事故储油设施。

（7）应设置火灾报警装置。

（8）应设置与锅炉、变压器、电容器和多油开关等的容量及建筑规模相适应的灭火设施，当建筑内其他部位设置自动喷水灭火系统时，应设置自动喷水灭火系统。

（9）锅炉的容量应符合现行国家标准《锅炉房设计规范》（GB 50041—2008）的规定。油浸变压器的总容量不应大于 1260kV·A，单台容量不应大于 630kV·A。

（10）燃气锅炉房应设置爆炸泄压设施。燃油或燃气锅炉房应设置独立的通风系统，并应符合《建筑设计防火规范》（GB 50016—2014）第 9 章的规定。

问题 72：如何控制民用建筑之间的防火间距？

民用建筑之间的防火间距不应小于表 2-4 的规定，与其他建筑的防火间距，除应符合本节规定外，尚应符合《建筑设计防火规范》（GB 50016—2014）其他章的有关规定。

民用建筑之间的防火间距（m）　　表 2-4

建筑类别		高层民用建筑	裙房和其他民用建筑		
		一、二级	一、二级	三级	四级
高层民用建筑	一、二级	13	9	11	14
裙房和其他民用建筑	一、二级	9	6	7	9
	三级	11	7	8	10
	四级	14	9	10	12

注：1. 相邻两座单、多层建筑，当相邻外墙为不燃性墙体且无外露的可燃烧性屋檐，每面外墙上无防火保护的门、窗、洞口不正对开设且该门、窗、洞口的面积之和不大于外墙面积的 5%时，其防火间距可按本表的规定减少 25%。

2. 两座建筑相邻较高一面外墙为防火墙，或高出相邻较低一座一、二级耐火等级建筑的屋面 15m 及以下范围内的外墙为防火墙时，其防火间距不限。

3. 相邻两座高度相同的一、二级耐火等级建筑中相邻任一侧外墙为防火墙，屋顶的耐火极限不低于 1.00h 时，其防火间距不限。

4. 相邻两座建筑中较低一座建筑的耐火等级不低于二级，相邻较低一面外墙为防火墙且屋顶无天窗，屋顶的耐火极限不低于 1.00h 时，其防火间距不应小于 3.5m；对于高层建筑，不应小于 4m。

5. 相邻两座建筑中较低一座建筑的耐火等级不低于二级且屋顶无天窗，相邻较高一面外墙高出较低一座建筑的屋面 15m 及以下范围内的开口部位设置甲级防火门、窗，或设置符合现行国家标准《自动喷水灭火系统设计规范(2005 年版)》（GB 50084—2001）规定的防火分隔水幕或《建筑设计防火规范》（GB 50016—2014）第 6.5.3 条规定的防火卷帘时，其防火间距不应小于 3.5m；对于高层建筑，不应小于 4m。

6. 相邻建筑通过连廊、天桥或底部的建筑物等连接时，其间距不应小于本表的规定。

7. 耐火等级低于四级的既有建筑，其耐火等级可按四级确定。

问题 73：什么情况下对相邻两座建筑的防火间距不做限制？

两座建筑相邻较高一面外墙为防火墙，或高出相邻较低一座一、二级耐火等级建筑的屋面 15m 及以下范围内的外墙为防火墙时，其防火间距不限。

问题 74：建筑防火平面布置应满足哪些要求？

（1）民用建筑的平面布置应结合建筑的耐火等级、火灾危险性、使用功能和安全疏散等因素合理布置。

（2）除为满足民用建筑使用功能所设置的附属库房外，民用建筑内不应设置生产车间和其他库房。

经营、存放和使用甲、乙类火灾危险性物品的商店、作坊和储藏间，严禁附设在民用建筑内。

（3）商店建筑、展览建筑采用三级耐火等级建筑时，不应超过 2 层；采用四级耐火等级建筑时，应为单层。营业厅、展览厅设置在三级耐火等级的建筑内时，应布置在首层或二层；设置在四级耐火等级的建筑内时，应布置在首层。

营业厅、展览厅不应设置在地下三层及以下楼层。地下或半地下营业厅、展览厅不应经营、储存和展示甲、乙类火灾危险性物品。

（4）托儿所、幼儿园的儿童用房，老年人活动场所和儿童游乐厅等儿童活动场所宜设置在独立的建筑内，且不应设置在地下或半地下；当采用一、二级耐火等级的建筑时，不应超过 3 层；采用三级耐火等级的建筑时，不应超过 2 层；采用四级耐火等级的建筑时，应为单层；确需设置在其他民用建筑内时，应符合下列规定：

1）设置在一、二级耐火等级的建筑内时，应布置在首层、二层或三层。

2）设置在三级耐火等级的建筑内时，应布置在首层或二层。

3）设置在四级耐火等级的建筑内时，应布置在首层。

4）设置在高层建筑内时，应设置独立的安全出口和疏散楼梯。

5）设置在单层、多层建筑内时，宜设置独立的安全出口和疏散楼梯。

（5）医院和疗养院的住院部分不应设置在地下或半地下。

医院和疗养院的住院部分采用三级耐火等级建筑时，不应超过 2 层；采用四级耐火等级建筑时，应为单层；设置在三级耐火等级的建筑内时，应布置在首层或二层；设置在四级耐火等级的建筑内时，应布置在首层。

医院和疗养院的病房楼内相邻护理单元之间应采用耐火极限不低于 2.00h 的防火隔墙分隔，隔墙上的门应采用乙级防火门，设置在走道上的防火门应采用常开防火门。

（6）教学建筑、食堂、菜市场采用三级耐火等级建筑时，不应超过 2 层；采用四级耐火等级建筑时，应为单层；设置在三级耐火等级的建筑内时，应布置在首层或二层；设置在四级耐火等级的建筑内时，应布置在首层。

（7）剧场、电影院、礼堂宜设置在独立的建筑内；采用三级耐火等级建筑时，不应超过 2 层；确需设置在其他民用建筑内时，至少应设置 1 个独立的安全出口和疏散楼梯，并应符合下列规定：

1）应采用耐火极限不低于 2.00h 的防火隔墙和甲级防火门与其他区域分隔。

2）设置在一、二级耐火等级的建筑内时，观众厅宜布置在首层、二层或三层；确需布置在四层及以上楼层时，一个厅、室的疏散门不应少于 2 个，且每个观众厅的建筑面积不宜大于 $400m^2$。

3）设置在三级耐火等级的建筑内时，不应布置在三层及以上楼层。

4）设置在地下或半地下时，宜设置在地下一层，不应设置在地下三层及以下楼层。

5）设置在高层建筑内时，应设置火灾自动报警系统及自动喷水灭火系统等自动灭火系统。

（8）建筑内的会议厅、多功能厅等人员密集的场所，宜布置在首层、二层或三层。设置在三级耐火等级的建筑内时，不应布置在三层及以上楼层。确需布置在一、二级耐火等级建筑的其他楼层时，应符合下列规定：

1）一个厅、室的疏散门不应少于 2 个，且建筑面积不宜大于 $400m^2$。

2）设置在地下或半地下时，宜设置在地下一层，不应设置在地下三层及以下楼层。

3）设置在高层建筑内时，应设置火灾自动报警系统和自动喷水灭火系统等自动灭火系统。

（9）歌舞厅、录像厅、夜总会、卡拉 OK 厅（含具有卡拉 OK 功能的餐厅）、游艺厅（含电子游艺厅）、桑拿浴室（不包括洗浴部分）、网吧等歌舞娱乐放映游艺场所（不含剧场、电影院）的布置应符合下列规定：

1）不应布置在地下二层及以下楼层。

2）宜布置在一、二级耐火等级建筑内的首层、二层或三层的靠外墙部位。

3）不宜布置在袋形走道的两侧或尽端。

4）确需布置在地下一层时，地下一层的地面与室外出入口地坪的高差不应大于 10m。

5）确需布置在地下或四层及以上楼层时，一个厅、室的建筑面积不应大于 $200m^2$。

6）厅、室之间及与建筑的其他部位之间，应采用耐火极限不低于 2.00h 的防火隔墙和 1.00h 的不燃性楼板分隔，设置在厅、室墙上的门和该场所与建筑内其他部位相通的门均应采用乙级防火门。

（10）除商业服务网点外，住宅建筑与其他使用功能的建筑合建时，应符合下列规定：

1）住宅部分与非住宅部分之间，应采用耐火极限不低于2.00h且无门、窗、洞口的防火隔墙和1.50h的不燃性楼板完全分隔；当为高层建筑时，应采用无门、窗、洞口的防火墙和耐火极限不低于2.00h的不燃性楼板完全分隔。建筑外墙上、下层开口之间的防火措施应符合相关规定。

2）住宅部分与非住宅部分的安全出口和疏散楼梯应分别独立设置；为住宅部分服务的地上车库应设置独立的疏散楼梯或安全出口，地下车库的疏散楼梯应按相关规定进行分隔。

3）住宅部分和非住宅部分的安全疏散、防火分区和室内消防设施配置，可根据各自的建筑高度分别按照有关住宅建筑和公共建筑的规定执行；该建筑的其他防火设计应根据建筑的总高度和建筑规模按有关公共建筑的规定执行。

问题75：居民建筑与商业建筑共用时如何进行防火平面布置？

设置商业服务网点的住宅建筑，其居住部分与商业服务网点之间应采用耐火极限不低于2.00h且无门、窗、洞口的防火隔墙和1.50h的不燃性楼板完全分隔，住宅部分和商业服务网点部分的安全出口和疏散楼梯应分别独立设置。

商业服务网点中每个分隔单元之间应采用耐火极限不低于2.00h且无门、窗、洞口的防火隔墙相互分隔，当每个分隔单元任一层建筑面积大于200m^{2}时，该层应设置2个安全出口或疏散门。每个分隔单元内的任一点至最近直通室外的出口的直线距离不应大于有关多层其他建筑位于袋形走道两侧或尽端的疏散门至最近安全出口的最大直线距离。

注：室内楼梯的距离可按其水平投影长度的1.50倍计算。

2.3 建筑防火分区

问题 76：不同耐火等级建筑有哪些防火规定？

（1）除《建筑设计防火规范》（GB 50016—2014）另有规定外，不同耐火等级建筑的允许建筑高度或层数、防火分区最大允许建筑面积应符合表 2-5 的规定。

不同耐火等级建筑的允许建筑高度或层数、防火分区最大允许建筑面积 **表 2-5**

名称	耐火等级	允许建筑高度或层数	防火分区的最大允许建筑面积/m^2	备注
高层民用建筑	一、二级	按《建筑设计防火规范》（GB 50016—2014）第 5.1.1 条确定	1500	对于体育馆、剧场的观众厅，防火分区的最大允许建筑面积可适当增加
单、多层民用建筑	一、二级	按《建筑设计防火规范》（GB 50016—2014）第 5.1.1 条确定	2500	
	三级	5 层	1200	—
	四级	2 层	600	
地下或半地下建筑（室）	一级	—	500	设备用房的防火分区最大允许建筑面积不应大于 1000m^2

注：1. 表中规定的防火分区最大允许建筑面积，当建筑内设置自动灭火系统时，可按本表的规定增加 1.0 倍；局部设置时，防火分区的增加面积可按该局部面积的 1.0 倍计算。

2. 裙房与高层建筑主体之间设置防火墙时，裙房的防火分区可按单、多层建筑的要求确定。

（2）建筑内设置自动扶梯、敞开楼梯等上、下层相连通的开口时，其防火分区的建筑面积应按上、下层相连通的建筑面积叠加计算；当叠加计算后的建筑面积大于表 2-5 的规定时，应划分防火分区。

建筑内设置中庭时，其防火分区的建筑面积应按上、下层相连通的建筑面积叠加计算；当叠加计算后的建筑面积大于表 2-5 的规定时，应符合下列规定：

1）与周围连通空间应进行防火分隔：采用防火隔墙时，其耐火极限不应低于 1.00h；采用防火玻璃墙时，其耐火隔热性和耐火完整性不应低于 1.00h，采用耐火完整性不低于 1.00h 的非隔热性防火玻璃墙时，应设置自动喷水灭火系统进行保护；采用防火卷帘时，其耐火极限不应低于 3.00h；与中庭相通的门、窗，应采用火灾时能自行关闭的甲级防火门、窗。

2）高层建筑内的中庭回廊应设置自动喷水灭火系统和火灾自动报警系统。

3）中庭应设置排烟设施。

4）中庭内不应布置可燃物。

问题 77：商店营业厅、展览厅的防火分区有哪些规定？

（1）一、二级耐火等级建筑内的商店营业厅、展览厅，当设置自动灭火系统和火灾自动报警系统并采用不燃或难燃装修材料时，其每个防火分区的最大允许建筑面积应符合下列规定：

1）设置在高层建筑内时，不应大于 4000m^2。

2）设置在单层建筑或仅设置在多层建筑的首层内时，不应大于 10000m^2。

3）设置在地下或半地下时，不应大于 2000m^2。

（2）总建筑面积大于 20000m^2 的地下或半地下商店，应采用无门、窗、洞口的防火墙、耐火极限不低于 2.00h 的楼板分隔为多个建筑面积不大于 20000m^2 的区域。相邻区域确需局部连通时，应采用下沉式广场等室外开敞空间、防火隔间、避难走道、防烟楼梯间等方式进行连通，并应符合下列规定：

1）下沉式广场等室外开敞空间应能防止相邻区域的火灾蔓延和便于安全疏散。

2）防火隔间的墙应为耐火极限不低于 3.00h 的防火隔墙。

3）防烟楼梯间的门应采用甲级防火门。

问题 78：步行街的防火设计有哪些要求？

餐饮、商店等商业设施通过有顶棚的步行街连接，且步行街两侧的建筑需利用步行街进行安全疏散时，应符合下列规定：

（1）步行街两侧建筑的耐火等级不应低于二级。

（2）步行街两侧建筑相对面的最近距离均不应小于《建筑设计防火规范》（GB 50016—2014）对相应高度建筑的防火间距要求且不应小于 9m。步行街的端部在各层均不宜封闭，确需封闭时，应在外墙上设置可开启的门窗，且可开启门窗的面积不应小于该部位外墙面积的一半。步行街的长度不宜大于 300m。

（3）步行街两侧建筑的商铺之间应设置耐火极限不低于 2.00h 的防火隔墙，每间商铺的建筑面积不宜大于 $300m^2$。

（4）步行街两侧建筑的商铺，其面向步行街一侧的围护构件的耐火极限不应低于 1.00h，并宜采用实体墙，其门、窗应采用乙级防火门、窗；当采用防火玻璃墙（包括门、窗）时，其耐火隔热性和耐火完整性不应低于 1.00h；当采用耐火完整性不低于 1.00h 的非隔热性防火玻璃墙（包括门、窗）时，应设置闭式自动喷水灭火系统进行保护。相邻商铺之间面向步行街一侧应设置宽度不小于 1.0m、耐火极限不低于 1.00h 的实体墙。

当步行街两侧的建筑为多个楼层时，每层面向步行街一侧的商铺均应设置防止火灾竖向蔓延的措施；设置回廊或挑檐时，其出挑宽度不应小于 1.2m；步行街两侧的商铺在上部各层需设置回廊和连接天桥时，应保证步行街上部各层楼板的开口面积不应小于步行街地面面积的 37%，且开口宜均匀布置。

（5）步行街两侧建筑内的疏散楼梯应靠外墙设置并宜直通室外，确有困难时，可在首层直接通至步行街；首层商铺的疏散门可直接通至步行街，步行街内任一点到达最近室外安全地点的步行距离不应大于60m。步行街两侧建筑二层及以上各层商铺的疏散门至该层最近疏散楼梯口或其他安全出口的直线距离不应大于37.5m。

（6）步行街的顶棚材料应采用不燃或难燃材料，其承重结构的耐火极限不应低于1.00h。步行街内不应布置可燃物。

（7）步行街的顶棚下檐距地面的高度不应小于6.0m，顶棚应设置自然排烟设施并宜采用常开式的排烟口，且自然排烟口的有效面积不应小于步行街地面面积的25%。常闭式自然排烟设施应能在火灾时手动和自动开启。

（8）步行街两侧建筑的商铺外应每隔30m设置*DN*65的消火栓，并应配备消防软管卷盘或消防水龙，商铺内应设置自动喷水灭火系统和火灾自动报警系统；每层回廊均应设置自动喷水灭火系统。步行街内宜设置自动跟踪定位射流灭火系统。

（9）步行街两侧建筑的商铺内外均应设置疏散照明、灯光疏散指示标志和消防应急广播系统。

问题79：体育建筑的防火分区有哪些要求？

体育建筑是民用建筑中较为特殊的一种建筑形式。体育建筑的比赛、训练场馆的特点是占地面积大，设观众席位时容纳人员数量大。它的功能和具体使用要求，确定了建筑规模和布局形式。同样，它的防火分区也必须满足功能分区和使用要求，才能作为体育建筑正常使用，这是体育建筑比赛、训练场馆存在的前提条件。

由于比赛、训练场馆的项目功能不同和使用要求不同，具体防火分区面积不能是一个既定数值。

防火分区应符合下列要求：

（1）体育建筑的防火分区尤其是比赛大厅，训练厅和观众休息厅等大空间处应结合建筑布局、功能分区和使用要求加以划分，并应报当地公安消防部门认定。

（2）观众厅、比赛厅或训练厅的安全出口应设置乙级防火门。

（3）位于地下室的训练用房应按规定设置足够的安全出口。

问题80：如何划分人防工程防火分区？

（1）人防工程内应采用防火墙划分防火分区，当采用防火墙确有困难时，可采用防火卷帘等防火分隔设施分隔，防火分区划分应符合下列要求：

1）防火分区应在各安全出口处的防火门范围内划分。

2）水泵房、污水泵房、水池、厕所、盥洗间等无可燃物的房间，其面积可不计入防火分区的面积之内。

3）与柴油发电机房或锅炉房配套的水泵间、风机房、储油间等，应与柴油发电机房或锅炉房一起划分为一个防火分区。

4）防火分区的划分宜与防护单元相结合。

5）工程内设置有旅店、病房、员工宿舍时，不得设置在地下二层及以下层，并应划分为独立的防火分区，且疏散楼梯不得与其他防火分区的疏散楼梯共用。

（2）每个防火分区的允许最大建筑面积，除《人民防空工程设计防火规范》(GB 50098—2009）另有规定者外，不应大于500m^2。当设置有自动灭火系统时，允许最大建筑面积可增加1倍；局部设置时，增加的面积可按该局部面积的1倍计算。

问题81：如何划分商业营业厅、展览厅等场所的防火分区？

电影院和礼堂的观众厅、溜冰馆、游泳馆、射击馆、保龄球馆等防火分区划分应符合下列规定：

（1）商业营业厅、展览厅等，当设置有火灾自动报警系统和自动灭火系统，且采用A级装修材料装修时，防火分区允许最大建筑面积不应大于 2000m²。

（2）电影院、礼堂的观众厅，防火分区允许最大建筑面积不应大于 2000m²。当设置有火灾自动报警系统和自动灭火系统时，其允许最大建筑面积也不得增加。

（3）溜冰馆的冰场、游泳馆的游泳池、射击馆的靶道区、保龄球馆的球道区等，其面积可不计入溜冰馆、游泳馆、射击馆、保龄球馆的防火分区面积内。溜冰馆的冰场、游泳馆的游泳池、射击馆的靶道区等，其装修材料应采用 A 级。

问题 82：如何划分丙、丁、戊类物品库房的防火分区？

丙、丁、戊类物品库房的防火分区允许最大建筑面积应符合表 2-6 的规定。当设置有火灾自动报警系统和自动灭火系统时，允许最大建筑面积可增加 1 倍；局部设置时，增加的面积可按该局部面积的 1 倍计算。

丙、丁、戊类物品库房防火分区允许最大建筑面积（m²） **表 2-6**

储存物品类别		防火分区最大允许建筑面积
丙	闪点≥60℃的可燃液体	150
	可燃固体	300
丁		500
戊		1000

问题 83：如何划分人防工程地上、地下防火分区？

当人防工程地面建有建筑物，且与地下一、二层有中庭相通或地下一、二层有中庭相通时，防火分区面积应按上下多层相连通的面积叠加计算；当超过《人民防空工程设计防火规范》（GB 50098—2009）规定的防火分区最大允许建筑面积时，应符合下列规定：

（1）房间与中庭相通的开口部位应设置火灾时能自行关闭的甲级防火门窗。

（2）与中庭相通的过厅、通道等处，应设置甲级防火门或耐火极限不低于 3h 的防火卷帘；防火门或防火卷帘应能在火灾时自动关闭或降落。

2.4 安全疏散和避难

问题 84：公共建筑安全出口的设置有哪些要求？

（1）公共建筑内每个防火分区或一个防火分区的每个楼层，其安全出口的数量应经计算确定，且不应少于 2 个。符合下列条件之一的公共建筑，可设置 1 个安全出口或 1 部疏散楼梯：

1）除托儿所、幼儿园外，建筑面积不大于 $200m^2$ 且人数不超过 50 人的单层公共建筑或多层公共建筑的首层。

2）除医疗建筑、老年人建筑，托儿所、幼儿园的儿童用房，儿童游乐厅等儿童活动场所和歌舞娱乐放映游艺场所等外，符合表 2-7 规定的公共建筑。

可设置 1 部疏散楼梯的公共建筑　　　　表 2-7

耐火等级	最多层数	每层最大建筑面积/m^2	人数
一、二级	3 层	200	第二、三层的人数之和不超过 50 人
三级	3 层	200	第二、三层的人数之和不超过 25 人
四级	2 层	200	第二层人数不超过 15 人

（2）一、二级耐火等级公共建筑内的安全出口全部直通室外确有困难的防火分区，可利用通向相邻防火分区的甲级防火门作为安全出口，但应符合下列要求：

1）利用通向相邻防火分区的甲级防火门作为安全出口时，应采用防火墙与相邻防火分区进行分隔。

2）建筑面积大于 $1000m^2$ 的防火分区，直通室外的安全出口不应少于 2 个；建筑面积不大于 1000m² 的防火分区，直通室外的安全出口不应少于 1 个。

3）该防火分区通向相邻防火分区的疏散净宽度不应大于其按《建筑设计防火规范》(GB 50016—2014）第 5. 5. 21 条规定计算所需疏散总净宽度的 30%，建筑各层直通室外的安全出口总净宽度不应小于按照《建筑设计防火规范》(GB 50016—2014）第 5. 5. 21 条规定计算所需疏散总净宽度。

问题 85：公共建筑疏散门的设置有哪些要求？

（1）公共建筑内房间的疏散门数量应经计算确定且不应少于 2 个。除托儿所、幼儿园、老年人建筑、医疗建筑、教学建筑内位于走道尽端的房间外，符合下列条件之一的房间可设置 1 个疏散门：

1）位于两个安全出口之间或袋形走道两侧的房间，对于托儿所、幼儿园、老年人建筑，建筑面积不大于 50m²；对于医疗建筑、教学建筑，建筑面积不大于 75m²；对于其他建筑或场所，建筑面积不大于 120m²。

2）位于走道尽端的房间，建筑面积小于 50m² 时且疏散门的净宽度不小于 0. 90m，或由房间内任一点到疏散门的直线距离不大于 15m、建筑面积不大于 200m² 且疏散门的净宽度不小于 1. 40m。

3）歌舞娱乐放映游艺场所内建筑面积不大于 50m² 且经常停留人数不超过 15 人的厅、室。

（2）剧场、电影院、礼堂和体育馆的观众厅或多功能厅，其疏散门的数量应经计算确定且不应少于 2 个，并应符合下列规定：

1）对于剧场、电影院、礼堂的观众厅或多功能厅，每个疏散门的平均疏散人数不应超过 250 人；当容纳人数超过 2000 人时，其超过 2000 人的部分，每个疏散门的平均疏散人数不应超过 400 人。

2）对于体育馆的观众厅，每个疏散门的平均疏散人数不宜超过 400～700 人。

问题86：公共建筑的安全疏散距离有哪些要求？

公共建筑的安全疏散距离应符合下列规定：

（1）直通疏散走道的房间疏散门至最近安全出口的直线距离不应大于表2-8的规定。

直通疏散走道的房间疏散门至最近安全出口的直线距离（m）　　表2-8

<table>
<tr><th colspan="3" rowspan="3">名称</th><th colspan="3">位于两个安全出口之间的疏散门</th><th colspan="3">位于袋形走道两侧或尽端的疏散门</th></tr>
<tr><th colspan="3">耐火等级</th><th colspan="3">耐火等级</th></tr>
<tr><th>一、二级</th><th>三级</th><th>四级</th><th>一、二级</th><th>三级</th><th>四级</th></tr>
<tr><td colspan="3">托儿所、幼儿园、老年人建筑</td><td>25</td><td>20</td><td>15</td><td>20</td><td>15</td><td>10</td></tr>
<tr><td colspan="3">歌舞娱乐放映游艺场所</td><td>25</td><td>20</td><td>15</td><td>9</td><td>—</td><td>—</td></tr>
<tr><td rowspan="3">医疗建筑</td><td colspan="2">单层、多层</td><td>35</td><td>30</td><td>25</td><td>20</td><td>15</td><td>10</td></tr>
<tr><td rowspan="2">高层</td><td>病房部分</td><td>24</td><td>—</td><td>—</td><td>12</td><td>—</td><td>—</td></tr>
<tr><td>其他部分</td><td>30</td><td>—</td><td>—</td><td>15</td><td>—</td><td>—</td></tr>
<tr><td rowspan="2">教学建筑</td><td colspan="2">单层、多层</td><td>35</td><td>30</td><td>25</td><td>22</td><td>20</td><td>10</td></tr>
<tr><td colspan="2">高层</td><td>30</td><td>—</td><td>—</td><td>15</td><td>—</td><td>—</td></tr>
<tr><td colspan="3">高层旅馆、展览建筑</td><td>30</td><td>—</td><td>—</td><td>15</td><td>—</td><td>—</td></tr>
<tr><td rowspan="2">其他建筑</td><td colspan="2">单层、多层</td><td>40</td><td>35</td><td>25</td><td>22</td><td>20</td><td>15</td></tr>
<tr><td colspan="2">高层</td><td>40</td><td>—</td><td>—</td><td>20</td><td>—</td><td>—</td></tr>
</table>

注：1. 建筑物内开向敞开式外廊的房间疏散门至最近安全出口的直线距离可按本表的规定增加5m。

2. 直通疏散走道的房间疏散门至最近敞开楼梯间的直线距离，当房间位于两个楼梯间之间时，应按本表的规定减少5m；当房间位于袋形走道两侧或尽端时，应按本表的规定减少2m。

3. 建筑物内全部设置自动喷水灭火系统时，其安全疏散距离可按本表的规定增加25%。

（2）楼梯间应在首层直通室外，确有困难时，可在首层采用扩大的封闭楼梯间或防烟楼梯间前室。当层数不超过4层且未采用扩大的封闭楼梯间或防烟楼梯间前室时，可将直通室外的门设置在离楼梯间不大于15m处。

（3）房间内任一点至房间直通疏散走道的疏散门的直线距离，不应大于表2-8规定的袋形走道两侧或尽端的疏散门至最近安全出口的直线距离。

（4）一、二级耐火等级建筑内疏散门或安全出口不少于2个的观众厅、展览厅、多功能厅、餐厅、营业厅等，其室内任一点至最近疏散门或安全出口的直线距离不应大于30m；当疏散门不能直通室外地面或疏散楼梯间时，应采用长度不大于10m的疏散走道通至最近的安全出口。当该场所设置自动喷水灭火系统时，室内任一点至最近安全出口的安全疏散距离可分别增加25%。

问题87：如何设置公共建筑的疏散门、安全出口、疏散走道和疏散楼梯的净宽度？

（1）除《建筑设计防火规范》（GB 50016—2014）另有规定外，公共建筑内疏散门和安全出口的净宽度不应小于0.90m，疏散走道和疏散楼梯的净宽度不应小于1.10m。

高层公共建筑内楼梯间的首层疏散门、首层疏散外门、疏散走道和疏散楼梯的最小净宽度应符合表2-9的规定。

高层公共建筑内楼梯间的首层疏散门、首层疏散外门、疏散走道和疏散楼梯的最小净宽度（m）　表2-9

建筑类别	楼梯间的首层疏散门、首层疏散外门	走道		疏散楼梯
		单面布房	双面布房	
高层医疗建筑	1.30	1.40	1.50	1.30
其他高层公共建筑	1.20	1.30	1.40	1.20

（2）人员密集的公共场所、观众厅的疏散门不应设置门槛，其净宽度不应小于 1.40m，且紧靠门口内外各 1.40m 范围内不应设置踏步。

人员密集的公共场所的室外疏散通道的净宽度不应小于 3.00m，并应直接通向宽敞地带。

（3）剧场、电影院、礼堂、体育馆等场所的疏散走道、疏散楼梯、疏散门、安全出口的各自总净宽度，应符合下列规定：

1）观众厅内疏散走道的净宽度应按每 100 人不小于 0.60m 计算，且不应小于 1.00m；边走道的净宽度不宜小于 0.80m。

布置疏散走道时，横走道之间的座位排数不宜超过 20 排；纵走道之间的座位数：剧场、电影院、礼堂等，每排不宜超过 22 个；体育馆，每排不宜超过 26 个；前后排座椅的排距不小于 0.90m 时，可增加 1.0 倍，但不得超过 50 个；仅一侧有纵走道时，座位数应减少一半。

2）剧场、电影院、礼堂等场所供观众疏散的所有内门、外门、楼梯和走道的各自总净宽度，应根据疏散人数按每 100 人的最小疏散净宽度不小于表 2-10 的规定计算确定。

剧场、电影院、礼堂等场所每 100 人所需最小疏散净宽度（m/百人）　　表 2-10

<table>
<tr><td colspan="3">观众厅座位数/座</td><td>≤2500</td><td>≤1200</td></tr>
<tr><td colspan="3">耐火等级</td><td>一、二级</td><td>三级</td></tr>
<tr><td rowspan="3">疏散部位</td><td rowspan="2">门和走道</td><td>平坡地面</td><td>0.65</td><td>0.85</td></tr>
<tr><td>阶梯地面</td><td>0.75</td><td>1.00</td></tr>
<tr><td colspan="2">楼梯</td><td>0.75</td><td>1.00</td></tr>
</table>

3）体育馆供观众疏散的所有内门、外门、楼梯和走道的各自总净宽度，应根据疏散人数按每 100 人的最小疏散净宽度不小于表 2-11 的规定计算确定。

体育馆每 100 人所需最小疏散净宽度（m/百人）　　表 2-11

观众厅座位数范围/座			3000～5000	5001～10000	10001～20000
疏散部位	门和走道	平坡地面	0.43	0.37	0.32
		阶梯地面	0.50	0.43	0.37
	楼梯		0.50	0.43	0.37

注：本表中对应较大座位数范围按规定计算的疏散总净宽度，不应小于对应相邻较小座位数范围按其最多座位数计算的疏散总净宽度。对于观众厅座位数少于 3000 个的体育馆，计算供观众疏散的所有内门、外门、楼梯和走道的各自总净宽度时，每 100 人的最小疏散净宽度不应小于表 2-10 的规定。

4）有等场需要的入场门不应作为观众厅的疏散门。

（4）除剧场、电影院、礼堂、体育馆外的其他公共建筑，其房间疏散门、安全出口、疏散走道和疏散楼梯的各自总净宽度，应符合下列规定：

1）每层的房间疏散门、安全出口、疏散走道和疏散楼梯的各自总净宽度，应根据疏散人数按每 100 人的最小疏散净宽度不小于表 2-12 的规定计算确定。当每层疏散人数不等时，疏散楼梯的总净宽度可分层计算，地上建筑内下层楼梯的总净宽度应按该层及以上疏散人数最多一层的人数计算；地下建筑内上层楼梯的总净宽度应按该层及以下疏散人数最多一层的人数计算。

每层的房间疏散门、安全出口、疏散走道和疏散楼梯的每 100 人最小疏散净宽度（m/百人）　　表 2-12

建筑层数		建筑的耐火等级		
		一、二级	三级	四级
地上楼层	1～2 层	0.65	0.75	1.00
	3 层	0.75	1.00	—
	≥4 层	1.00	1.25	—
地下楼层	与地面出入口地面的高差 $\Delta H \leqslant 10m$	0.75	—	—
	与地面出入口地面的高差 $\Delta H > 10m$	1.00	—	—

2）地下或半地下人员密集的厅、室和歌舞娱乐放映游艺场

所，其房间疏散门、安全出口、疏散走道和疏散楼梯的各自总净宽度，应根据疏散人数按每100人不小于1.00m计算确定。

3）首层外门的总净宽度应按该建筑疏散人数最多一层的人数计算确定，不供其他楼层人员疏散的外门，可按本层的疏散人数计算确定。

4）歌舞娱乐放映游艺场所中录像厅的疏散人数，应根据厅、室的建筑面积按不小于1.0人/m²计算；其他歌舞娱乐放映游艺场所的疏散人数，应根据厅、室的建筑面积按不小于0.5人/m²计算。

5）有固定座位的场所，其疏散人数可按实际座位数的1.1倍计算。

6）展览厅的疏散人数应根据展览厅的建筑面积和人员密度计算，展览厅内的人员密度不宜小于0.75人/m²。

7）商店的疏散人数应按每层营业厅的建筑面积乘以表2-13规定的人员密度计算。对于建材商店、家具和灯饰展示建筑，其人员密度可按表2-13规定值的30%确定。

商店营业厅内的人员密度（人/m²）　　表2-13

楼层位置	地下第二层	地下第一层	地上第一、二层	地上第三层	地上第四层及以上各层
人员密度	0.56	0.60	0.43～0.60	0.39～0.54	0.30～0.42

问题88：如何设置住宅建筑安全出口？

（1）住宅建筑安全出口的设置应符合下列规定：

1）建筑高度不大于27m的建筑，当每个单元任一层的建筑面积大于650m²，或任一户门至最近安全出口的距离大于15m时，每个单元每层的安全出口不应少于2个。

2）建筑高度大于27m、不大于54m的建筑，当每个单元任一层的建筑面积大于650m²，或任一户门至最近安全出口的距离大于10m时，每个单元每层的安全出口不应少于2个。

3）建筑高度大于 54m 的建筑，每个单元每层的安全出口不应少于 2 个。

（2）建筑高度大于 27m，但不大于 54m 的住宅建筑，每个单元设置一座疏散楼梯时，疏散楼梯应通至屋面，且单元之间的疏散楼梯应能通过屋面连通，户门应采用乙级防火门。当不能通至屋面或不能通过屋面连通时，应设置 2 个安全出口。

问题 89：如何设置住宅建筑疏散楼梯？

（1）住宅建筑的疏散楼梯设置应符合下列规定：

1）建筑高度不大于 21m 的住宅建筑可采用敞开楼梯间；与电梯井相邻布置的疏散楼梯砬采用封闭楼梯间，当户门采用乙级防火门时，仍可采用敞开楼梯间。

2）建筑高度大于 21m、不大于 33m 的住宅建筑应采用封闭楼梯间；当户门采用乙级防火门时，可采用敞开楼梯间。

3）建筑高度大于 33m 的住宅建筑应采用防烟楼梯间。户门不宜直接开向前室，确有困难时，每层开向同一前室的户门不应大于 3 樘且应采用乙级防火门。

（2）住宅单元的疏散楼梯，当分散设置确有困难且任一户门至最近疏散楼梯间入口的距离不大于 10m 时，可采用剪刀楼梯间，但应符合下列规定：

1）应采用防烟楼梯间。

2）梯段之间应设置耐火极限不低于 1.00h 的防火隔墙。

3）楼梯间的前室不宜共用；共用时，前室的使用面积不应小于 $6.0m^2$。

4）楼梯间的前室或共用前室不宜与消防电梯的前室合用；楼梯间的共用前室与消防电梯的前室合用时，合用前室的使用面积不应小于 $12.0m^2$，且短边不应小于 2.4m。

问题 90：住宅建筑的安全疏散距离有哪些要求？

住宅建筑的安全疏散距离应符合下列规定：

（1）直通疏散走道的户门至最近安全出口的直线距离不应大于表 2-14 的规定。

住宅建筑直通疏散走道的户门至最近安全出口的直线距离（m） **表 2-14**

住宅建筑类别	位于两个安全出口之间的户门			位于袋形走道两侧或尽端的户门		
	一、二级	三级	四级	一、二级	三级	四级
单、多层	40	35	25	22	20	15
高层	40	—	—	20	—	—

注：1. 开向敞开式外廊的户门至最近安全出口的最大直线距离可按本表的规定增加 5m。
2. 直通疏散走道的户门至最近敞开楼梯间的直线距离，当户门位于两个楼梯间之间时，应按本表的规定减少 5m；当户门位于袋形走道两侧或尽端时，应按本表的规定减少 2m。
3. 住宅建筑内全部设置自动喷水灭火系统时，其安全疏散距离可按本表的规定增加 25%。
4. 跃廊式住宅的户门至最近安全出口的距离，应从户门算起，小楼梯的一段距离可按其水平投影长度的 1.50 倍计算。

（2）楼梯间应在首层直通室外，或在首层采用扩大的封闭楼梯间或防烟楼梯间前室。层数不超过 4 层时，可将直通室外的门设置在离楼梯间不大于 15m 处。

（3）户内任一点至直通疏散走道的户门的直线距离不应大于表 2-14 规定的袋形走道两侧或尽端的疏散门至最近安全出口的最大直线距离。

注：跃层式住宅，户内楼梯的距离可按其梯段水平投影长度的 1.50 倍计算。

问题 91：如何设置住宅建筑的户门、安全出口、疏散走道和疏散楼梯的净宽度？

住宅建筑的户门、安全出口、疏散走道和疏散楼梯的各自总净宽度应经计算确定，且户门和安全出口的净宽度不应小于 0.90m，疏散走道、疏散楼梯和首层疏散外门的净宽度不应小于

1.10m。建筑高度不大于 18m 的住宅中一边设置栏杆的疏散楼梯，其净宽度不应小于 1.0m。

问题 92：避难层（间）的设置有哪些要求？

避难层是超高层建筑中专供发生火灾时人员临时避难使用的楼层。如果作为避难使用的只有几个房间，则这几个房间称为避难间。

（1）建筑高度大于 100m 的公共建筑，应设置避难层（间）。避难层（间）应符合下列规定：

1）第一个避难层（间）的楼地面至灭火救援场地地面的高度不应大于 50m，两个避难层（间）之间的高度不宜大于 50m。

2）通向避难层（间）的疏散楼梯应在避难层分隔、同层错位或上下层断开。

3）避难层（间）的净面积应能满足设计避难人数避难的要求，并宜按 5.0 人/m^2 计算。

4）避难层可兼作设备层。设备管道宜集中布置，其中的易燃、可燃液体或气体管道应集中布置，设备管道区应采用耐火极限不低于 3.00h 的防火隔墙与避难区分隔。管道井和设备间应采用耐火极限不低于 2.00h 的防火隔墙与避难区分隔，管道井和设备间的门不应直接开向避难区；确需直接开向避难区时，与避难层区出入口的距离不应小于 5m，且应采用甲级防火门。

避难间内不应设置易燃、可燃液体或气体管道，不应开设除外窗、疏散门之外的其他开口。

5）避难层应设置消防电梯出口。

6）应设置消火栓和消防软管卷盘。

7）应设置消防专线电话和应急广播。

8）在避难层（间）进入楼梯间的入口处和疏散楼梯通向避难层（间）的出口处，应设置明显的指示标志。

9）应设置直接对外的可开启窗口或独立的机械防烟设施，外窗应采用乙级防火窗。

（2）高层病房楼应在二层及以上的病房楼层和洁净手术部设置避难间。避难间应符合下列规定：

1）避难间服务的护理单元不应超过 2 个，其净面积应按每个护理单元不小于 25.0m^2确定。

2）避难间兼作其他用途时，应保证人员的避难安全，且不得减少可供避难的净面积。

3）应靠近楼梯间，并应采用耐火极限不低于 2.00h 的防火隔墙和甲级防火门与其他部位分隔。

4）应设置消防专线电话和消防应急广播。

5）避难间的入口处应设置明显的指示标志。

6）应设置直接对外的可开启窗口或独立的机械防烟设施，外窗应采用乙级防火窗。

3 厂房、仓库和材料堆场防火设计

3.1 耐火等级及平面布置

问题93：不同耐火等级厂房和仓库建筑构件的燃烧性能和耐火极限有哪些要求？

厂房和仓库的耐火等级可分为一、二、三、四级，相应建筑构件的燃烧性能和耐火极限，除《建筑设计防火规范》(GB 50016—2014)另有规定外，不应低于表3-1的规定。

不同耐火等级厂房和仓库建筑构件的燃烧性能和耐火极限（h） **表3-1**

构件名称		耐火等级			
		一级	二级	三级	四级
墙	防火墙	不燃性 3.00	不燃性 3.00	不燃性 3.00	不燃性 3.00
	承重墙	不燃性 3.00	不燃性 2.50	不燃性 2.00	难燃性 0.50
	楼梯间和前室的墙 电梯井的墙	不燃性 2.00	不燃性 2.00	不燃性 1.50	难燃性 0.50
	疏散走道两侧的隔墙	不燃性 1.00	不燃性 1.00	不燃性 0.5	难燃性 0.25
	非承重外墙 房间隔墙	不燃性 0.75	不燃性 0.50	难燃性 0.50	难燃性 0.25
柱		不燃性 3.00	不燃性 2.50	不燃性 2.00	难燃性 0.50

续表

构件名称	耐火等级			
	一级	二级	三级	四级
梁	不燃性 2.00	不燃性 1.50	不燃性 1.00	难燃性 0.50
楼板	不燃性 1.50	不燃性 1.00	不燃性 0.75	难燃性 0.50
屋顶承重构件	不燃性 1.50	不燃性 1.00	难燃性 0.50	可燃性
疏散楼梯	不燃性 1.50	不燃性 1.00	不燃性 0.75	可燃性
吊顶（包括吊顶搁栅）	不燃性 0.25	难燃性 0.25	难燃性 0.15	可燃性

注：二级耐火等级建筑内采用不燃材料的吊顶，其耐火极限不限。

问题94：厂房的层数和每个防火分区的最大允许建筑面积有哪些要求？

除《建筑设计防火规范》（GB 50016—2014）另有规定外，厂房的层数和每个防火分区的最大允许建筑面积应符合表3-2的规定。

厂房的层数和每个防火分区的最大允许建筑面积　　表3-2

生产的火灾危险性类别	厂房的耐火等级	最多允许层数	每个防火分区的最大允许建筑面积/m^2			
			单层厂房	多层厂房	高层厂房	地下或半地下厂房（包括地下或半地下室）
甲	一级 二级	宜采用 单层	4000 3000	3000 2000	— —	— —
乙	一级 二级	不限 6	5000 4000	4000 3000	2000 1500	— —
丙	一级 二级 三级	不限 不限 2	不限 8000 3000	6000 4000 2000	3000 2000 —	500 500 —

续表

生产的火灾危险性类别	厂房的耐火等级	最多允许层数	每个防火分区的最大允许建筑面积/m²			
			单层厂房	多层厂房	高层厂房	地下或半地下厂房（包括地下或半地下室）
丁	一、二级	不限	不限	不限	4000	1000
	三级	3	4000	2000	—	—
	四级	1	1000	—	—	—
戊	一、二级	不限	不限	不限	6000	1000
	三级	3	5000	3000	—	—
	四级	1	1500	—	—	—

注：1. 防火分区之间应采用防火墙分隔。除甲类厂房外的一、二级耐火等级厂房，当其防火分区的建筑面积大于本表规定，且设置防火墙确有困难时，可采用防火卷帘或防火分隔水幕分隔。采用防火卷帘时，应符合《建筑设计防火规范》（GB 50016—2014）第 6.5.3 条的规定；采用防火分隔水幕时，应符合现行国家标准《自动喷水灭火系统设计规范（2005 年版）》（GB 50084—2001）的规定。

2. 除麻纺厂房外，一级耐火等级的多层纺织厂房和二级耐火等级的单、多层纺织厂房，其每个防火分区的最大允许建筑面积可按本表的规定增加 0.5 倍，但厂房内的原棉开包、清花车闻与厂房内其他部位之间均应采用耐火极限不低于 2.50h 的防火隔墙分隔，需要开设门、窗、洞口时。应设置甲级防火门、窗。

3. 一、二级耐火等级的单、多层造纸生产联合厂房，其每个防火分区的最大允许建筑面积可按本表的规定增加 1.5 倍。一、二级耐火等级的湿式造纸联合厂房，当纸机烘缸罩内设置自动灭火系统，完成工段设置有效灭火设施保护时，其每个防火分区的最大允许建筑面积可按工艺要求确定。

4. 一、二级耐火等级的谷物筒仓工作塔，当每层工作人数不超过 2 人时，其层数不限。

5. 一、二级耐火等级卷烟生产联合厂房内的原料、备料及成组配方、制丝、储丝和卷接包、辅料周转、成品暂存、二氧化碳膨胀烟丝等生产用房应划分独立的防火分隔单元，当工艺条件许可时，应采用防火墙进行分隔。其中制丝、储丝和卷接包车间可划分为一个防火分区，且每个防火分区的最大允许建筑面积可按工艺要求确定，但制丝、储丝及卷接包车间之间应采用耐火极限不低于 2.00h 的防火隔墙和 1.00h 的楼板进行分隔。厂房内各水平和竖向防火分隔之间的开口应采取防止火灾蔓延的措施。

6. 厂房内的操作平台、检修平台，当使用人数少于 10 人时，平台的面积可不计入所在防火分区的建筑面积内。

7. “—”表示不允许。

问题 95：仓库的层数和面积防火设置有哪些要求？

除《建筑设计防火规范》（GB 50016—2014）另有规定外，仓库的层数和面积应符合表 3-3 的规定。

仓库的层数和面积 **表 3-3**

储存物品的火灾危险性类别		仓库的耐火等级	最多允许层数	每座仓库的最大允许占地面积和每个防火分区的最大允许建筑面积/m^2						
				单层仓库		多层仓库		高层仓库		地下或半地下仓库（包括地下或半地下室）
				每座仓库	防火分区	每座仓库	防火分区	每座仓库	防火分区	防火分区
甲	3、4 项	一级	1	180	60	—	—	—	—	—
甲	1、2、5、6 项	一、二级	1	750	250	—	—	—	—	—
乙	1、3、4 项	一、二级	3	2000	500	900	300	—	—	—
乙	1、3、4 项	三级	1	500	250	—	—	—	—	—
乙	2、5、6 项	一、二级	5	2800	700	1500	500	—	—	—
乙	2、5、6 项	三级	1	900	300	—	—	—	—	—
丙	1 项	一、二级	5	4000	1000	2800	700	—	—	150
丙	1 项	三级	1	1200	400	—	—	—	—	—
丙	2 项	一、二级	不限	6000	1500	4800	1200	4000	1000	300
丙	2 项	三级	3	2100	700	1200	400	—	—	—
丁		一、二级	不限	不限	3000	不限	1500	4800	1200	500
丁		三级	3	3000	1000	1500	500	—	—	—
丁		四级	1	2100	700	—	—	—	—	—

续表

储存物品的火灾危险性类别	仓库的耐火等级	最多允许层数	每座仓库的最大允许占地面积和每个防火分区的最大允许建筑面积/m²						
			单层仓库		多层仓库		高层仓库		地下或半地下仓库(包括地下或半地下室)
			每座仓库	防火分区	每座仓库	防火分区	每座仓库	防火分区	防火分区
戊	一、二级	不限	不限	不限	不限	2000	6000	1500	1000
	三级	3	3000	1000	2100	700	—	—	—
	四级	1	2100	700	—	—	—	—	—

注：1. 仓库内的防火分区之间必须采用防火墙分隔，甲、乙类仓库内防火分区之间的防火墙不应开设门、窗、洞口；地下或半地下仓库（包括地下或半地下室）的最大允许占地面积，不应大于相应类别地上仓库的最大允许占地面积。

2. 石油库区内的桶装油品仓库应符合现行国家标准《石油库设计规范》（GB 50074—2014）的规定。

3. 一、二级耐火等级的煤均化库，每个防火分区的最大允许建筑面积不应大于 12000m²。

4. 独立建造的硝酸铵仓库、电石仓库、聚乙烯等高分子制品仓库、尿素仓库、配煤仓库、造纸厂的独立成品仓库，当建筑的耐火等级不低于二级时，每座仓库的最大允许占地面积和每个防火分区的最大允许建筑面积可按本表的规定增加 1.0 倍。

5. 一、二级耐火等级粮食平房仓的最大允许占地面积不应大于 12000m²，每个防火分区的最大允许建筑面积不应大于 3000m²；三级耐火等级粮食平房仓的最大允许占地面积不应大于 3000m²，每个防火分区的最大允许建筑面积不应大于 1000m²。

6. 一、二级耐火等级且占地面积不大于 2000m²的单层棉花库房，其防火分区的最大允许建筑面积不应大于 2000m²。

7. 一、二级耐火等级冷库的最大允许占地面积和防火分区的最大允许建筑面积，应符合现行国家标准《冷库设计规范》（GB 50072—2010）的规定。

8. “—”表示不允许。

问题 96：物流建筑的防火设计应符合哪些规定？

物流建筑的类型主要有作业型、存储型和综合型，不同类型物流建筑的防火要求也要有所区别。

物流建筑的防火设计应符合下列规定：

（1）当建筑功能以分拣、加工等作业为主时，应按《建筑设计防火规范》（GB 50016—2014）有关厂房的规定确定，其中仓储部分应按中间仓库确定。

（2）当建筑功能以仓储为主或建筑难以区分主要功能时，应按《建筑设计防火规范》（GB 50016—2014）有关仓库的规定确定，但当分拣等作业区采用防火墙与储存区完全分隔时，作业区和储存区的防火要求可分别按《建筑设计防火规范》(GB 50016—2014）有关厂房和仓库的规定确定。其中，当分拣等作业区采用防火墙与储存区完全分隔且符合下列条件时，除自动化控制的丙类高架仓库外，储存区的防火分区最大允许建筑面积和储存区部分建筑的最大允许占地面积，可按表 3-3（不含注）的规定增加 3.0 倍：

1）储存除可燃液体、棉、麻、丝、毛及其他纺织品、泡沫塑料等物品外的丙类物品且建筑的耐火等级不低于一级。

2）储存丁、戊类物品且建筑的耐火等级不低于二级。

3）建筑内全部设置自动水灭火系统和火灾自动报警系统。

3.2 防火间距要求

问题 97：厂房之间及与乙、丙、丁、戊类仓库、民用建筑等的防火间距有哪些要求？

除《建筑设计防火规范》（GB 50016—2014）另有规定外，厂房之间及与乙、丙、丁、戊类仓库、民用建筑等的防火间距不应小于表 3-4 的规定，与甲类仓库的防火间距应符合《建筑设计防火规范》（GB 50016—2014）第 3.5.1 条的规定。

厂房之间及与乙、丙、丁、戊类仓库、民用建筑等的防火间距（m）　表 3-4

<table>
<tr><th colspan="3" rowspan="3">名　称</th><th>甲类厂房</th><th colspan="3">乙类厂房（仓库）</th><th colspan="4">丙、丁、戊类厂房（仓库）</th><th colspan="5">民用建筑</th></tr>
<tr><th>单、多层</th><th colspan="2">单、多层</th><th>高层</th><th colspan="3">单、多层</th><th>高层</th><th colspan="3">裙房，单、多层</th><th colspan="2">高层</th></tr>
<tr><th>一、二级</th><th>一、二级</th><th>三级</th><th>一、二级</th><th>一、二级</th><th>三级</th><th>四级</th><th>一、二级</th><th>一、二级</th><th>三级</th><th>四级</th><th>一类</th><th>二类</th></tr>
<tr><td>甲类厂房</td><td>单、多层</td><td>一、二级</td><td>12</td><td>12</td><td>14</td><td>13</td><td>12</td><td>14</td><td>16</td><td>13</td><td colspan="3" rowspan="4">25</td><td colspan="2" rowspan="4">50</td></tr>
<tr><td rowspan="3">乙类厂房</td><td>单、多层</td><td>一、二级</td><td>12</td><td>10</td><td>12</td><td>13</td><td>10</td><td>12</td><td>14</td><td>13</td></tr>
<tr><td rowspan="2">高层</td><td>三级</td><td>14</td><td>12</td><td>14</td><td>15</td><td>12</td><td>14</td><td>16</td><td>15</td></tr>
<tr><td>一、二级</td><td>13</td><td>13</td><td>15</td><td>13</td><td>13</td><td>15</td><td>17</td><td>13</td></tr>
<tr><td rowspan="4">丙类厂房</td><td rowspan="3">单、多层</td><td>一、二级</td><td>12</td><td>10</td><td>12</td><td>13</td><td>10</td><td>12</td><td>14</td><td>13</td><td>10</td><td>12</td><td>14</td><td>20</td><td>15</td></tr>
<tr><td>三级</td><td>14</td><td>12</td><td>14</td><td>15</td><td>12</td><td>14</td><td>16</td><td>15</td><td>12</td><td>14</td><td>16</td><td rowspan="2">25</td><td rowspan="2">20</td></tr>
<tr><td>四级</td><td>16</td><td>14</td><td>16</td><td>17</td><td>14</td><td>16</td><td>18</td><td>17</td><td>14</td><td>16</td><td>18</td></tr>
<tr><td>高层</td><td>一、二级</td><td>13</td><td>13</td><td>15</td><td>13</td><td>13</td><td>15</td><td>17</td><td>13</td><td>13</td><td>15</td><td>17</td><td>20</td><td>15</td></tr>
<tr><td rowspan="4">丁、戊类厂房</td><td rowspan="3">单、多层</td><td>一、二级</td><td>12</td><td>10</td><td>12</td><td>13</td><td>10</td><td>12</td><td>14</td><td>13</td><td>10</td><td>12</td><td>14</td><td>15</td><td>13</td></tr>
<tr><td>三级</td><td>14</td><td>12</td><td>14</td><td>15</td><td>12</td><td>14</td><td>16</td><td>15</td><td>12</td><td>14</td><td>16</td><td rowspan="2">18</td><td rowspan="2">15</td></tr>
<tr><td>四级</td><td>16</td><td>14</td><td>16</td><td>17</td><td>14</td><td>16</td><td>18</td><td>17</td><td>14</td><td>16</td><td>18</td></tr>
<tr><td>高层</td><td>一、二级</td><td>13</td><td>13</td><td>15</td><td>13</td><td>13</td><td>15</td><td>17</td><td>13</td><td>13</td><td>15</td><td>17</td><td>15</td><td>13</td></tr>
</table>

续表

名称			甲类厂房	乙类厂房（仓库）			丙、丁、戊类厂房（仓库）				民用建筑				
			单、多层	单、多层		高层	单、多层			高层	裙房，单、多层			高层	
			一、二级	一、二级	三级	一、二级	一、二级	三级	四级	一、二级	一、二级	三级	四级	一类	二类
室外变、配电站	变压器总油量（t）	≥5，≤10	25	25	25	25	12	15	20	12	15	20	25	20	
		>10，≤50					15	20	25	15	20	25	30	25	
		>50					20	25	30	20	25	30	35	30	

注：1. 乙类厂房与重要公共建筑的防火间距不宜小于 50m，与明火或散发火花地点，不宜小于 30m。单、多层戊类厂房之间及与戊类仓库的防火间距可按本表的规定减少 2m，与民用建筑的防火间距可将戊类厂房等同民用建筑按表 2-4 的规定执行。为丙、丁、戊类厂房服务而单独设置的生活用房应按民用建筑确定，与所属厂房的防火间距不应小于 6m。确需相邻布置时，应符合本表注 2、3 的规定。

2. 两座厂房相邻较高一面外墙为防火墙，或相邻两座高度相同的一、二级耐火等级建筑中相邻任一侧外墙为防火墙且屋顶的耐火极限不低于 1.00h 时，其防火间距不限，但甲类厂房之间不应小于 4m。两座丙、丁、戊类厂房相邻两面外墙均为不燃性墙体，当无外露的可燃性屋檐，每面外墙上的门、窗、洞口面积之和各不大于外墙面积的 5%，且门、窗、洞口不正对开设时，其防火间距可按本表的规定减少 25%。甲、乙类厂房（仓库）不应与《建筑设计防火规范》（GB 50016—2014）第 3.3.5 条规定外的其他建筑贴邻。

3. 两座一、二级耐火等级的厂房，当相邻较低一面外墙为防火墙且较低一座厂房的屋顶无天窗，屋顶的耐火极限不低于 1.00h，或相邻较高一面外墙的门、窗等开口部位设置甲级防火门、窗或防火分隔水幕或按《建筑设计防火规范》（GB 50016—2014）第 6.5.3 条的规定设置防火卷帘时，甲、乙类厂房之间的防火间距不应小于 6m；丙、丁、戊类厂房之间的防火间距不应小于 4m。

4. 发电厂内的主变压器，其油量可按单台确定。

5. 耐火等级低于四级的既有厂房，其耐火等级可按四级确定。

6. 当丙、丁、戊类厂房与丙、丁、戊类仓库相邻时，应符合本表注 2、3 的规定。

问题98：甲类仓库之间及与其他建筑、明火或散发火花地点、铁路、道路等的防火间距有哪些要求？

甲类仓库之间及与其他建筑、明火或散发火花地点、铁路、道路等的防火间距不应小于表3-5的规定。

甲类仓库之间及与其他建筑、明火或散发火花地点、铁路、道路等的防火间距（m）　表3-5

名称		甲类仓库（储量/t）			
		甲类储存物品第3、4项		甲类储存物品第1、2、5、6项	
		≤5	＞5	≤10	＞10
高层民用建筑、重要公共建筑		50			
裙房、其他民用建筑、明火或散发火花地点		30	40	25	30
甲类仓库		20	20	20	20
厂房和乙、丙、丁、戊类仓库	一、二级	15	20	12	15
	三级	20	25	15	20
	四级	25	30	20	25
电力系统电压为35～500kV且每台变压器容量不小于10MV·A的室外变、配电站，工业企业的变压器总油量大于5t的室外降压变电站		30	40	25	30
厂外铁路线中心线		40			
厂内铁路线中心线		30			
厂外道路路边		20			
厂内道路路边	主要	10			
	次要	5			

注：甲类仓库之间的防火间距，当第3、4项物品储量不大于2t，第1、2、5、6项物品储量不大于5t时，不应小于12m。甲类仓库与高层仓库的防火间距不应小于13m。

问题 99：乙、丙、丁、戊类仓库之间及与民用建筑的防火间距有哪些要求？

除《建筑设计防火规范》（GB 50016—2014）另有规定外，乙、丙、丁、戊类仓库之间及与民用建筑的防火间距，不应小于表 3-6 的规定。

乙、丙、丁、戊类仓库之间及与民用建筑的防火间距（m） **表 3-6**

<table>
<tr><th colspan="3" rowspan="3">名 称</th><th colspan="3">乙类仓库</th><th colspan="4">丙类仓库</th><th colspan="4">丁、戊类仓库</th></tr>
<tr><th colspan="2">单、多层</th><th>高层</th><th colspan="3">单、多层</th><th>高层</th><th colspan="3">单、多层</th><th>高层</th></tr>
<tr><th>一、二级</th><th>三级</th><th>一、二级</th><th>一、二级</th><th>三级</th><th>四级</th><th>一、二级</th><th>一、二级</th><th>三级</th><th>四级</th><th>一、二级</th></tr>
<tr><td rowspan="4">乙、丙、丁、戊类仓库</td><td rowspan="3">单、多层</td><td>一、二级</td><td>10</td><td>12</td><td>13</td><td>10</td><td>12</td><td>14</td><td>13</td><td>10</td><td>12</td><td>14</td><td>13</td></tr>
<tr><td>三级</td><td>12</td><td>14</td><td>15</td><td>12</td><td>14</td><td>16</td><td>15</td><td>12</td><td>14</td><td>16</td><td>15</td></tr>
<tr><td>四级</td><td>14</td><td>16</td><td>17</td><td>14</td><td>16</td><td>18</td><td>17</td><td>14</td><td>16</td><td>18</td><td>17</td></tr>
<tr><td>高层</td><td>一、二级</td><td>13</td><td>15</td><td>13</td><td>13</td><td>15</td><td>17</td><td>13</td><td>13</td><td>15</td><td>17</td><td>13</td></tr>
<tr><td rowspan="5">民用建筑</td><td rowspan="3">裙房，单、多层</td><td>一、二级</td><td colspan="3" rowspan="3">25</td><td>10</td><td>12</td><td>14</td><td>13</td><td>10</td><td>12</td><td>14</td><td>13</td></tr>
<tr><td>三级</td><td>12</td><td>14</td><td>16</td><td>15</td><td>12</td><td>14</td><td>16</td><td>15</td></tr>
<tr><td>四级</td><td>14</td><td>16</td><td>18</td><td>17</td><td>14</td><td>16</td><td>18</td><td>17</td></tr>
<tr><td rowspan="2">高层</td><td>一类</td><td colspan="3" rowspan="2">50</td><td>20</td><td>25</td><td>25</td><td>20</td><td>15</td><td>18</td><td>18</td><td>15</td></tr>
<tr><td>二类</td><td>15</td><td>20</td><td>20</td><td>15</td><td>13</td><td>15</td><td>15</td><td>13</td></tr>
</table>

注：1. 单层、多层戊类仓库之间的防火间距，可按本表的规定减少 2m。
2. 两座仓库的相邻外墙均为防火墙时，防火间距可以减小，但丙类仓库，不应小于 6m；丁、戊类仓库，不应小于 4m。两座仓库相邻较高一面外墙为防火墙，或相邻两座高度相同的一、二级耐火等级建筑中相邻任一侧外墙为防火墙且屋顶的耐火极限不低于 1.00h，且总占地面积不大于表 3-3 中一座仓库的最大允许占地面积规定时，其防火间距不限。
3. 除乙类第 6 项物品外的乙类仓库，与民用建筑的防火间距不宜小于 25m，与重要公共建筑的防火间距不应小于 50m，与铁路、道路等的防火间距不宜小于表 3-5 中甲类仓库与铁路、道路等的防火间距。

问题100：粮食筒仓与其他建筑、粮食筒仓组之间的防火间距有哪些要求？

粮食筒仓与其他建筑、粮食筒仓组之间的防火间距，不应小于表3-7的规定。

粮食筒仓与其他建筑、粮食筒仓组之间的防火间距（m） 表3-7

<table>
<tr><th rowspan="2">名称</th><th rowspan="2">粮食总储量 W/t</th><th colspan="3">粮食立筒仓</th><th colspan="2">粮食浅圆仓</th><th colspan="3">其他建筑</th></tr>
<tr><th>$W \leqslant 40000$</th><th>$40000 < W \leqslant 50000$</th><th>$W > 50000$</th><th>$W \leqslant 50000$</th><th>$W > 50000$</th><th>一、二级</th><th>三级</th><th>四级</th></tr>
<tr><td rowspan="4">粮食立筒仓</td><td>$500 < W \leqslant 10000$</td><td rowspan="2">15</td><td rowspan="3">20</td><td rowspan="3">25</td><td rowspan="3">20</td><td rowspan="3">25</td><td>10</td><td>15</td><td>20</td></tr>
<tr><td>$10000 < W \leqslant 40000$</td><td>15</td><td>20</td><td>25</td></tr>
<tr><td>$40000 < W \leqslant 50000$</td><td>20</td><td>20</td><td>25</td><td>30</td></tr>
<tr><td>$W > 50000$</td><td colspan="5">25</td><td>25</td><td>30</td><td>—</td></tr>
<tr><td rowspan="2">粮食浅圆仓</td><td>$W \leqslant 50000$</td><td>20</td><td>20</td><td>25</td><td>20</td><td>25</td><td>20</td><td>25</td><td>—</td></tr>
<tr><td>$W > 50000$</td><td colspan="5">25</td><td>25</td><td>30</td><td>—</td></tr>
</table>

注：1. 当粮食立筒仓、粮食浅圆仓与工作塔、接收塔、发放站为一个完整工艺单元的组群时，组内各建筑之间的防火间距不受本表限制。

2. 粮食浅圆仓组内每个独立仓的储量不应大于10000t。

问题101：甲、乙、丙类液体储罐（区）和乙、丙类液体桶装堆场与其他建筑的防火间距有哪些要求？

甲、乙、丙类液体储罐（区）和乙、丙类液体桶装堆场与其他建筑的防火间距，不应小于表3-8的规定。

甲、乙、丙类液体储罐（区）和乙、丙类液体桶装堆场与其他建筑的防火间距（m） 表 3-8

类别	一个罐区或堆场的总容量 V/m^3	建筑物				室外变、配电站
		一、二级		三级	四级	
		高层民用建筑	裙房，其他建筑			
甲、乙类液体储罐（区）	$1 \leqslant V < 50$	40	12	15	20	30
	$50 \leqslant V < 200$	50	15	20	25	35
	$200 \leqslant V < 1000$	60	20	25	30	40
	$1000 \leqslant V < 5000$	70	25	30	40	50
丙类液体储罐（区）	$5 \leqslant V < 250$	40	12	15	20	24
	$250 \leqslant V < 1000$	50	15	20	25	28
	$1000 \leqslant V < 5000$	60	20	25	30	32
	$5000 \leqslant V < 25000$	70	25	30	40	40

注：1. 当甲、乙类液体储罐和丙类液体储罐布置在同一储罐区时，罐区的总容量可按 $1m^3$ 甲、乙类液体相当于 $5m^3$ 丙类液体折算。

2. 储罐防火堤外侧基脚线至相邻建筑的距离不应小于 10m。

3. 甲、乙、丙类液体的固定顶储罐区或半露天堆场，乙、丙类液体桶装堆场与甲类厂房（仓库）、民用建筑的防火间距，应按本表的规定增加 25%，且甲、乙类液体的固定顶储罐区或半露天堆场，乙、丙类液体桶装堆场与甲类厂房（仓库）、裙房、单、多层民用建筑的防火间距不应小于 25m，与明火或散发火花地点的防火间距应按本表有关四级耐火等级建筑物的规定增加 25%。

4. 浮顶储罐区或闪点大于 120℃ 的液体储罐区与其他建筑的防火间距，可按本表的规定减少 25%。

5. 当数个储罐区布置在同一库区内时，储罐区之间的防火间距不应小于本表相应容量的储罐区与四级耐火等级建筑物防火间距的较大值。

6. 直埋地下的甲、乙、丙类液体卧式罐，当单罐容量不大于 $50m^3$，总容量不大于 $200m^3$ 时，与建筑物的防火间距可按本表规定减少 50%。

7. 室外变、配电站指电力系统电压为 35～500kV 且每台变压器容量不小于 10MV·A 的室外变电站、配电站和工业企业的变压器总油量大于 5t 的室外降压变电站。

问题102：甲、乙、丙类液体储罐之间的防火间距有哪些要求？

甲、乙、丙类液体储罐之间的防火间距不应小于表3-9的规定。

甲、乙、丙类液体储罐之间的防火间距（m）　　表3-9

<table>
<tr><th colspan="3" rowspan="2">类　别</th><th colspan="3">固定顶储罐</th><th rowspan="2">浮顶储罐或设置充氮保护设备的储罐</th><th rowspan="2">卧式储罐</th></tr>
<tr><th>地上式</th><th>半地下式</th><th>地下式</th></tr>
<tr><td rowspan="2">甲、乙类液体储罐</td><td rowspan="3">单罐容量 V/m^3</td><td>$V\leqslant 1000$</td><td>$0.75D$</td><td rowspan="2">$0.5D$</td><td rowspan="2">$0.4D$</td><td rowspan="2">$0.4D$</td><td rowspan="3">≥0.8m</td></tr>
<tr><td>$V>1000$</td><td>$0.6D$</td></tr>
<tr><td>丙类液体储罐</td><td>不限</td><td>0.4D</td><td>不限</td><td>不限</td><td>—</td></tr>
</table>

注：1. D为相邻较大立式储罐的直径（m），矩形储罐的直径为长边与短边之和的一半。

2. 不同液体、不同形式储罐之间的防火间距不应小于本表规定的较大值。

3. 两排卧式储罐之间的防火间距不应小于3m。

4. 当单罐容量不大于1000m³且采用固定冷却系统时，甲、乙类液体的地上式固定顶储罐之间的防火间距不应小于$0.6D$。

5. 地上式储罐同时设置液下喷射泡沫灭火系统、固定冷却水系统和扑救防火堤内液体火灾的泡沫灭火设施时，储罐之间的防火间距可适当减小，但不宜小于$0.4D$。

6. 闪点大于120℃的液体，当单罐容量大于1000m³时，储罐之间的防火间距不应小于5m；当单罐容量不大于1000m³时，储罐之间的防火间距不应小于2m。

问题103：甲、乙、丙类液体储罐成组布置时有哪些规定？

甲、乙、丙类液体储罐成组布置时，应符合下列规定：

（1）组内储罐的单罐容量和总容量不应大于表3-10的规定。

甲、乙、丙类液体储罐分组布置的最大容量　　表 3-10

类　别	单罐最大容量/m^3	一组罐最大容量/m^3
甲、乙类液体	200	1000
丙类液体	500	3000

（2）组内储罐的布置不应超过两排。甲、乙类液体立式储罐之间的防火间距不应小于 2m，卧式储罐之间的防火间距不应小于 0.8m；丙类液体储罐之间的防火间距不限。

（3）储罐组之间的防火间距应根据组内储罐的形式和总容量折算为相同类别的标准单罐，按表 3-9 的规定确定。

问题 104：甲、乙、丙类液体储罐与其泵房、装卸鹤管的防火间距有哪些要求？

据调查，目前国内一些甲、乙类液体储罐与泵房的距离一般在 14～20m 之间，与铁路装卸栈桥一般在 18～23m 之间。

发生火灾时，储罐对泵房等的影响与罐容和所存可燃液体的量有关，泵房等对储罐的影响相对较小。但从引发的火灾情况看，往往是两者相互作用的结果。因此，甲、乙、丙类液体储罐与其泵房、装卸鹤管的防火间距不应小于表 3-11 的规定。

甲、乙、丙类液体储罐与其泵房、装卸鹤管的防火间距（m）　　表 3-11

液体类别和储罐形式		泵房	铁路或汽车装卸鹤管
甲、乙类液体储罐	拱顶罐	15	20
	浮顶罐	12	15
丙类液体储罐		10	12

注：1. 总容量不大于 1000m^3 的甲、乙类液体储罐和总容量不大于 5000m^3 的丙类液体储罐，其防火间距可按本表的规定减少 25%。

2. 泵房、装卸鹤管与储罐防火堤外侧基脚线的距离不应小于 5m。

问题105：甲、乙、丙类液体装卸鹤管与建筑物、厂内铁路线的防火间距有哪些要求？

甲、乙、丙类液体装卸鹤管与建筑物、厂内铁路线的防火间距不应小于表3-12的规定。

甲、乙、丙类液体装卸鹤管与建筑物、厂内铁路线的防火间距（m） 表3-12

名称	建筑物			厂内铁路线	泵房
	一、二级	三级	四级		
甲、乙类液体装卸鹤管	14	16	18	20	8
丙类液体装卸鹤管	10	12	14	10	

注：装卸鹤管与其直接装卸用的甲、乙、丙类液体装卸铁路线的防火间距不限。

问题106：甲、乙、丙类液体储罐与铁路、道路的防火间距有哪些要求？

甲、乙、丙类液体储罐与铁路走行线的距离，主要考虑蒸汽机车飞火对储罐的威胁，而飞火的控制距离难以准确确定，但机车的飞火通常能量较小，一定距离后即会快速衰减，因此，甲、乙、丙类液体储罐与铁路、道路的防火间距不应小于表3-13的规定。

甲、乙、丙类液体储罐与铁路、道路的防火间距（m） 表3-13

名称	厂外铁路线中心线	厂内铁路线中心线	厂外道路路边	厂内道路路边	
				主要	次要
甲、乙类液体储罐	35	25	20	15	10
丙类液体储罐	30	20	15	10	5

问题107：石油库内建（构）筑物、设施之间的防火距离有哪些要求？

石油库内建（构）筑物、设施之间的防火距离（储罐与储罐之间的距离除外），不应小于表3-14的规定。

石油库内建(构)筑物、设施之间的防火距离(m)　　表 3-14

序号	建(构)筑物和设施名称		易燃和可燃液体泵房		灌桶间		汽车罐车装卸设施		铁路罐车装卸设施		液体装卸码头		桶装液体库房		隔油池		消防车库、消防泵房	露天变配电所变压器、柴油发电机间		独立变配电间	办公用房、中心控制室、宿舍、食堂等人员集中场所	铁路机车走行线	有明火及散发火花的建(构)筑物及地点	油罐车库	库区围墙	其他建(构)筑物	河(海岸边)
			甲B、乙类液体	丙类液体	甲B、乙类液体	丙类液体	甲B、乙类液体	丙类液体	甲B、乙类液体	丙类液体	甲B、乙类液体	丙类液体	甲B、乙类液体	丙类液体	150m³及以下	150m³以上		10kV及以下	10kV以上								
			10	11	12	13	14	15	16	17	18	19	20	21	22	23	24	25	26	27	28	29	30	31	32	33	34
1	外浮顶储罐、内浮顶储罐、覆土立式油罐、储存丙类液体的立式固定顶储罐	V≥50000	20	15	30	25	30/23	23	30/23	23	50	35	30	25	25	30	40	40	50	40	60	35	35	28	25	25	30
2		500<V<50000	15	11	19	15	20/15	15	20/15	15	35	25	20	15	19	23	26	25	30	25	38	19	26	23	11	19	30
3		1000<V≤5000	11	9	15	11	15/11	11	15/11	11	30	23	15	11	15	19	23	19	23	19	30	19	26	19	7.5	15	30
4		V≤1000	9	7.5	11	9	11/9	9	11	11	26	23	11	9	11	15	19	15	23	11	23	19	26	15	6	11	20
5	储存甲B、乙类液体的立式固定顶储罐	V>5000	20	15	25	20	25/20	20	25/20	20	50	35	25	20	25	30	35	32	39	32	50	25	35	30	15	25	30
6		1000<V≤5000	15	11	20	15	20/15	15	20/15	15	40	30	20	15	20	25	30	25	30	25	40	25	35	25	10	20	30
7		V≤1000	12	10	15	11	15/11	11	15/11	11	35	30	15	11	15	20	25	20	30	15	30	25	35	20	8	15	20

续表

序号	建(构)筑物和设施名称	易燃和可燃液体泵房		灌桶间		汽车罐车装卸设施		铁路罐车装卸设施		液体装卸码头		桶装液体库房		隔油池		消防车库、消防泵房	露天变配电所变压器、柴油发电机间		独立变配电间	办公用房、中心控制室、宿舍、食堂等人员集中场所	铁路机车走行线	有明火及散发火花的建(构)筑物及地点	油罐车库	库区围墙	其他建(构)筑物	河(海岸边)
		甲B、乙类液体	丙类液体	甲B、乙类液体	丙类液体	甲B、乙类液体	丙类液体	甲B、乙类液体	丙类液体	甲B、乙类液体	丙类液体	甲B、乙类液体	丙类液体	150m³及以下	150m³以上		10kV及以下	10kV以上								
		10	11	12	13	14	15	16	17	18	19	20	21	22	23	24	25	26	27	28	29	30	31	32	33	34
8	甲B、乙类液体地上卧式储罐	9	7.5	11	8	11/8	8	11/8	8	25	20	11	8	11	15	19	15	23	11	23	19	25	15	6	11	20
9	覆土卧式油罐、丙类液体地上卧式储罐	7	6	8	6	8/6	6	8/6	6	20	15	8	6	8	11	15	11	15	8	18	15	20	11	4.5	8	20
10	易燃和可燃液体泵房 甲B、乙类液体	12	12	12	12	15/15	11	8/8	6	15	15	12	12	15/7.5	20/10	30	15	20	15	30	15	20	15	10	12	10
11	易燃和可燃液体泵房 丙类液体	12	9	12	9	15/11	8	8/6	6	15	11	12	9	10/5	15/7.5	15	10	15	10	20	12	15	12	5	10	10
12	灌桶间 甲B、乙类液体	12	12	12	12	15/11	11	15/11	11	15	15	12	12	20/10	25/12.5	12	20	30	15	40	20	30	15	10	12	10
13	灌桶间 丙类液体	12	9	12	9	15/11	8	15/11	11	15	11	12	9	15/7.5	20/10	10	10	20	10	25	15	20	12	5	10	10

续表

序号	建(构)筑物和设施名称		易燃和可燃液体泵房		灌桶间		汽车罐车装卸设施		铁路罐车装卸设施		液体装卸码头		桶装液体库房		隔油池		消防车库、消防泵房	露天变配电所变压器、柴油发电机间		独立变配电间	办公用房、中心控制室、宿舍、食堂等人员集中场所	铁路机车走行线	有明火及散发火花的建(构)筑物及地点	油罐车库	库区围墙	其他建(构)筑物	河(海岸边)
			甲B、乙类液体	丙类液体	甲B、乙类液体	丙类液体	甲B、乙类液体	丙类液体	甲B、乙类液体	丙类液体	甲B、乙类液体	丙类液体	甲B、乙类液体	丙类液体	$150m^3$及以下	$150m^3$以上		10kV及以下	10kV以上								
			10	11	12	13	14	15	16	17	18	19	20	21	22	23	24	25	26	27	28	29	30	31	32	33	34
14	汽车罐车装卸设施	甲B、乙类液体	15/15	15/11	15/11	15/11	—	—	15/11	15/11	15	15	15/11	15/11	20/15	25/19	15/15	20/15	30/23	15/11	30/23	20/15	30/23	30	15/11	15/11	10
15		丙类液体	11	8	11	8	—	—	15/11	11	15	11	11	8	15/7.5	20/10	12	10	20	10	20	15	20	15	5	11	10
16	铁路罐车装卸设施	甲B、乙类液体	8/8	8/6	15/11	15/11	15/11	15/11	见《石油库设计规范》GB 50074—2014第8.1节		20/20	20/15	8/8	8/8	25/19	30/23	15/15	20/15	30/23	15/11	30/23	20/15	30/23	20	15/11	15/11	10
17		丙类液体	6	6	11	11	15/11	11			20	15	8	8	20/10	25/12.5	12	10	20	10	20	15	20	15	5	10	10
18	液体装卸码头	甲B、乙类液体	15	15	15	15	15	15	20/20	20	见《石油库设计规范》GB 50074—2014第8.3节		15	15	25/19	30/23	25	20	30	15	45	20	40	20	—	15	—
19		丙类液体	15	11	15	11	15	11	20/15	15			15	11	20/10	25/12.5	20	10	20	10	30	15	30	15	—	12	—

续表

序号	建(构)筑物和设施名称		易燃和可燃液体泵房		灌桶间		汽车罐车装卸设施		铁路罐车装卸设施		液体装卸码头		桶装液体库房		隔油池		消防车库、消防泵房	露天变配电所变压器、柴油发电机间		独立变配电间	办公用房、中心控制室、宿舍、食堂等人员集中场所	铁路机车走行线	有明火及散发火花的建(构)筑物及地点	油罐车库	库区围墙	其他建(构)筑物	河(海岸边)
			甲B、乙类液体	丙类液体	甲B、乙类液体	丙类液体	甲B、乙类液体	丙类液体	甲B、乙类液体	丙类液体	甲B、乙类液体	丙类液体	甲B、乙类液体	丙类液体	$150m^3$及以下	$150m^3$以上		10kV及以下	10kV以上								
			10	11	12	13	14	15	16	17	18	19	20	21	22	23	24	25	26	27	28	29	30	31	32	33	34
20	桶装液体库房	甲B、乙类液体	12	12	12	12	15/11	11	8/8	8	15	15	12	12	15/7.5	20/10	20	15	20	12	40	15	30	15	5	12	10
21		丙类液体	12	9	12	10	15/11	8	8/8	8	15	11	12	10	10/5	15/7.5	15	10	10	10	25	10	20	10	5	10	10
22	隔油池	$150m^3$及以下	15/7.5	10/5	20/10	15/7.5	20/15	15/7.5	25/19	20/10	25/19	20/10	15/7.5	10/5	—	—	20/15	15/11	20/15	15/11	30/23	15/7.5	30/23	15/11	10/5	15/7.5	10
23		$150m^3$以上	20/10	15/7.5	25/12.5	20/10	25/19	20/10	30/23	25/12.5	30/23	25/12.5	20/10	15/7.5	—	—	25/19	20/15	30/23	20/15	40/30	20/10	40/30	20/15	10/5	15/7.5	

注：1. 表中V指储罐单罐容量，单位为m^3。

2. 序号14中，分子数字为未采用油气回收设施的汽车罐车装卸设施与建（构）筑物或设施的防火距离，分母数字为采用油气回收设施的汽车罐车装卸设施与建（构）筑物或设施的防火距离。
3. 序号16中，分子数字为用于装车作业的铁路线与建（构）筑物或设施的防火距离，分母数字为油气回收设施的铁路罐车装卸设施或仅用于卸车作业的铁路线与建（构）筑物的防火距离。
4. 序号14与序号16相交数字的分母，仅适用于相邻装车设施均采用油气回收设施的情况。
5. 序号22、23中的隔油池，系指设置在罐组防火堤外的隔油池。其中分母数字为有盖板的密闭式隔油池与建（构）筑物或设施的防火距离，分子数字为无盖板的隔油池与建（构）筑物或设施的防火距离。
6. 罐组专用变配电间和机柜间与石油库内各建（构）筑物或设施的防火距离，应与易燃和可燃液体泵房相同，但变配电间和机柜间的门窗应位于易燃液体设备的爆炸危险区域之外。
7. 焚烧式可燃气体回收装置应按有明火及散发火花的建（构）筑物及地点执行，其他形式的可燃气体回收处理装置应按甲、乙类液体泵房执行。
8. Ⅰ、Ⅱ级毒性液体的储罐、设备和设施与石油库内其他建（构）筑物、设施之间的防火距离，应按相应火灾危险性类别在本表规定的基础上增加30%。
9. "—"表示没有防火距离要求。

问题 108：可燃气体储罐与建筑物、储罐、堆场等的防火间距有哪些要求？

可燃气体储罐指盛装氢气、甲烷、乙烷、乙烯、氨气、天然气、油田伴生气、水煤气、半水煤气、发生炉煤气、高炉煤气、焦炉煤气、伍德炉煤气、矿井煤气等可燃气体的储罐。

可燃气体储罐分低压和高压两种。低压可燃气体储罐的几何容积是可变的，分湿式和干式两种。湿式可燃气体储罐的设计压力通常小于 4kPa，干式可燃气体储罐的设计压力通常小于 8kPa。高压可燃气体储罐的几何容积是固定的，外形有卧式圆筒形和球形两种。卧式储气罐容积较小，通常不大于 120m³。球型储气罐的罐的容积较大，最大容积可达 10000m³。这类储罐的设计压力通常为 1.0～1.6MPa。

可燃气体储罐与建筑物、储罐、堆场等的防火间距应符合下列规定：

（1）湿式可燃气体储罐与建筑物、储罐、堆场等的防火间距不应小于表 3-15 的规定。

湿式可燃气体储罐与建筑物、储罐、堆场等的防火间距（m）　表 3-15

名称	湿式可燃气体储罐（总容积 V/m³）				
	V＜1000	1000≤V＜10000	10000≤V＜50000	50000≤V＜100000	100000≤V＜300000
甲类仓库 甲、乙、丙类液体储罐 可燃材料堆场 室外变、配电站 明火或散发火花的地点	20	25	30	35	40
高层民用建筑	25	30	35	40	45
裙房，单、多层民用建筑	18	20	25	30	35

续表

名称		湿式可燃气体储罐（总容积V/m^3）				
		$V<1000$	$1000\leqslant V<10000$	$10000\leqslant V<50000$	$50000\leqslant V<100000$	$100000\leqslant V<300000$
其他建筑	一、二级	12	15	20	25	30
	三级	15	20	25	30	35
	四级	20	25	30	35	40

注：固定容积可燃气体储罐的总容积按储罐几何容积（m^3）和设计储存压力（绝对压力，10^5Pa）的乘积计算。

（2）固定容积的可燃气体储罐与建筑物、储罐、堆场等的防火间距不应小于表3-15的规定。

（3）干式可燃气体储罐与建筑物、储罐、堆场等的防火间距：当可燃气体的密度比空气大时，应按表3-15的规定增加25%；当可燃气体的密度比空气小时，可按表3-15的规定确定。

（4）湿式或干式可燃气体储罐的水封井、油泵房和电梯间等附属设施与该储罐的防火间距，可按工艺要求布置。

（5）容积不大于20m^3的可燃气体储罐与其使用厂房的防火间距不限。

问题109：可燃气体储罐（区）之间的防火间距有哪些要求？

可燃气体储罐或储罐区之间的防火间距，是发生火灾时减少相互间的影响和便于灭火救援和施工、安装、检修所需的距离。

可燃气体储罐（区）之间的防火间距应符合下列规定：

（1）湿式可燃气体储罐或干式可燃气体储罐之间及湿式与干式可燃气体储罐的防火间距，不应小于相邻较大罐直径的1/2。

（2）固定容积的可燃气体储罐之间的防火间距不应小于相邻较大罐直径的2/3。

（3）固定容积的可燃气体储罐与湿式或干式可燃气体储罐的

防火间距，不应小于相邻较大罐直径的 1/2。

(4) 数个固定容积的可燃气体储罐的总容积大于 200000m^3时，应分组布置。卧式储罐组之间的防火间距不应小于相邻较大罐长度的一半；球形储罐组之间的防火间距不应小于相邻较大罐直径，且不应小于 20m。

问题 110：氧气储罐与建筑物、储罐、堆场等的防火间距有哪些要求？

氧气为助燃气体，其火灾危险性属乙类，通常储存于钢罐内。氧气储罐与民用建筑，甲、乙、丙类液体储罐，可燃材料堆场的防火间距，主要考虑这些建筑在火灾时的相互影响和灭火救援的需要。确定防火间距时，将氧气罐视为一、二级耐火等级建筑，与储罐外的其他建筑物的防火间距原则按厂房之间的防火间距考虑。

氧气储罐与建筑物、储罐、堆场等的防火间距应符合下列规定：

(1) 湿式氧气储罐与建筑物、储罐、堆场等的防火间距不应小于表 3-16 的规定。

湿式氧气储罐与建筑物、储罐、堆场等的防火间距（m）　表 3-16

名称		湿式氧气储罐（总容积 V/m^3）		
		$V<1000$	$1000\leqslant V<50000$	$V>50000$
明火或散发火花地点		25	30	35
甲、乙、丙类液体储罐，可燃材料堆场，甲类仓库，室外变、配电站		20	25	30
民用建筑		18	20	25
其他建筑	一、二级	10	12	14
	三级	12	14	16
	四级	14	16	18

注：固定容积氧气储罐的总容积按储罐几何容积（m^3）和设计储存压力（绝对压力，10^5Pa）的乘积计算。

（2）氧气储罐之间的防火间距不应小于相邻较大罐直径的1/2。

（3）氧气储罐与可燃气体储罐的防火间距不应小于相邻较大罐的直径。

（4）固定容积的氧气储罐与建筑物、储罐、堆场等的防火间距不应小于表 3-16 的规定。

（5）氧气储罐与其制氧厂房的防火间距可按工艺布置要求确定。

（6）容积不大于 $50m^3$ 的氧气储罐与其使用厂房的防火间距不限。

注：$1m^3$ 液氧折合标准状态下 $800m^3$ 气态氧。

问题 111：可燃、助燃气体储罐与铁路、道路的防火间距有哪些要求？

可燃、助燃气体储罐发生火灾时，对铁路、道路威胁较甲、乙、丙类液体储罐小，因此，可燃、助燃气体储罐与铁路、道路的防火间距不应小于表 3-17 的规定。

可燃、助燃气体储罐与铁路、道路的防火间距（m）　表 3-17

名　称	厂外铁路线中心线	厂内铁路线中心线	厂外道路路边	厂内道路路边	
				主要	次要
可燃、助燃气体储罐	25	20	15	10	5

问题 112：液化天然气气化站的防火间距有哪些要求？

液化天然气是以甲烷为主要组分的烃类混合物，液化天然气的自燃点、爆炸极限均比液化石油气的高。当液化天然气的温度高于－112℃时，液化天然气的蒸气比空气轻，易向高处扩散，而液化石油气蒸气比空气重，易在低处聚集而引发火灾或爆炸，以上特点使液化天然气在运输、储存和使用上比液化石油气要安全。

液化天然气气化站的液化天然气储罐（区）与站外建筑等的防火间距不应小于表 3-18 的规定，与表 3-18 未规定的其他建筑的防火间距应符合表 3-19 的规定。

液化天然气气化站的液化天然气储罐（区）与站外建筑等的防火间距（m）　表 3-18

名称	液化天然气储罐（区）（总容积 V/m^3）							集中放散装置的天然气放散总管
	$V\leqslant10$	$10<V\leqslant30$	$30<V\leqslant50$	$50<V\leqslant200$	$200<V\leqslant500$	$500<V\leqslant1000$	$1000<V\leqslant2000$	
单罐容积 V/m^3	$V\leqslant10$	$V\leqslant30$	$V\leqslant50$	$V\leqslant200$	$V\leqslant500$	$V\leqslant1000$	$V\leqslant2000$	
居住区、村镇和重要公共建筑（最外侧建筑物的外墙）	30	35	45	50	70	90	110	45
工业企业（最外侧建筑物的外墙）	22	25	27	30	35	40	50	20
明火或散发火花地点，室外变、配电站	30	35	45	50	55	60	70	30
其他民用建筑，甲、乙类液体储罐，甲、乙类仓库，甲、乙类厂房，秸秆、芦苇、打包废纸等材料堆场	27	32	40	45	50	55	65	25
丙类液体储罐，可燃气体储罐，丙、丁类厂房，丙、丁类仓库	25	27	32	35	40	45	55	20

续表

名称		液化天然气储罐（区）（总容积 V/m^3）							集中放散装置的天然气放散总管
		$V \leqslant 10$	$10 < V \leqslant 30$	$30 < V \leqslant 50$	$50 < V \leqslant 200$	$200 < V \leqslant 500$	$500 < V \leqslant 1000$	$1000 < V \leqslant 2000$	
单罐容积 V/m^3		$V \leqslant 10$	$V \leqslant 30$	$V \leqslant 50$	$V \leqslant 200$	$V \leqslant 500$	$V \leqslant 1000$	$V \leqslant 2000$	
公路（路边）	高速，Ⅰ、Ⅱ级，城市快速	20			25				15
	其他	15			20				10
架空电力线（中心线）		1.5 倍杆高					1.5 倍杆高，但 35kV 及以上架空电力线不应小于 40m		2.0 倍杆高
架空通信线（中心线）	Ⅰ、Ⅱ级	1.5 倍杆高		30		40			1.5 倍杆高
	其他	1.5 倍杆高							
铁路（中心线）	国家线	40	50	60	70		80		40
	企业专用线	25			30		35		30

注：居住区、村镇指 1000 人或 300 户及以上者；当少于 1000 人或 300 户时，相应防火间距应按本表有关其他民用建筑的要求确定。

液化天然气气化站的液化天然气储罐、集中放散装置的天然气放散总管与站外建、构筑物的防火间距（m）　表 3-19

项目 \ 名称	储罐总容积/m^3							集中放散装置的天然气放散总管
	$\leqslant 10$	$>10 \sim \leqslant 30$	$>30 \sim \leqslant 50$	$>50 \sim \leqslant 200$	$>200 \sim \leqslant 500$	$>500 \sim \leqslant 1000$	$>1000 \sim \leqslant 2000$	
居住区、村镇和影剧院、体育馆、学校等重要公共建筑（最外侧建、构筑物的外墙）	30	35	45	50	70	90	110	45

续表

名称 项目		储罐总容积/m³							集中放散装置的天然气放散总管
		≤10	>10～≤30	>30～≤50	>50～≤200	>200～≤500	>500～≤1000	>1000～≤2000	
工业企业（最外侧建、构筑物的外墙）		22	25	27	30	35	40	50	20
明火、散发火花地点和室外变、配电站		30	35	45	50	55	60	70	30
民用建筑，甲、乙类液体储罐，甲、乙类生产厂房，甲、乙类物品仓库，稻草易燃材料堆场		27	32	40	45	50	55	65	25
丙类液体储罐，可燃气体储罐，丙、丁类生产厂房，丙、丁类物品仓库		25	27	32	35	40	45	55	20
铁路（中心线）	国家线	40	50	60	70		80		40
	企业专用线	25			30		35		30
公路、道路（路边）	高速，Ⅰ、Ⅱ级，城市快速	20			25				15
	其他	15			20				10
架空电力线（中心线）		1.5倍杆高					1.5倍杆高，但35kV及以上架空电力线不应小于40m		2.0倍杆高

续表

项目 \ 名称		储罐总容积/m³							集中放散装置的天然气放散总管
		≤10	>10~≤30	>30~≤50	>50~≤200	>200~≤500	>500~≤1000	>1000~≤2000	
架空通信线（中心线）	Ⅰ、Ⅱ级	1.5 倍杆高		30		40			1.5 倍杆高
	其他	1.5 倍杆高							

注：1. 居住区、村镇系指 1000 人或 300 户及以上者，以下者按本表民用建筑执行。

2. 与本表规定以外的其他建、构筑物的防火间距应按现行国家标准《建筑设计防火规范》（GB 50016—2014）执行。

3. 间距的计算应以储罐的最外侧为准。

问题 113：液化石油气供应基地的防火间距有哪些规定？

液化石油气是以丙烷、丙烯、丁烷、丁烯等低碳氢化合物为主要成分的混合物，闪点低于－45℃，爆炸极限范围为 2%～9%，为火灾和爆炸危险性高的甲类火灾危险性物质。液化石油气通常以液态形式常温储存，饱和蒸气压随环境温度变化而变化，一般在 0.2～1.2MPa。1m³液态液化石油气可气化成 250～300m³的气态液化石油气。与空气混合形成 3000～15000m³的爆炸性混合气体。

液化石油气着火能量很低（3×10^{-4}～4×10^{-4}J），电话、步话机、手电筒开关时产生的火花即可成为爆炸、燃烧的点火源，火焰扑灭后易复燃。液态液化石油气的密度为水的一半（0.5～0.6t/m³）。发生火灾后用水难以扑灭；气态液化石油气的比重比空气重一倍（2.0～2.5kg/m³），泄漏后易在低洼或通风不良处窝存而形成爆炸性混合气体。此外，液化石油气储罐破裂时，罐内压力急剧下降，罐内液态液化石油气会立即气化成大量气体，并向上空喷出形成蘑菇云，继而降至地面向四周扩散，与空气混合形成爆炸性气体。一旦被引燃即发生爆炸，继之大火以火球形式返回罐区形成火海，致使储罐发生连续性爆炸。因此，一旦液化石油气储罐发生泄漏，危险性高，危害极大。

液化石油气供应基地的全压式和半冷冻式储罐（区），与明火或散发火花地点和基地外建筑等的防火间距不应小于表 3-20 的规定，与表 3-20 未规定的其他建筑的防火间距应符合表 3-21 的规定。

液化石油气供应基地的全压式和半冷冻式储罐（区）与明火或散发火花地点和基地外建筑等的防火间距（m）　表 3-20

名　称	液化石油气储罐（区）（总容积 V/m^3）						
	$30<V\leqslant 50$	$50<V\leqslant 200$	$200<V\leqslant 500$	$500<V\leqslant 1000$	$1000<V\leqslant 2500$	$2500<V\leqslant 5000$	$5000<V\leqslant 10000$
单罐容积 V/m^3	$V\leqslant 20$	$V\leqslant 50$	$V\leqslant 100$	$V\leqslant 200$	$V\leqslant 400$	$V\leqslant 1000$	$V>1000$
居住区、村镇和重要公共建筑（最外侧建筑物的外墙）	45	50	70	90	110	130	150
工业企业（最外侧建筑物的外墙）	27	30	35	40	50	60	75
明火或散发火花地点，室外变、配电站	45	50	55	60	70	80	120
其他民用建筑，甲、乙类液体储罐，甲、乙类仓库，甲、乙类厂房，秸秆、芦苇、打包废纸等材料堆场	40	45	50	55	65	75	100
丙类液体储罐，可燃气体储罐，丙、丁类厂房，丙、丁类仓库	32	35	40	45	55	65	80
助燃气体储罐，木材等材料堆场	27	30	35	40	50	60	75

续表

名称		液化石油气储罐（区）（总容积V/m^3）						
		30<V≤50	50<V≤200	200<V≤500	500<V≤1000	1000<V≤2500	2500<V≤5000	5000<V≤10000
其他建筑	一、二级	18	20	22	25	30	40	50
	三级	22	25	27	30	40	50	60
	四级	27	30	35	40	50	60	75
公路（路边）	高速，Ⅰ、Ⅱ级	20	25					30
	Ⅲ、Ⅳ级	15	20					25
架空电力线（中心线）		应符合《建筑设计防火规范》（GB 50016—2014）第10.2.1条的规定						
架空通信线（中心线）	Ⅰ、Ⅱ级	30		40				
	Ⅲ、Ⅳ级	1.5倍杆高						
铁路（中心线）	国家线	60	70		80		100	
	企业专用线	25	30		35		40	

注：1. 防火间距应按本表储罐区的总容积或单罐容积的较大者确定。
2. 当地下液化石油气储罐的单罐容积不大于50m³，总容积不大于400m³时，其防火间距可按本表的规定减少50%。
3. 居住区、村镇指1000人或300户及以上者；当少于1000人或300户时，相应防火间距应按本表有关其他民用建筑的要求确定。

液化石油气供应基地的全压力式储罐与基地外建、构筑物、堆场的防火间距（m）　　表3-21

项目 \ 总容积/m³	≤50	>50～≤200	>200～≤500	>500～≤1000	>1000～≤2500	>2500～≤5000	>5000
单罐容积/m³	≤20	≤50	≤100	≤200	≤400	≤1000	—
居住区、村镇和学校、影剧院、体育馆等重要公共建筑（最外侧建、构筑物外墙）	45	50	70	90	110	130	150
工业企业（最外侧建、构筑物外墙）	27	30	35	40	50	60	75

续表

项目			≤50	>50～≤200	>200～≤500	>500～≤1000	>1000～≤2500	>2500～≤5000	>5000
总容积/m^3			≤50	>50～≤200	>200～≤500	>500～≤1000	>1000～≤2500	>2500～≤5000	>5000
单罐容积/m^3			≤20	≤50	≤100	≤200	≤400	≤1000	—
明火、散发火花地点和室外变、配电站			45	50	55	60	70	80	120
民用建筑，甲、乙类液体储罐，甲、乙类生产厂房，甲、乙类物品仓库，稻草等易燃材料堆场			40	45	50	55	65	75	100
丙类液体储罐，可燃气体储罐，丙、丁类生产厂房，丙、丁类物品仓库			32	35	40	45	55	65	80
助燃气体储罐，木材等可燃材料堆场			27	30	35	40	50	60	75
其他建筑	耐火等级	一、二级	18	20	22	25	30	40	50
		三级	22	25	27	30	40	50	60
		四级	27	30	35	40	50	60	75
铁路（中心线）	国家线		60	70		80		100	
	企业专用线		25	30		35		40	
公路、道路（路边）	高速，Ⅰ、Ⅱ级，城市快速		20	25					30
	Ⅲ、Ⅳ级		15	20					25
架空电力线（中心线）			1.5 倍杆高				1.5 倍杆高，但 35kV 以上架空电力线不应小于 40		
架空通信线（中心线）	Ⅰ、Ⅱ级		30		40				
	其他		1.5 倍杆高						

注：1. 防火间距应按本表储罐总容积或单罐容积较大者确定，间距的计算应以储罐外壁为准。
2. 居住区、村镇系指 1000 人或 300 户及以上者，以下者按本表民用建筑执行。
3. 当地下储罐单罐容积小于或等于 $50m^3$，且总容积小于或等于 $400m^3$ 时，其防火间距可按本表减少 50%。
4. 与本表规定以外的其他建、构筑物的防火间距，应按现行国家标准《建筑设计防火规范》（GB 50016—2014）执行。

有关防火间距规定的主要确定依据：

（1）根据液化石油气爆炸实例，当储罐发生液化石油气泄漏后，与空气混合并遇到点火源发生爆炸后，危及范围与单罐和罐区的总容积、破坏程度、泄漏量大小、地理位置、气象、风速以及消防设施和扑救情况等因素有关。当储罐和罐区容积较小，泄漏量不大时，爆炸和火灾的波及范围，近者20～30m，远者50～60m。当储罐和罐区容积较大，泄漏量很大时。爆炸和火灾的波及范围通常在100～300m，有资料记载，最远可达1500m。

（2）考虑了当前我国液化石油气行业设备制造安装、安全设施装备和管理的水平等现状。液化石油气单罐容积大于1000m^3和罐区总容积大于5000m^3的储存站，属特大型储存站，万一发生火灾或爆炸，其危及的范围也大，故有必要加大其防火间距要求。

问题114：全冷冻式液化石油气储罐、液化石油气气化站、混气站的储罐与周围建筑的防火间距有哪些规定？

有关全冷冻式液化石油气储罐和液化石油气气化站、混气站的储罐与重要公共建筑和其他民用建筑、道路等的防火间距，为保证安全，便于使用，与现行国家标准《城镇燃气设计规范》(GB 50028—2006)管理组协商后，将有关防火间距在《城镇燃气设计规范》中作详细规定，《城镇燃气设计规范》(GB 50028—2006)关于液化石油气供应基地的全冷冻式储罐与基地外建、构筑物、堆场的防火间距不应小于表3-22的规定，与基地内道路和围墙的防火间距可按表3-23的规定执行。

液化石油气供应基地的全冷冻式储罐与基地外建、构筑物、堆场的防火间距（m）　　表3-22

项　目	间　距
明火、散发火花地点和室外变配电站	120
居住区、村镇和学校、影剧院、体育场等重要公共建筑（最外侧建、构筑物外墙）	150

续表

<table>
<tr><th colspan="3">项　　目</th><th>间　　距</th></tr>
<tr><td colspan="3">工业企业（最外侧建、构筑物外墙）</td><td>75</td></tr>
<tr><td colspan="3">甲、乙类液体储罐，甲、乙类生产厂房，甲、乙类物品仓库，稻草等易燃材料堆场</td><td>100</td></tr>
<tr><td colspan="3">丙类液体储罐，可燃气体储罐，丙、丁类生产厂房，丙、丁类物品仓库</td><td>80</td></tr>
<tr><td colspan="3">助燃气体储罐、可燃材料堆场</td><td>75</td></tr>
<tr><td colspan="3">民用建筑</td><td>100</td></tr>
<tr><td rowspan="3">其他建筑</td><td rowspan="3">耐火等级</td><td>一、二级</td><td>50</td></tr>
<tr><td>三级</td><td>60</td></tr>
<tr><td>四级</td><td>75</td></tr>
<tr><td colspan="2" rowspan="2">铁路（中心线）</td><td>国家线</td><td>100</td></tr>
<tr><td>企业专用线</td><td>40</td></tr>
<tr><td colspan="2" rowspan="2">公路、道路（路边）</td><td>高速，Ⅰ、Ⅱ级，城市快速</td><td>30</td></tr>
<tr><td>其他</td><td>25</td></tr>
<tr><td colspan="3">架空电力线（中心线）</td><td>1.5倍杆高，但35kV以上架空电力线应大于40</td></tr>
<tr><td colspan="2" rowspan="2">架空通信线（中心线）</td><td>Ⅰ、Ⅱ级</td><td>40</td></tr>
<tr><td>其他</td><td>1.5倍杆高</td></tr>
</table>

注：1. 本表所指的储罐为单罐容积大于5000m³，且设有防液堤的全冷冻式液化石油气储罐。当单罐容积等于或小于5000m³时，其防火间距可按表3-21的规定执行。

2. 居住区、村镇系指1000人或300户及以上者，以下者按本表民用建筑执行。

3. 与本表规定以外的其他建、构筑物的防火间距，应按现行国家标准《建筑设计防火规范》（GB 50016—2014）执行。

4. 间距的计算应以储罐外壁为准。

全冷冻式储罐与基地内道路和围墙的防火间距（m） 表 3-23

<table>
<tr><td colspan="2" rowspan="2">总容积/m³
单罐容积/m³
项目</td><td>≤50</td><td>>50～≤200</td><td>>200～≤500</td><td>>500～≤1000</td><td>>1000～≤2500</td><td>>2500～≤5000</td><td>>5000</td></tr>
<tr><td>≤20</td><td>≤50</td><td>≤100</td><td>≤200</td><td>≤400</td><td>≤1000</td><td>—</td></tr>
<tr><td colspan="2">明火、散发火花地点</td><td>45</td><td>50</td><td>55</td><td>60</td><td>70</td><td>80</td><td>120</td></tr>
<tr><td colspan="2">办公、生活建筑</td><td>25</td><td>30</td><td>35</td><td>40</td><td>50</td><td>60</td><td>75</td></tr>
<tr><td colspan="2">灌瓶间、瓶库、压缩机室、仪表间、值班室</td><td>18</td><td>20</td><td>22</td><td>25</td><td>30</td><td>35</td><td>40</td></tr>
<tr><td colspan="2">汽车槽车库、汽车槽车装卸台柱（装卸口）、汽车衡及其计量室、门卫</td><td>18</td><td>20</td><td>22</td><td>25</td><td colspan="2">30</td><td>40</td></tr>
<tr><td colspan="2">铁路槽车装卸线（中心线）</td><td colspan="2">—</td><td colspan="4">20</td><td>30</td></tr>
<tr><td colspan="2">空压机室、变配电室、柴油发电机房、新瓶库、真空泵房、泵房</td><td>18</td><td>20</td><td>22</td><td>25</td><td>30</td><td>35</td><td>40</td></tr>
<tr><td colspan="2">汽车库、机修间</td><td>25</td><td>30</td><td colspan="2">35</td><td colspan="2">40</td><td>50</td></tr>
<tr><td colspan="2">消防泵房、消防水池（罐）取水口</td><td colspan="4">40</td><td colspan="2">50</td><td>60</td></tr>
<tr><td rowspan="2">站内道路（路边）</td><td>主要</td><td>10</td><td colspan="5">15</td><td>20</td></tr>
<tr><td>次要</td><td>5</td><td colspan="5">10</td><td>15</td></tr>
<tr><td colspan="2">围墙</td><td>15</td><td colspan="5">20</td><td>25</td></tr>
</table>

注：1. 防火间距应按本表总容积或单罐容积较大者确定；间距的计算应以储罐外壁为准。

2. 地下储罐单罐容积小于或等于 $50m^3$，且总容积小于或等于 $400m^3$时，其防火间距可按本表减少 50%。

3. 与本表规定以外的其他建、构筑物的防火间距应按现行国家标准《建筑设计防火规范》（GB 50016—2014）执行。

总容积不大于 $10m^3$的储罐，当设置在专用的独立建筑物内时，通常设置 2 个。单罐容积小，又设置在建筑物内，火灾危险性较小。故规定该建筑外墙与相邻厂房及其附属设备的防火间距，可以按甲类厂房的防火间距执行。

问题115：液化石油气瓶装供应站的基本防火如何设置？

目前，我国各城市液化石油气瓶装供应站的供应规模大都在5000～7000户，少数在10000户左右，个别站也有大于10000户的。根据各地运行经验，考虑方便用户、维修服务等因素，供气规模以5000～10000户为主。该供气规模日售瓶量按15kg钢瓶计，为170～350瓶左右。瓶库通常应按1.5～2天的售瓶量存瓶，才能保证正常供应，需储存250～700瓶，相当于容积为4～20m^{3}的液化石油气。

Ⅰ、Ⅱ级瓶装液化石油气供应站瓶库与站外建筑等的防火间距不应小于表3-24的规定。瓶装液化石油气供应站的分级及总存瓶容积不大于1m^{3}的瓶装供应站瓶库的设置，应符合现行国家标准《城镇燃气设计规范》(GB 50028—2006）的规定。

Ⅰ、Ⅱ级瓶装液化石油气供应站瓶库与站外建筑等的防火间距（m） **表3-24**

名称	Ⅰ级		Ⅱ级	
瓶库的总存瓶容积 V/m^3	$6<V\leqslant10$	$10<V\leqslant20$	$1<V\leqslant3$	$3<V\leqslant6$
明火或散发火花地点	30	35	20	25
重要公共建筑	20	25	12	15
其他民用建筑	10	15	6	8
主要道路路边	10	10	8	8
次要道路路边	5	5	5	5

注：总存瓶容积应按实瓶个数与单瓶几何容积的乘积计算。

瓶装液化石油气供应站的分级及总存瓶容积不大于1m^{3}的瓶装供应站瓶库的设置，应符合下列要求：

（1）房间的设置应符合下列要求：

1）建筑物耐火等级不应低于二级。

2）应通风良好，并设有直通室外的门。

3）与其他房间相邻的墙应为无门、窗洞口的防火墙。

4）应配置燃气浓度检测报警器。

5）室温不应高于45℃，且不应低于0℃。

注：当瓶组间独立设置，且面向相邻建筑的外墙为无门、窗洞口的防火墙时，其防火间距不限。

（2）室内地面的面层应是撞击时不发生火花的面层。

（3）相邻房间应是非明火、散发火花地点。

（4）照明灯具和开关应采用防爆型。

（5）配置燃气浓度检测报警器。

（6）至少应配置8kg干粉灭火器2具。

（7）与道路的防火间距应符合表3-24中Ⅱ级瓶装供应站的规定。

（8）非营业时间瓶库内存有液化石油气气瓶时，应有人值班。

问题116：露天、半露天可燃材料堆场与建筑物的防火间距有哪些规定？

露天、半露天可燃材料堆场与建筑物的防火间距不应小于表3-25的规定。

露天、半露天可燃材料堆场与建筑物的防火间距（m）　　表3-25

名称	一个堆场的总储量	建筑物		
		一、二级	三级	四级
粮食席穴囤 W/t	$10 \leqslant W < 5000$	15	20	25
	$5000 \leqslant W < 20000$	20	25	30
粮食土圆仓 W/t	$500 \leqslant W < 10000$	10	15	20
	$10000 \leqslant W < 20000$	15	20	25

续表

名称	一个堆场的总储量	建筑物		
		一、二级	三级	四级
棉、麻、毛、化纤、百货 W/t	10≤W<500	10	15	20
	500≤W<1000	15	20	25
	1000≤W<5000	20	25	30
秸秆、芦苇、打包废纸等 W/t	10≤W<5000	15	20	25
	5000≤W<10000	20	25	30
	W≥10000	25	30	40
木材等 V/m^3	50≤V<1000	10	15	20
	1000≤V<10000	15	20	25
	V≥10000	20	25	30
煤和焦炭 W/t	100≤W<5000	6	8	10
	W≥5000	8	10	12

注：露天、半露天秸秆、芦苇、打包废纸等材料堆场，与甲类厂房（仓库）、民用建筑的防火间距应根据建筑物的耐火等级分别按本表的规定增加25%且不应小于25m，与室外变、配电站的防火间距不应小于50m，与明火或散发火花地点的防火间距应按本表四级耐火等级建筑物的相应规定增加25%。

当一个木材堆场的总储量大于25000m^3或一个秸秆、芦苇、打包废纸等材料堆场的总储量大于20000t时，宜分设堆场。各堆场之间的防火间距不应小于相邻较大堆场与四级耐火等级建筑物的防火间距。

不同性质物品堆场之间的防火间距，不应小于本表相应储量堆场与四级耐火等级建筑物防火间距的较大值。

问题117：露天、半露天可燃材料堆场与铁路、道路的防火间距有哪些要求？

可燃材料堆场着火时影响范围较大，一般在20～40m之间。汽车和拖拉机的排气管飞火距离远者一般为8～10m，近者为3～4m。露天、半露天堆场与铁路线的防火间距，主要考虑蒸汽机车飞火对堆场的影响；与道路的防火间距，主要考虑道路的通行情况、汽车和拖拉机排气管飞火的影响以及堆场的火灾危险性。

露天、半露天秸秆、芦苇、打包废纸等材料堆场与铁路、道路的防火间距不应小于表 3-26 的规定，其他可燃材料堆场与铁路、道路的防火间距可根据材料的火灾危险性按类比原则确定。

露天、半露天可燃材料堆场与铁路、道路的防火间距（m）　表 3-26

名称	厂外铁路线中心线	厂内铁路线中心线	厂外道路路边	厂内道路路边	
				主要	次要
秸秆、芦苇、打包废纸等材料堆场	30	20	15	10	5

3.3 安全疏散设计

问题 118：厂房和仓库安全出口布置有哪些原则？

建筑物内的任一楼层或任一防火分区着火时，其中一个或多个安全出口被烟火阻挡，仍要保证有其他出口可供安全疏散和救援使用，因此，厂房和仓库的安全出口均应分散布置。每个防火分区或一个防火分区的每个楼层，其相邻 2 个安全出口最近边缘之间的水平距离不应小于 5m。

问题 119：如何设置厂房地上部分安全出口数量？

厂房内每个防火分区或一个防火分区内的每个楼层，其安全出口的数量应经计算确定，且不应少于 2 个，这样可提高火灾时人员疏散通道和出口的可靠性。但对所有建筑，不论面积大小、人数多少均要求设置 2 个出口，有时会有一定困难，也不符合实际情况。因此，当符合下列条件时，可设置 1 个安全出口：

（1）甲类厂房，每层建筑面积不大于 $100m^2$，且同一时间的作业人数不超过 5 人。

（2）乙类厂房，每层建筑面积不大于 150m²，且同一时间的作业人数不超过 10 人。

（3）丙类厂房，每层建筑面积不大于 250m²，且同一时间的作业人数不超过 20 人。

（4）丁、戊类厂房，每层建筑面积不大于 400m²，且同一时间的作业人数不超过 30 人。

（5）地下或半地下厂房（包括地下室或半地下室），每层建筑面积不大于 50m²，且同一时间的作业人数不超过 15 人。

问题 120：地上仓库安全出口如何设置？

每座仓库的安全出口不应少于 2 个，这样可提高火灾时人员疏散通道和出口的可靠性。考虑到仓库本身人员数量较少，若不论面积大小均要求设置 2 个出口，有时会有一定困难，也不符合实际情况。因此，当一座仓库的占地面积不大于 300m²时，可设置 1 个安全出口。仓库内每个防火分区通向疏散走道、楼梯或室外的出口不宜少于 2 个，当防火分区的建筑面积不大于 100m²时，可设置 1 个出口。通向疏散走道或楼梯的门应为乙级防火门。

问题 121：厂房内任一点至最近安全出口的直线距离如何设置？

厂房内任一点至最近安全出口的直线距离不应大于表 3-27 的规定。

厂房内任一点至最近安全出口的直线距离（m）　　表 3-27

生产的火灾危险性类别	耐火等级	单层厂房	多层厂房	高层厂房	地下或半地下厂房（包括地下或半地下室）
甲	一、二级	30	25	—	—
乙	一、二级	75	50	30	—

续表

生产的火灾危险性类别	耐火等级	单层厂房	多层厂房	高层厂房	地下或半地下厂房（包括地下或半地下室）
丙	一、二级	80	60	40	30
	三级	60	40	—	—
丁	一、二级	不限	不限	50	45
	三级	60	50	—	—
	四级	50	—	—	—
戊	一、二级	不限	不限	75	60
	三级	100	75	—	—
	四级	60	—	—	—

问题 122：厂房的百人疏散宽度计算指标有哪些要求？

厂房内疏散楼梯、走道、门的各自总净宽度，应根据疏散人数按每 100 人的最小疏散净宽度不小于表 3-28 的规定计算确定。但疏散楼梯的最小净宽度不宜小于 1.10m，疏散走道的最小净宽度不宜小于 1.40m，门的最小净宽度不宜小于 0.90m。当每层疏散人数不相等时，疏散楼梯的总净宽度应分层计算，下层楼梯总净宽度应按该层及以上疏散人数最多一层的疏散人数计算。

厂房内疏散楼梯、走道和门的每 100 人最小疏散净宽度　　表 3-28

厂房层数/层	1～2	3	≥4
宽度指标/（m/百人）	0.60	0.80	1.00

首层外门的总净宽度应按该层及以上疏散人数最多一层的疏散人数计算，且该门的最小净宽度不应小于 1.20m。

问题 123：如何设置各类厂房疏散楼梯？

高层厂房和甲、乙、丙类厂房火灾危险性较大，高层建筑发生火灾时，普通客（货）用电梯无防烟、防火等措施，火灾时不能用于人员疏散使用，楼梯是人员的主要疏散通道，要保证疏散楼梯在火灾时的安全，不能被烟或火侵袭。对于高度较高的建筑，敞开式楼梯间具有烟囱效应，会使烟气很快通过楼梯间向上扩散蔓延，危及人员的疏散安全。同时，高温烟气的流动也大大加快了火势蔓延，因此，高层厂房和甲、乙、丙类多层厂房的疏散楼梯应采用封闭楼梯间或室外楼梯。建筑高度大于 32m 且任一层人数超过 10 人的厂房，应采用防烟楼梯间或室外楼梯。

厂房与民用建筑相比，一般层高较高，四、五层的厂房，建筑高度即可达 24m，而楼梯的习惯做法是敞开式。同时考虑到有的厂房虽高，但人员不多，厂房建筑可燃装修少，故对设置防烟楼梯间的条件作了调整，即如果厂房的建筑高度低于 32m，人数不足 10 人或只有 10 人时，可以采用封闭楼梯间。

4 建筑防火构造与设施

4.1 建筑防火构造

问题124：防火墙构造和设置有哪些要求？

防火墙是分隔水平防火分区或防止建筑间火灾蔓延的重要分隔构件，对于减少火灾损失发挥着重要作用。

（1）防火墙应直接设置在建筑的基础或框架、梁等承重结构上，框架、梁等承重结构的耐火极限不应低于防火墙的耐火极限。

防火墙应从楼地面基层隔断至梁、楼板或屋面板的底面基层。当高层厂房（仓库）屋顶承重结构和屋面板的耐火极限低于1.00h，其他建筑屋顶承重结构和屋面板的耐火极限低于0.50h时，防火墙应高出屋面0.5m以上。

（2）防火墙横截面中心线水平距离天窗端面小于4.0m，且天窗端面为可燃性墙体时，应采取防止火势蔓延的措施。

（3）建筑外墙为难燃性或可燃性墙体时，防火墙应凸出墙的外表面0.4m以上，且防火墙两侧的外墙均应为宽度均不小于2.0m的不燃性墙体，其耐火极限不应低于外墙的耐火极限。

建筑外墙为不燃性墙体时，防火墙可不凸出墙的外表面，紧靠防火墙两侧的门、窗、洞口之间最近边缘的水平距离不应小于2.0m；采取设置乙级防火窗等防止火灾水平蔓延的措施时，该距离不限。

（4）建筑内的防火墙不宜设置在转角处，确需设置时，内转角两侧墙上的门、窗、洞口之间最近边缘的水平距离不应小于

4.0m；采取设置乙级防火窗等防止火灾水平蔓延的措施时，该距离不限。

(5) 防火墙上不应开设门、窗、洞口，确需开设时，应设置不可开启或火灾时能自动关闭的甲级防火门、窗。

可燃气体和甲、乙、丙类液体的管道严禁穿过防火墙。防火墙内不应设置排气道。

(6) 除 (5) 规定外的其他管道不宜穿过防火墙，确需穿过时，应采用防火封堵材料将墙与管道之间的空隙紧密填实，穿过防火墙处的管道保温材料，应采用不燃材料；当管道为难燃及可燃材料时，应在防火墙两侧的管道上采取防火措施。

(7) 防火墙的构造应能在防火墙任意一侧的屋架、梁、楼板等受到火灾的影响而破坏时，不会导致防火墙倒塌。

问题 125：剧场等建筑的舞台与观众厅的防火分隔有哪些要求?

剧场等建筑的舞台与观众厅之间的隔墙应采用耐火极限不低于 3.00h 的防火隔墙。

舞台上部与观众厅闷顶之间的隔墙可采用耐火极限不低于 1.50h 的防火隔墙，隔墙上的门应采用乙级防火门。

舞台下部的灯光操作室和可燃物储藏室应采用耐火极限不低于 2.00h 的防火隔墙与其他部位分隔。

电影放映室、卷片室应采用耐火极限不低于 1.50h 的防火隔墙与其他部位分隔，观察孔和放映孔应采取防火分隔措施。

问题 126：建筑内一些需要重点防火保护的特殊场所的防火分隔有哪些要求?

医疗建筑内的手术室或手术部、产房、重症监护室、贵重精密医疗装备用房、储藏间、试验室、胶片室等，附设在建筑内的托儿所、幼儿园的儿童用房和儿童游乐厅等儿童活动场所、老年人活动场所，应采用耐火极限不低于 2.00h 的防火隔墙和 1.00h

的楼板与其他场所或部位分隔，墙上必须设置的门、窗应采用乙级防火门、窗。

问题127：如何设置建筑内的重要设备房的构造与防火分隔？

附设在建筑内的消防控制室、灭火设备室、消防水泵房和通风空气调节机房、变配电室等，应采用耐火极限不低于2.00h的防火隔墙和1.50h的楼板与其他部位分隔。

设置在丁、戊类厂房内的通风机房，应采用耐火极限不低于1.00h的防火隔墙和0.50h的楼板与其他部位分隔。

通风、空气调节机房和变配电室开向建筑内的门应采用甲级防火门，消防控制室和其他设备房开向建筑内的门应采用乙级防火门。

问题128：电梯井、电缆井及管道井等以及通风、排烟管道穿越楼板和墙体时的防火构造有哪些规定？

建筑内的电梯井等竖井应符合下列规定：

（1）电梯井应独立设置，井内严禁敷设可燃气体和甲、乙、丙类液体管道，不应敷设与电梯无关的电缆、电线等。电梯井的井壁除设置电梯门、安全逃生门和通气孔洞外，不应设置其他开口。

（2）电缆井、管道井、排烟道、排气道、垃圾道等竖向井道，应分别独立设置。井壁的耐火极限不应低于1.00h，井壁上的检查门应采用丙级防火门。

（3）建筑内的电缆井、管道井应在每层楼板处采用不低于楼板耐火极限的不燃材料或防火封堵材料封堵。

建筑内的电缆井、管道井与房间、走道等相连通的孔隙应采用防火封堵材料封堵。

（4）建筑内的垃圾道宜靠外墙设置，垃圾道的排气口应直接开向室外，垃圾斗应采用不燃材料制作，并应能自行关闭。

（5）电梯层门的耐火极限不应低于1.00h，并应符合现行国家标准《电梯层门耐火试验　完整性、隔热性和热通量测定法》（GB/T 27903—2011）规定的完整性和隔热性要求。

问题 129：如何进行变形缝防火构造设计？

建筑变形缝是在建筑长度较长的建筑中或建筑中有较大高差部分之间，为防止温度变化、沉降不均匀或地震等引起的建筑变形而影响建筑结构安全和使用功能，将建筑结构断开为若干部分所形成的缝隙。特别是高层建筑的变形缝，因抗震等需要留得较宽，在火灾中具有很强的拔火作用，会使火灾通过变形缝内的可燃填充材料蔓延，烟气也会通过变形缝等竖向结构缝隙扩散到全楼。因此，要求变形缝内的填充材料、变形缝在外墙上的连接与封堵构造处理和在楼层位置的连接与封盖的构造基层采用不燃烧材料。有关构造参见图 4-1。该构造由铝合金型材、铝合金板（或不锈钢板）、橡胶嵌条及各种专用胶条组成。配合止水带、阻火带，还可以满足防水、防火、保温等要求。

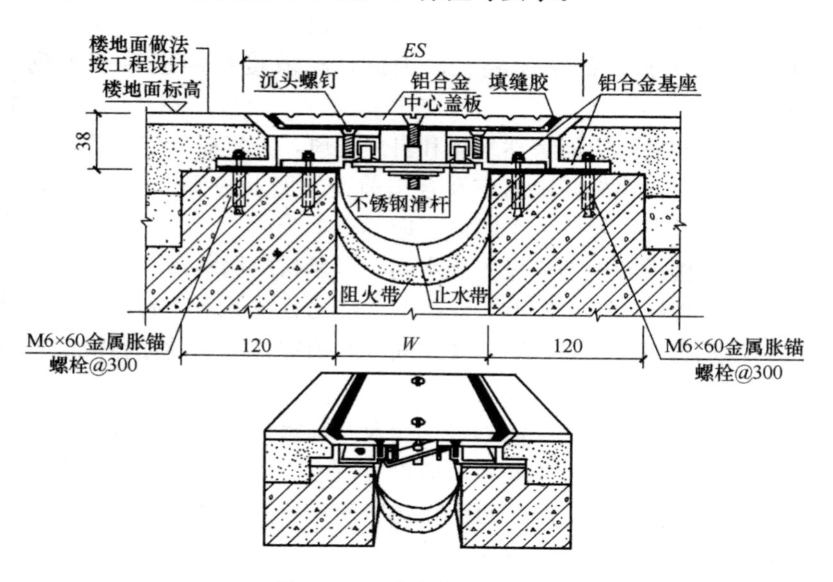

图 4-1　变形缝构造示意图

据调查，有些高层建筑的变形缝内还敷设电缆或填充泡沫塑料等，这是不妥当的。为了消除变形缝的火灾危险因素，保证建筑物的安全，变形缝内不应敷设电缆、可燃气体管道和甲、乙、丙类液体管道等。在建筑使用过程中，变形缝两侧的建筑可能发生位移等现象，故应避免将一些易引发火灾或爆炸的管线布置其中。当需要穿越变形缝时，应采用穿刚性管等方法，管线与套管之间的缝隙应采用不燃材料、防火材料或耐火材料紧密填塞。

因建筑内的孔洞或防火分隔处的缝隙未封堵或封堵不当导致人员死亡的火灾，在国内外均发生过。国际标准化组织标准及欧美等国家的建筑规范均对此有明确的要求。这方面的防火处理容易被忽视，但却是建筑消防安全体系中的有机组成部分，设计中应予重视。

问题 130：如何进行疏散楼梯间的防火设置？

疏散楼梯间是人员竖向疏散的安全通道，也是消防员进入建筑进行灭火救援的主要路径。因此，疏散楼梯间应符合下列规定：

（1）楼梯间应能天然采光和自然通风，并宜靠外墙设置。靠外墙设置时，楼梯间、前室及合用前室外墙上的窗口与两侧门、窗、洞口最近边缘的水平距离不应小于 1.0m。

（2）楼梯间内不应设置烧水间、可燃材料储藏室、垃圾道。

（3）楼梯间内不应有影响疏散的凸出物或其他障碍物。

（4）封闭楼梯间、防烟楼梯间及其前室，不应设置卷帘。

（5）楼梯间内不应设置甲、乙、丙类液体管道。

（6）封闭楼梯间、防烟楼梯间及其前室内禁止穿过或设置可燃气体管道。敞开楼梯间内不应设置可燃气体管道，当住宅建筑的敞开楼梯间内确需设置可燃气体管道和可燃气体计量表时，应采用金属管和设置切断气源的阀门。

问题131：封闭楼梯间的防火设置有哪些规定？

封闭楼梯间应符合下列规定：

（1）不能自然通风或自然通风不能满足要求时，应设置机械加压送风系统或采用防烟楼梯间。

（2）除楼梯间的出入口和外窗外，楼梯间的墙上不应开设其他门、窗、洞口。

（3）高层建筑、人员密集的公共建筑、人员密集的多层丙类厂房、甲、乙类厂房，其封闭楼梯间的门应采用乙级防火门，并应向疏散方向开启；其他建筑，可采用双向弹簧门。

（4）楼梯间的首层可将走道和门厅等包括在楼梯间内形成扩大的封闭楼梯间，但应采用乙级防火门等与其他走道和房间分隔。

问题132：防烟楼梯间的防火设计有哪些要求？

防烟楼梯间是具有防烟前室等防烟设施的楼梯间。前室应具有可靠的防烟性能，使防烟楼梯间具有比封闭楼梯间更好的防烟、防火能力，防火可靠性更高。前室不仅起防烟作用，而且可作为疏散人群进入楼梯间的缓冲空间，同时也可以供灭火救援人员进行进攻前的整装和灭火准备工作。设计要注意使前室的大小与楼层中疏散进入楼梯间的人数相适应。因此，防烟楼梯间应符合下列规定：

（1）应设置防烟设施。

（2）前室可与消防电梯间前室合用。

（3）前室的使用面积：公共建筑、高层厂房（仓库），不应小于 $6.0m^2$；住宅建筑，不应小于 $4.5m^2$。

与消防电梯间前室合用时，合用前室的使用面积：公共建筑、高层厂房（仓库），不应小于 $10.0m^2$；住宅建筑，不应小于 $6.0m^2$。

（4）疏散走道通向前室以及前室通向楼梯间的门应采用乙级

防火门。

（5）除住宅建筑的楼梯间前室外，防烟楼梯间和前室内的墙上不应开设除疏散门和送风口外的其他门、窗、洞口。

（6）楼梯间的首层可将走道和门厅等包括在楼梯间前室内形成扩大的前室，但应采用乙级防火门等与其他走道和房间分隔。

问题133：地下或半地下建筑（室）的疏散楼梯间的防火有哪些规定？

除通向避难层错位的疏散楼梯外，建筑内的疏散楼梯间在各层的平面位置不应改变。

除住宅建筑套内的自用楼梯外，地下或半地下建筑（室）的疏散楼梯间应符合下列规定：

（1）室内地面与室外出入口地坪高差大于10m或3层及以上的地下、半地下建筑（室），其疏散楼梯应采用防烟楼梯间；其他地下或半地下建筑（室），其疏散楼梯应采用封闭楼梯间。

（2）应在首层采用耐火极限不低于2.00h的防火隔墙与其他部位分隔并应直通室外，确需在隔墙上开门时，应采用乙级防火门。

（3）建筑的地下或半地下部分与地上部分不应共用楼梯间，确需共用楼梯间时，应在首层采用耐火极限不低于2.00h的防火隔墙和乙级防火门将地下或半地下部分与地上部分的连通部位完全分隔，并应设置明显的标志。

问题134：室外疏散楼梯的防火有哪些规定？

室外疏散楼梯应符合下列规定：

（1）栏杆扶手的高度不应小于1.10m，楼梯的净宽度不应小于0.90m。

（2）倾斜角度不应大于45°。

（3）梯段和平台均应采用不燃材料制作。平台的耐火极限不应低于1.00h，梯段的耐火极限不应低于0.25h。

（4）通向室外楼梯的门应采用乙级防火门，并应向外开启。

（5）除疏散门外，楼梯周围 2m 内的墙面上不应设置门、窗、洞口。疏散门不应正对梯段。

问题 135：建筑内的疏散门有哪些规定？

建筑内的疏散门应符合下列规定：

（1）民用建筑和厂房的疏散门，应采用向疏散方向开启的平开门，不应采用推拉门、卷帘门、吊门、转门和折叠门。除甲、乙类生产车间外，人数不超过 60 人且每樘门的平均疏散人数不超过 30 人的房间，其疏散门的开启方向不限。

（2）仓库的疏散门应采用向疏散方向开启的平开门，但丙、丁、戊类仓库首层靠墙的外侧可采用推拉门或卷帘门。

（3）开向疏散楼梯或疏散楼梯间的门，当其完全开启时，不应减少楼梯平台的有效宽度。

（4）人员密集场所内平时需要控制人员随意出入的疏散门和设置门禁系统的住宅、宿舍、公寓建筑的外门，应保证火灾时不需使用钥匙等任何工具即能从内部易于打开，并应在显著位置设置具有使用提示的标识。

问题 136：下沉式广场等室外开敞空间有哪些规定？

用于防火分隔的下沉式广场等室外开敞空间，应符合下列规定：

（1）分隔后的不同区域通向下沉式广场等室外开敞空间的开口最近边缘之间的水平距离不应小于 13m。室外开敞空间除用于人员疏散外不得用于其他商业或可能导致火灾蔓延的用途，其中用于疏散的净面积不应小于 169m^2。

（2）下沉式广场等室外开敞空间内应设置不少于 1 部直通地面的疏散楼梯。当连接下沉广场的防火分区需利用下沉广场进行疏散时，疏散楼梯的总净宽度不应小于任一防火分区通向室外开敞空间的设计疏散总净宽度。

（3）确需设置防风雨篷时，防风雨篷不应完全封闭，四周开口部位应均匀布置，开口的面积不应小于该空间地面面积的25%，开口高度不应小于1.0m；开口设置百叶时，百叶的有效排烟面积可按百叶通风口面积的60%计算。

问题137：防火隔间的设置有哪些规定？

防火隔间只能用于相邻两个独立使用场所的人员相互通行，内部不应布置任何经营性商业设施。防火隔间的面积参照防烟楼梯间前室的面积作了规定。该防火隔间上设置的甲级防火门，在计算防火分区的安全出口数量和疏散宽度时，不能计入数量和宽度。因此，防火隔间的设置应符合下列规定：

（1）防火隔间的建筑面积不应小于6.0m^2。

（2）防火隔间的门应采用甲级防火门。

（3）不同防火分区通向防火隔间的门不应计入安全出口，门的最小间距不应小于4m。

（4）防火隔间内部装修材料的燃烧性能应为A级。

（5）不应用于除人员通行外的其他用途。

问题138：什么是避难走道及其设置？

避难走道主要用于解决大型建筑中疏散距离过长，或难以按照规范要求设置直通室外的安全出口等问题。避难走道和防烟楼梯间的作用类似，疏散时人员只要进入避难走道，就可视为进入相对安全的区域。因此，避难走道的设置应符合下列规定：

（1）避难走道防火隔墙的耐火极限不应低于3.00h，楼板的耐火极限不应低于1.50h。

（2）避难走道直通地面的出口不应少于2个，并应设置在不同方向；当避难走道仅与一个防火分区相通且该防火分区至少有1个直通室外的安全出口时，可设置1个直通地面的出口。任一防火分区通向避难走道的门至该避难走道最近直通地面的出口的距离不应大于60m。

（3）避难走道的净宽度不应小于任一防火分区通向该避难走道的设计疏散总净宽度。

（4）避难走道内部装修材料的燃烧性能应为 A 级。

（5）防火分区至避难走道入口处应设置防烟前室，前室的使用面积不应小于 6.0m²，开向前室的门应采用甲级防火门，前室开向避难走道的门应采用乙级防火门。

（6）避难走道内应设置消火栓、消防应急照明、应急广播和消防专线电话。

问题 139：建筑内防火门的设置有哪些规定？

防火门的设置应符合下列规定：

（1）设置在建筑内经常有人通行处的防火门宜采用常开防火门。常开防火门应能在火灾时自行关闭，并应具有信号反馈的功能。

（2）除允许设置常开防火门的位置外，其他位置的防火门均应采用常闭防火门。常闭防火门应在其明显位置设置“保持防火门关闭”等提示标识。

（3）除管井检修门和住宅的户门外，防火门应具有自行关闭功能。双扇防火门应具有按顺序自行关闭的功能。

（4）除《建筑设计防火规范》（GB 50016—2014）第 6.4.11 条第 4 款的规定外，防火门应能在其内外两侧手动开启。

（5）设置在建筑变形缝附近时，防火门应设置在楼层较多的一侧，并应保证防火门开启时门扇不跨越变形缝。

（6）防火门关闭后应具有防烟性能。

（7）甲、乙、丙级防火门应符合现行国家标准《防火门》（GB 12955—2008）的规定。

问题 140：防火卷帘的用途及其设置规定？

防火卷帘主要用于需要进行防火分隔的墙体，特别是防火墙、防火隔墙上因生产、使用等需要开设较大开口而又无法设置防火门时的防火分隔。在实际使用过程中，防火卷帘存在着防烟效果差、可靠性低等问题以及在部分工程中存在大面积使用防火卷帘的现象，导致建筑内的防火分隔可靠性差，易造成火灾蔓延扩大。因此，防火分隔部位设置防火卷帘时，应符合下列规定：

（1）除中庭外，当防火分隔部位的宽度不大于30m时，防火卷帘的宽度不应大于10m；当防火分隔部位的宽度大于30m时，防火卷帘的宽度不应大于该部位宽度的1/3，且不应大于20m。

（2）防火卷帘应具有火灾时靠自重自动关闭功能。

（3）除《建筑设计防火规范》（GB 50016—2014）另有规定外，防火卷帘的耐火极限不应低于《建筑设计防火规范》（GB 50016—2014）对所设置部位墙体的耐火极限要求。

当防火卷帘的耐火极限符合现行国家标准《门和卷帘的耐火试验方法》（GB/T 7633—2008）有关耐火完整性和耐火隔热性的判定条件时，可不设置自动喷水灭火系统保护。

当防火卷帘的耐火极限仅符合现行国家标准《门和卷帘的耐火试验方法》（GB/T 7633—2008）有关耐火完整性的判定条件时，应设置自动喷水灭火系统保护。自动喷水灭火系统的设计应符合现行国家标准《自动喷水灭火系统设计规范（2005年版）》（GB 50084—2001）的规定，但火灾延续时间不应小于该防火卷帘的耐火极限。

（4）防火卷帘应具有防烟性能，与楼板、梁、墙、柱之间的空隙应采用防火封堵材料封堵。

（5）需在火灾时自动降落的防火卷帘，应具有信号反馈的功能。

（6）其他要求，应符合现行国家标准《防火卷帘》（GB 14102—2005）的规定。

问题141：建筑外墙采用内保温系统时有哪些规定？

对于建筑外墙的内保温系统，保温材料设置在建筑外墙的室内侧，如果采用可燃、难燃保温材料，遇热或燃烧分解产生的烟气和毒性较大，对于人员安全带来较大威胁。因此，建筑外墙采用内保温系统时，保温系统应符合下列规定：

（1）对于人员密集场所，用火、燃油、燃气等具有火灾危险性的场所以及各类建筑内的疏散楼梯间、避难走道、避难间、避难层等场所或部位，应采用燃烧性能为 A 级的保温材料。

（2）对于其他场所，应采用低烟、低毒且燃烧性能不低于 B_1 级的保温材料。

（3）保温系统应采用不燃材料做防护层。采用燃烧性能为 B_1 级的保温材料时，防护层的厚度不应小于 10mm。

问题 142：建筑外墙外保温系统有哪些规定？

（1）与基层墙体、装饰层之间无空腔的建筑外墙外保温系统，其保温材料应符合下列规定：

1）住宅建筑：

① 建筑高度大于 100m 时，保温材料的燃烧性能应为 A 级。

② 建筑高度大于 27m，但不大于 100m 时，保温材料的燃烧性能不应低于 B_1 级。

③ 建筑高度不大于 27m 时，保温材料的燃烧性能不应低于 B_2 级。

2）除住宅建筑和设置人员密集场所的建筑外，其他建筑：

① 建筑高度大于 50m 时，保温材料的燃烧性能应为 A 级。

② 建筑高度大于 24m，但不大于 50m 时，保温材料的燃烧性能不应低于 B_1 级。

③ 建筑高度不大于 24m 时，保温材料的燃烧性能不应低于 B_2 级。

（2）除设置人员密集场所的建筑外，与基层墙体、装饰层之间有空腔的建筑外墙外保温系统，其保温材料应符合下列规定：

1）建筑高度大于 24m 时，保温材料的燃烧性能应为 A 级。

2）建筑高度不大于 24m 时，保温材料的燃烧性能不应低于

B_1级。

4.2 建筑防火设施

问题 143：如何设置可燃材料露天堆场区，液体储罐区和可燃气体储罐区消防车道？

可燃材料露天堆场区，液化石油气储罐区，甲、乙、丙类液体储罐区和可燃气体储罐区，应设置消防车道。消防车道的设置应符合下列规定：

（1）储量大于表 4-1 规定的堆场、储罐区，宜设置环形消防车道。

堆场或储罐区的储量 **表 4-1**

名称	棉、麻、毛、化纤/t	秸秆、芦苇/t	木材/m^3	甲、乙、丙类液体储罐/m^3	液化石油气储罐/m^3	可燃气体储罐/m^3
储量	1000	5000	5000	1500	500	30000

（2）占地面积大于 30000m^2的可燃材料堆场，应设置与环形消防车道相通的中间消防车道，消防车道的间距不宜大于 150m。液化石油气储罐区，甲、乙、丙类液体储罐区和可燃气体储罐区内的环形消防车道之间宜设置连通的消防车道。

（3）消防车道的边缘距离可燃材料堆垛不应小于 5m。

问题 144：消防道设计应符合哪些要求？

消防车道应符合下列要求：

（1）车道的净宽度和净空高度均不应小于 4.0m。

（2）转弯半径应满足消防车转弯的要求。

（3）消防车道与建筑之间不应设置妨碍消防车操作的树木、架空管线等障碍物。

（4）消防车道靠建筑外墙一侧的边缘距离建筑外墙不宜小于5m。

（5）消防车道的坡度不宜大于8%。

问题145：消防车登高操作场地应符合哪些规定？

消防车登高操作场地应符合下列规定：

（1）场地与厂房、仓库、民用建筑之间不应设置妨碍消防车操作的树木、架空管线等障碍物和车库出入口。

（2）场地的长度和宽度分别不应小于15m和10m。对于建筑高度大于50m的建筑，场地的长度和宽度分别不应小于20m和10m。

（3）场地及其下面的建筑结构、管道和暗沟等，应能承受重型消防车的压力。

（4）场地应与消防车道连通，场地靠建筑外墙一侧的边缘距离建筑外墙不宜小于5m，且不应大于10m，场地的坡度不宜大于3%。

问题146：哪些建筑应设置消防电梯？

下列建筑应设置消防电梯：

（1）建筑高度大于33m的住宅建筑。

（2）一类高层公共建筑和建筑高度大于32m的二类高层公共建筑。

（3）设置消防电梯的建筑的地下或半地下室，埋深大于10m且总建筑面积大于3000m^2的其他地下或半地下建筑（室）。

问题147：设置屋顶停机坪时应符合哪些规定？

直升机停机坪应符合下列规定：

（1）设置在屋顶平台上时，距离设备机房、电梯机房、水箱间、共用天线等突出物不应小于5m。

（2）建筑通向停机坪的出口不应少于2个，每个出口的宽度不宜小于0.90m。

（3）四周应设置航空障碍灯，并应设置应急照明。

（4）在停机坪的适当位置应设置消火栓。

（5）其他要求应符合国家现行航空管理有关标准的规定。

问题148：哪些场所应设置防烟设施？

建筑的下列场所或部位应设置防烟设施：

（1）防烟楼梯间及其前室。

（2）消防电梯间前室或合用前室。

（3）避难走道的前室、避难层（间）。

建筑高度不大于50m的公共建筑、厂房、仓库和建筑高度不大于100m的住宅建筑，当其防烟楼梯间的前室或合用前室符合下列条件之一时，楼梯间可不设置防烟系统：

（1）前室或合用前室采用敞开的阳台、凹廊。

（2）前室或合用前室具有不同朝向的可开启外窗，且可开启外窗的面积满足自然排烟口的面积要求。

问题149：哪些场所应设置排烟设施？

（1）厂房或仓库的下列场所或部位应设置排烟设施：

1）人员或可燃物较多的丙类生产场所，丙类厂房内建筑面积大于300m²且经常有人停留或可燃物较多的地上房间。

2）建筑面积大于5000m²的丁类生产车间。

3）占地面积大于1000m²的丙类仓库。

4）高度大于32m的高层厂房（仓库）内长度大于20m的疏散走道，其他厂房（仓库）内长度大于40m的疏散走道。

（2）民用建筑的下列场所或部位应设置排烟设施：

1）设置在一、二、三层且房间建筑面积大于100m²的歌舞娱乐放映游艺场所，设置在四层及以上楼层、地下或半地下的歌舞娱乐放映游艺场所。

2）中庭。

3）公共建筑内建筑面积大于 100m² 且经常有人停留的地上房间。

4）公共建筑内建筑面积大于 300m² 且可燃物较多的地上房间。

5）建筑内长度大于 20m 的疏散走道。

（3）地下或半地下建筑（室）、地上建筑内的无窗房间，当总建筑面积大于 200m² 或一个房间建筑面积大于 50m²，且经常有人停留或可燃物较多时，应设置排烟设施。

5　建筑防火系统设计

5.1　室内消火栓系统设计

问题150：哪些场所应设置室内消火栓系统？

室内消火栓是控制建筑内初期火灾的主要灭火、控火设备，一般需要专业人员或受过训练的人员才能较好地使用和发挥作用。

（1）下列建筑或场所应设置室内消火栓系统：

1）建筑占地面积大于300m^2的厂房和仓库。

2）高层公共建筑和建筑高度大于21m的住宅建筑。

注：建筑高度不大于27m的住宅建筑，设置室内消火栓系统确有困难时，可只设置干式消防竖管和不带消火栓箱的*DN*65的室内消火栓。

3）体积大于5000m^3的车站、码头、机场的候车（船、机）建筑、展览建筑、商店建筑、旅馆建筑、医疗建筑和图书馆建筑等单、多层建筑。

4）特等、甲等剧场，超过800个座位的其他等级的剧场和电影院等以及超过1200个座位的礼堂、体育馆等单、多层建筑。

5）建筑高度大于15m或体积大于1000m^3的办公建筑、教学建筑和其他单层、多层民用建筑。

（2）国家级文物保护单位的重点砖木或木结构的古建筑，宜设置室内消火栓系统。

问题 151：哪些场所不设置室内消火栓系统，但宜设置消防软管卷盘或轻便消防水龙？

消防软管卷盘和轻便消防水龙是控制建筑物内固体可燃物初起火的有效器材，用水量小、配备方便。

（1）下列建筑或场所，可不设置室内消火栓系统，但宜设置消防软管卷盘或轻便消防水龙：

1）耐火等级为一、二级且可燃物较少的单、多层丁、戊类厂房（仓库）。

2）耐火等级为三、四级且建筑体积不大于 $3000m^3$ 的丁类厂房；耐火等级为三、四级且建筑体积不大于 $5000m^3$ 的戊类厂房（仓库）。

3）粮食仓库、金库、远离城镇且无人值班的独立建筑。

4）存有与水接触能引起燃烧爆炸的物品的建筑。

5）室内无生产、生活给水管道，室外消防用水取自储水池且建筑体积不大于 $5000m^3$ 的其他建筑。

（2）人员密集的公共建筑、建筑高度大于 100m 的建筑和建筑面积大于 $200m^2$ 的商业服务网点内应设置消防软管卷盘或轻便消防水龙。高层住宅建筑的户内宜配置轻便消防水龙。

5.2 自动喷水灭火系统设计

问题 152：什么是自动喷水灭火系统？

自动喷水灭火系统，是指利用加压设备，将水通过管网送至带有热敏元件的喷头，喷头在火灾的热环境中自动开启喷水灭火，同时能够发出火警信号的自动灭火系统，是当今世界上公认的最为有效的、应用最广泛、用量最大的自动灭火系统。

从其灭火的效果来看，凡发生火灾时可以用水灭火的场所，均可以使用自动喷水灭火系统。但鉴于我国的经济发展状况，仅要求对发生火灾频率高、火灾危险等级高的建筑中某些部位安装自动喷水灭火系统。我国现行的《自动喷水灭火系统设计规范（2005年版）》（GB 50084—2001）规定，自动喷水灭火系统应在人员密集、不易疏散、外部增援灭火与救援较困难或火灾危险性较大的场所中设置。规范同时又规定自动喷水灭火系统不适用于存在较多下列物品的场所：

（1）遇水发生爆炸或加速燃烧的物品。

（2）遇水发生剧烈化学反应或产生有毒有害物质的物品。

（3）洒水将导致喷溅或沸溢的液体。

问题153：设置场所火灾危险等级是如何划分的？

（1）设置场所火灾危险等级的划分，应符合下列规定：

1）轻危险级。

2）中危险级，包括Ⅰ级和Ⅱ级。

3）严重危险级，包括Ⅰ级和Ⅱ级。

4）仓库危险级，包括Ⅰ级、Ⅱ级和Ⅲ级。

（2）设置场所的火灾危险等级，应根据其用途、容纳物品的火灾荷载及室内空间条件等因素，在分析火灾特点和热气流驱动喷头开放及喷水到位的难易程度后确定。举例见表5-1。

设置场所火灾危险等级举例　　表5-1

火灾危险等级		设置场所举例
轻危险级		建筑高度为24m及以下的旅馆、办公楼；仅在走道设置闭式系统的建筑等
中危险级	Ⅰ级	1）高层民用建筑：旅馆、办公楼、综合楼、邮政楼、金融电信楼、指挥调度楼、广播电视楼（塔）等 2）公共建筑（含单、多、高层）：医院、疗养院；图书馆（书库除外）、档案馆、展览馆（厅）；影剧院、音乐厅和礼堂（舞台除外）及其他娱乐场所；火车站和飞机场及码头的建筑；总建筑面积小于5000m²的商场、总建筑面积小于1000m²的地下商场等 3）文化遗产建筑：木结构古建筑、国家文物保护单位等 4）工业建筑：食品、家用电器、玻璃制品等工厂的备料与生产车间等；冷藏库、钢屋架等建筑构件

续表

火灾危险等级		设置场所举例
中危险级	Ⅱ级	1）民用建筑：书库、舞台（葡萄架除外）、汽车停车场、总建筑面积5000m^2及以上的商场、总建筑面积1000m^2及以上的地下商场、净空高度不超过8m、物品高度不超过3.5m的自选商场等 2）工业建筑：棉毛麻丝及化纤的纺织、织物及制品、木材木器及胶合板、谷物加工、烟草及制品、饮用酒（啤酒除外）、皮革及制品、造纸及纸制品、制药等工厂的备料与生产车间
严重危险级	Ⅰ级	印刷厂、酒精制品、可燃液体制品等工厂的备料与车间、净空高度不超过8m、物品高度超过3.5m的自选商场等
	Ⅱ级	易燃液体喷雾操作区域、固体易燃物品、可燃的气溶胶制品、溶剂清洗、喷涂、油漆、沥青制品等工厂的备料及生产车间、摄影棚、舞台葡萄架下部
仓库危险级	Ⅰ级	食品、烟酒；木箱、纸箱包装的不燃难燃物品等
	Ⅱ级	木材、纸、皮革、谷物及制品、棉毛麻丝化纤及制品、家用电器、电缆、B组塑料与橡胶及其制品、钢塑混合材料制品、各种塑料瓶盒包装的不燃物品及各类物品混杂储存的仓库等
	Ⅲ级	A组塑料与橡胶及其制品；沥青制品等

注：A组：丙烯腈-丁二烯-苯乙烯共聚物（ABS）、缩醛（聚甲醛）、聚甲基丙燃酸甲酯、玻璃纤维增强聚酯（FRP）、热塑性聚酯（PET）、聚丁二烯、聚碳酸酯、聚乙烯、聚丙烯、聚苯乙烯、聚氨基甲酸酯、高增塑聚氯乙烯（PVC，如人造革、胶片等）、苯乙烯-丙烯腈（SAN）等。

丁基橡胶、乙丙橡胶（EPDM）、发泡类天然橡胶、腈橡胶（丁腈橡胶）、聚酯合成橡胶、丁苯橡胶（SBR）等。

B组：醋酸纤维素、醋酸丁酸纤维素、乙基纤维素、氟塑料、锦纶（锦纶6、锦纶66）、三聚氰胺甲醛、酚醛塑料、硬聚氯乙烯（PVC，如管道、管件等）、聚偏二氟乙烯（PVDC）、聚偏氟乙烯（PVDF）、聚氟乙烯（PVF）、脲甲醛等。

氯丁橡胶、不发泡类天然橡胶、硅橡胶等。

粉末、颗粒、压片状的A组塑料。

（3）当建筑物内各场所的火灾危险性及灭火难度存在较大差异时，宜按各场所的实际情况确定系统选型与火灾危险等级。

问题 154：设置自动灭火系统并宜采用自动喷水灭火系统的场所有哪些？

自动喷水灭火系统适用于扑救绝大多数建筑内的初起火，应用广泛。

（1）除《建筑设计防火规范》（GB 50016—2014）另有规定和不宜用水保护或灭火的场所外，下列厂房或生产部位应设置自动灭火系统，并宜采用自动喷水灭火系统：

1）不小于 50000 纱锭的棉纺厂的开包、清花车间，不小于 5000 锭的麻纺厂的分级、梳麻车间；火柴厂的烤梗、筛选部位。

2）占地面积大于 1500m² 或总建筑面积大于 3000m² 的单、多层制鞋、制衣、玩具及电子等类似生产的厂房。

3）占地面积大于 1500m² 的木器厂房。

4）泡沫塑料厂的预发、成型、切片、压花部位。

5）高层乙、丙类厂房。

6）建筑面积大于 500m² 的地下或半地下丙类厂房。

（2）除《建筑设计防火规范》（GB 50016—2014）另有规定和不宜用水保护或灭火的仓库外，下列仓库应设置自动灭火系统，并宜采用自动喷水灭火系统：

1）每座占地面积大于 1000m² 的棉、毛、丝、麻、化纤、毛皮及其制品的仓库。

注：单层占地面积不大于 2000m² 的棉花库房，可不设置自动喷水灭火系统。

2）每座占地面积大于 600m² 的火柴仓库。

3）邮政建筑内建筑面积大于 500m² 的空邮袋库。

4）可燃、难燃物品的高架仓库和高层仓库。

5）设计温度高于 0℃的高架冷库，设计温度高于 0℃且每个防火分区建筑面积大于 1500m² 的非高架冷库。

6）总建筑面积大于 500m² 的可燃物品地下仓库。

7）每座占地面积大于 1500m² 或总建筑面积大于 3000m² 的

其他单层或多层丙类物品仓库。

（3）除《建筑设计防火规范》（GB 50016—2014）另有规定和不宜用水保护或灭火的场所外，下列高层民用建筑或场所应设置自动灭火系统，并宜采用自动喷水灭火系统：

1）一类高层公共建筑（除游泳池、溜冰场外）及其地下、半地下室。

2）二类高层公共建筑及其地下、半地下室的公共活动用房、走道、办公室和旅馆的客房、可燃物品库房、自动扶梯底部。

3）高层民用建筑内的歌舞娱乐放映游艺场所。

4）建筑高度大于100m的住宅建筑。

（4）除《建筑设计防火规范》（GB 50016—2014）另有规定和不宜用水保护或灭火的场所外，下列单、多层民用建筑或场所应设置自动灭火系统，并宜采用自动喷水灭火系统：

1）特等、甲等剧场，超过1500个座位的其他等级的剧场，超过2000个座位的会堂或礼堂，超过3000个座位的体育馆，超过5000人的体育场的室内人员休息室与器材间等。

2）任一层建筑面积大于1500m^{2}或总建筑面积大于3000m^{2}的展览、商店、餐饮和旅馆建筑以及医院中同样建筑规模的病房楼、门诊楼和手术部。

3）设置送回风道（管）的集中空气调节系统且总建筑面积大于3000m^{2}的办公建筑等。

4）藏书量超过50万册的图书馆。

5）大、中型幼儿园，总建筑面积大于500m^{2}的老年人建筑。

6）总建筑面积大于500m^{2}的地下或半地下商店。

7）设置在地下或半地下或地上四层及以上楼层的歌舞娱乐放映游艺场所（除游泳场所外），设置在首层、二层和三层且任一层建筑面积大于300m^{2}的地上歌舞娱乐放映游艺场所（除游泳场所外）。

综上所述，这些建筑或场所具有火灾危险性大、发生火灾可能导致经济损失大、社会影响大或人员伤亡大的特点。自动灭火系统的设置原则是重点部位、重点场所，重点防护；不同分区，措施可以不同；总体上要能保证整座建筑物的消防安全，特别要考虑所设置的部位或场所在设置灭火系统后应能防止一个防火分区内的火灾蔓延到另一个防火分区中去。

问题 155：设置雨淋自动喷水灭火系统的场所有哪些？

雨淋喷水灭火设备是一种开式喷水头组成的灭火设备，用以扑救蔓延速度快的大面积平面火灾。在火灾燃烧猛烈、蔓延快的部位使用。雨淋喷水灭火设备应有足够的供水强度，保证其灭火效果。

下列建筑或部位应设置雨淋自动喷水灭火系统：

（1）火柴厂的氯酸钾压碾厂房，建筑面积大于 100m^2 且生产或使用硝化棉、喷漆棉、火胶棉、赛璐珞胶片、硝化纤维的厂房。

（2）乒乓球厂的轧坯、切片、磨球、分球检验部位。

（3）建筑面积大于 60m^2 或储存量大于 2t 的硝化棉、喷漆棉、火胶棉、赛璐珞胶片、硝化纤维的仓库。

（4）日装瓶数量大于 3000 瓶的液化石油气储配站的灌瓶间、实瓶库。

（5）特等、甲等剧场、超过 1500 个座位的其他等级剧场和超过 2000 个座位的会堂或礼堂的舞台葡萄架下部。

（6）建筑面积不小于 400m^2 的演播室，建筑面积不小于 500m^2 的电影摄影棚。

问题 156：什么是水喷雾灭火系统及其适用场所？

水喷雾灭火系统喷出的水滴粒径一般在 1mm 以下，喷出的水雾表面积大、能吸收大量的热，具有迅速降温作用，同时水在热作用下会迅速变成水蒸气，并包裹保护对象，起到窒息灭火的作用。水喷雾灭火系统对于重质油品火灾具有良好的灭火效果。

下列场所应设置自动灭火系统，并宜采用水喷雾灭火系统：

（1）单台容量在 40MV・A 及以上的厂矿企业油浸变压器，单台容量在 90MV・A 及以上的电厂油浸变压器，单台容量在

125MV·A 及以上的独立变电站油浸变压器。

（2）飞机发动机试验台的试车部位。

（3）充可燃油并设置在高层民用建筑内的高压电容器和多油开关室。

注：设置在室内的油浸变压器、充可燃油的高压电容器和多油开关室，可采用细水雾灭火系统。

问题 157：自动喷水灭火系统设计因素有哪些？

设置自动喷水灭火系统的目的，无疑是为了有效扑救初期火灾。大量的应用和试验证明，为了保证和提高自动喷水灭火系统的可靠性，离不开以下四个方面的因素：

（1）闭式喷头或启动系统的火灾探测器，应能有效探测初期火灾。

（2）湿式系统、干式系统应在开放一只喷头后自动启动，预作用系统、雨淋系统应在火灾自动报警系统报警后自动启动。

（3）作用面积内开放的喷头，应在规定时间内按设计选定的强度持续喷水。

（4）喷头洒水时应均匀分布，且不应受阻挡。

以上四个方面的因素缺一不可，系统的设计只有满足了这四个方面的技术要求，才能确保系统的可靠性。

问题 158：自动喷水灭火系统的类型有哪些？

自动喷水灭火系统可以用于各种建筑物中允许用水灭火的场所和保护对象，根据被保护建筑物的使用性质、环境条件和火灾发展、发生特性的不同，自动喷水灭火系统可以有多种不同类型，工程中常常根据系统中喷头开闭形式的不同，将其分为开式和闭式自动喷水灭火系统两大类。

属于闭式自动喷水灭火系统的有湿式系统、干式系统、预作用系统、重复启闭预作用系统和自动喷水一泡沫联用灭火系统。属于开式自动喷水灭火系统的有水幕系统、雨淋系统和水雾系统。

问题 159：湿式自动喷火灭火系统由哪些部分组成？其特点是什么？

湿式自动喷水灭火系统（图 5-1）通常由管道系统、闭式喷头、湿式报警阀、水流指示器、报警装置和供水设施等组成。火灾发生时，在火场温度作用下，闭式喷头的感温元件温度达到指定的动作温度后，喷头开启喷水灭火，阀后压力下降，湿式阀瓣打开，水经延时器后通向水力警铃，发出声响报警信号，与此同时，水流指示器及压力开关也将信号传送至消防控制中心，经系统判断确认火警后启动消防水泵向管网加压供水，实现持续自动喷水灭火。

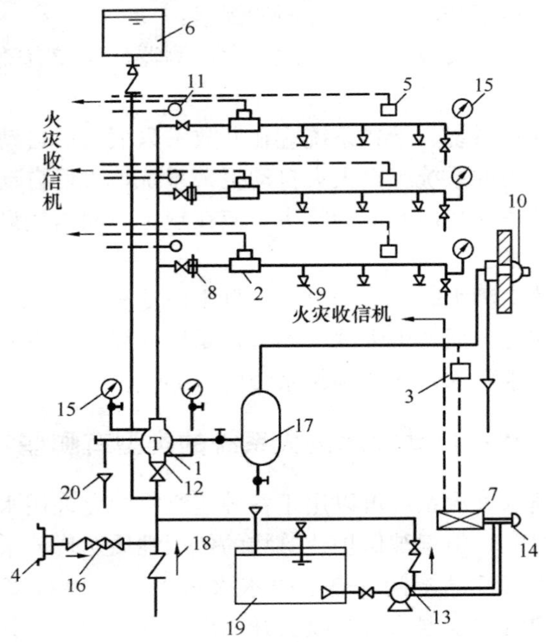

图 5-1　湿式自动喷水灭火系统

1—湿式报警阀；2—水流指示器；3—压力继电器；4—水泵接合器；5—感烟探测器；6—水箱；7—控制箱，8—减压孔板；9—喷头；10—水力警铃；11—报警装置；12—闸阀；13—水泵；14—按钮；15—压力表；16—安全阀；17—延迟器；18—止回阀；19—贮水池；20—排水漏斗湿式自动喷水灭火系统具有施工和管理维护方便、结构简单、使用可靠、灭火速度快、控火效率高及建设投资少等优点。但是其管路在喷头中始终充满水，所以，一旦发生渗漏会损坏建筑装饰，应用受环境温度的限制，适合安装在温度不高于 70℃，且不低于 4℃且能用水灭火的建（构）筑物内。

问题 160：干式自动喷水灭火系统由哪些部分组成？其特点是什么？

干式自动喷水灭火系统（图 5-2）由管道系统、闭式喷头、

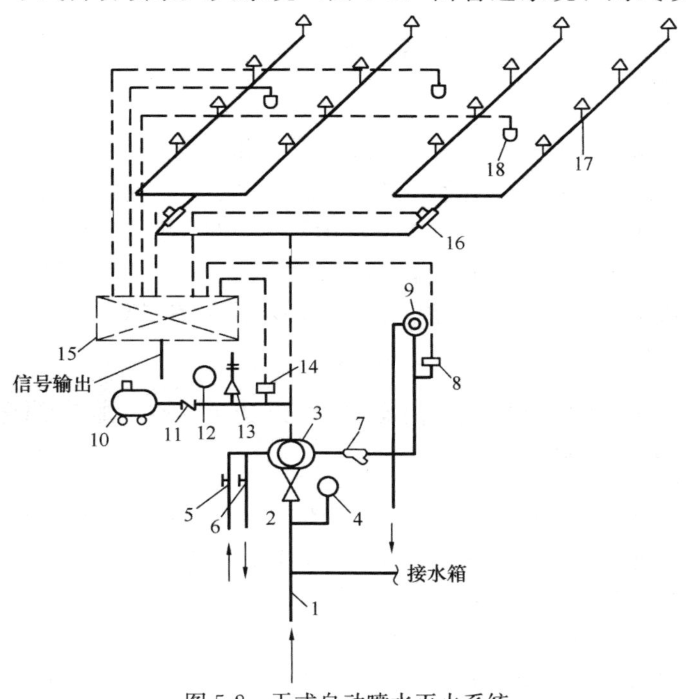

图 5-2　干式自动喷水灭火系统

1—供水管；2—闸阀；3—干式报警阀；4—压力表；5，6—截止阀；7—过滤器；8、14—压力开关；9—水力警铃；10—空压机；11—止回阀；12—压力表；13—安全阀；15—火灾报警控制箱；16—水流指示器；17—闭式喷头；18—火灾探测器

干式报警阀、水流指示器、报警装置、充气设备、排气设备和供水设备等组成。

干式喷水灭火系统由于报警阀后的管路中无水，不怕环境温度高，不怕冻结，因而适用于环境温度低于 4℃或高于 70℃的建筑物和场所。

干式自动喷水灭火系统与湿式自动喷水灭火系统相比，增加了一套充气设备，管网内的气压要经常保持在一定范围内，因而管理比较复杂，投资较多。喷水前需排放管内气体，灭火速度不如湿式自动喷水灭火系统快。

问题 161：干湿式自动喷火灭火系统由哪些部分组成？其特点是什么？

干湿两用自动喷水灭火系统是干式自动喷水灭火系统与湿式自动喷水灭火系统交替使用的系统。其组成包括闭式喷头、管网系统、干湿两用报警阀、水流指示器、信号阀、末端试水装置、充气设备和供水设施等。干湿两用系统在使用场所环境温度高于 70℃或低于 4℃时，系统呈干式；环境温度在 4℃到 70℃之间时，可以将系统转换成湿式系统。

问题 162：预作用自动喷水灭火系统由哪些部分组成？其特点是什么？

预作用自动喷水灭火系统（图 5-3）由管道系统、闭式喷头、雨淋阀、火灾探测器、报警控制装置、控制组件、充气设备和供水设施等部件组成。

预作用系统在雨淋阀以后的管网中平时充氮气或低压空气，可避免因系统破损而造成的水渍损失。另外这种系统有能在喷头动作之前及时报警并转换成湿式系统的早期报警装置，克服了干式喷水灭火系统必须待喷头动作，完成排气后才可以喷水灭火，从而延迟喷水时间的缺点。但预作用系统比干式系统或湿式系统多一套自动探测报警和自动控制系统，建设投资多，构造比较复

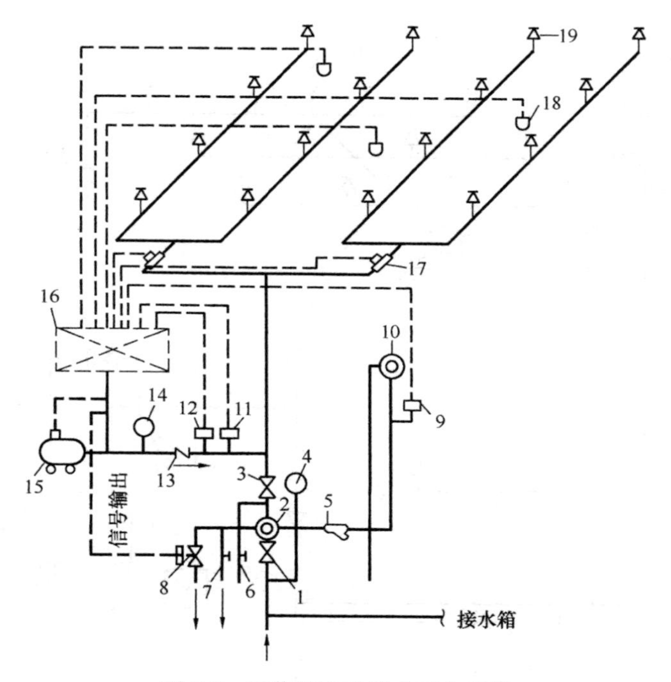

图 5-3 预作用自动喷水灭火系统

1—总控制阀；2—预作用阀；3—检修闸阀；4、14—压力表；5—过滤器；6—截止阀；7—手动开启阀；8—电磁阀；9、11—压力开关；10—水力警铃；12—低气压报警压力开关；13—止回阀；15—空压机；16—报警控制箱；17—水流指示器；18—火灾探测器；19—闭式喷头

杂。对于要求系统处于准工作状态时严禁管道漏水、严禁系统误喷、替代干式系统等场所，应采用预作用系统。

问题 163：自动喷水-泡沫联用灭火系统由哪些部分组成？其特点是什么？

在普通湿式自动喷水灭火系统中并联一个钢制带橡胶囊的泡沫罐，橡胶囊内装轻水泡沫浓缩液，在系统中配上控制阀及比例混合器就成了自动喷水-泡沫联用灭火系统，如图 5-4 所示。

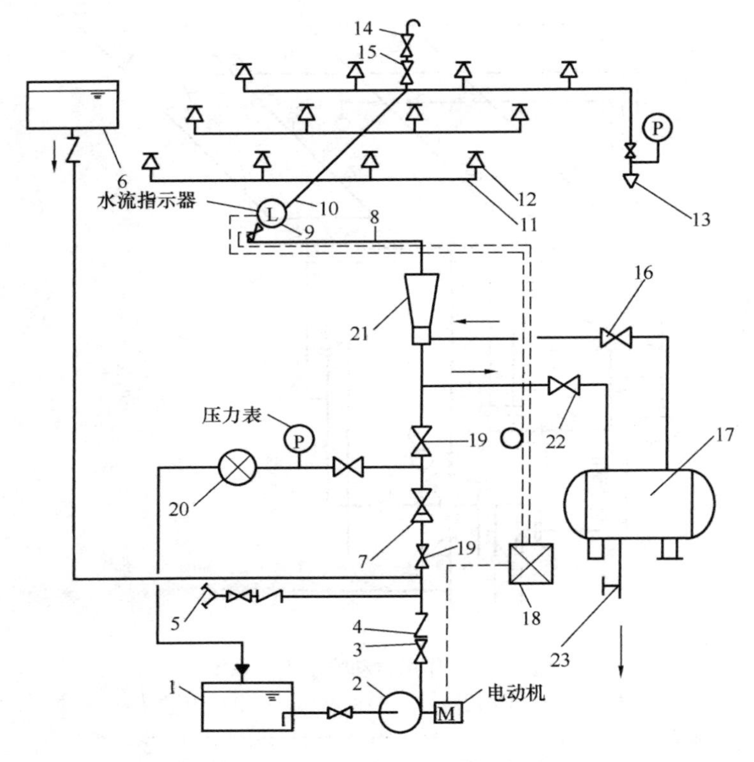

图 5-4　自动喷水-泡沫联用灭火系统

1—水池；2—水泵；3—闸阀；4—止回阀；5—水泵接合器；6—消防水箱；7—预作用报警阀组；8—配水干管；9—水流指示器；10—配水管；11—配水支管；12—闭式喷头；13—末端试水装置；14—快速排气阀；15—电动阀；16—进液阀；17—泡沫罐；18—报警控制器；19—控制阀；20—流量计；21—比例混合器；22—进水阀；23—排水阀

该系统的特点是闭式系统采用泡沫灭火剂，强化了自动喷水灭火系统的灭火性能。当采用先喷水后喷泡沫的联用方式时，前期喷水起控火作用，后期喷泡沫可强化灭火效果；当采用先喷泡沫后喷水的联用方式时，前期喷泡沫起灭火作用，后期喷水可起冷却及防止复燃效果。

该系统流量系数大，水滴穿透力强，可有效用于高堆货垛和高架仓库、柴油发动机房、燃油锅炉房和停车库等场所。

问题 164：什么是重复启闭预作用系统？其特点是什么？

重复启闭预作用系统是在预作用系统的基础上发展起来的。该系统不但能自动喷水灭火，而且能在火灾扑灭后自动关闭系统。重复启闭预作用系统的工作原理和组成与预作用系统相似，不同之处是重复启闭预作用系统采用了一种既可在环境恢复常温时输出灭火信号，又可输出火警信号的感温探测器。当感温探测器感应到环境的温度超出预定值时，报警并打开具有复位功能的雨淋阀和开启供水泵，为配水管道充水，并在喷头动作后喷水灭火。喷水的情况下，当火场温度恢复至常温时，探测器发出关停系统的信号，在按设定条件延迟喷水一段时间后停止喷水，关闭雨淋阀。若火灾复燃、温度再次升高时，系统则再次启动，直至彻底灭火。

重复启闭预作用系统优于其他喷水灭火系统，但造价高，一般只适用于灭火后必须及时停止喷水，要求减少不必要水渍的建筑，如集控室计算机房、电缆间、配电间和电缆隧道等。

问题 165：雨淋喷水灭火系统由哪些部分组成？其特点是什么？

雨淋系统采用开式洒水喷头，由雨淋阀控制喷水范围，利用配套的火灾自动报警系统或传动管系统监测火灾并自动启动系统灭火。发生火灾时，火灾探测器将信号送至火灾报警控制器，压力开关、水力警铃一起报警，控制器输出信号打开雨淋阀，同时启动水泵连续供水，使整个保护区内的开式喷头喷水灭火。雨淋系统可由电气控制启动、传动管控制启动或手动控制。传动管控制启动包括湿式和干式两种方法，如图 5-5 所示。雨淋系统具有出水量大、灭火及时的优点。

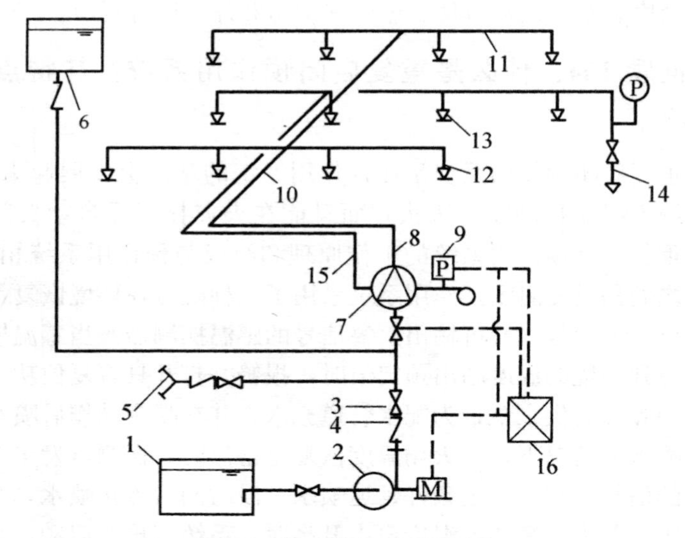

图 5-5　传动管启动雨淋系统

1—水池；2—水泵；3—闸阀；4—止回阀；5—水泵接合器；6—消防水箱；7—雨淋报警阀组；8—配水干管；9—压力开关；10—配水管；11—配水支管；12—开式洒水喷头；13—闭式喷头；14—末端试水装置；15—传动管；16—报警控制器

发生火灾时，湿（干）式导管上的喷头受热爆破，喷头出水(排气)，雨淋阀控制膜室压力下降，雨淋阀打开，压力开关动作，启动水泵向系统供水。电气控制系统如图 5-6 所示，保护区内的火灾自动报警系统探测到火灾后发出信号，打开控制雨淋阀的电磁阀，雨淋阀控制膜室压力下降，雨淋阀开启，压力开关动作，启动水泵向系统供水。

问题 166：水幕消防给水系统由哪些部分组成？

水幕消防给水系统主要由开式喷头、水幕系统控制设备及探测报警装置、供水设备和管网等组成，如图 5-7 所示。

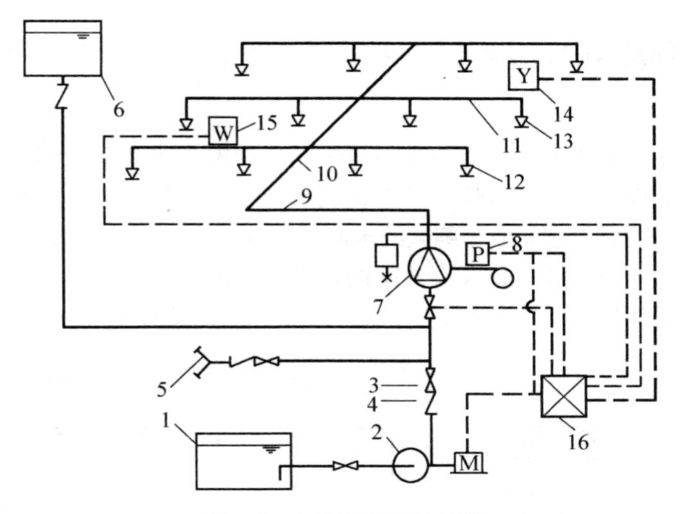

图 5-6　电动启动雨淋系统

1—水池；2—水泵；3—闸阀；4—止回阀；5—水泵接合器；6—消防水箱；7—雨淋报警阀组；8—压力开关；9—配水干管；10—配水管；11—配水支管；12—开式洒水喷头；13—闭式喷头；14—烟感探测器；15—温感探测器；16—报警控制器

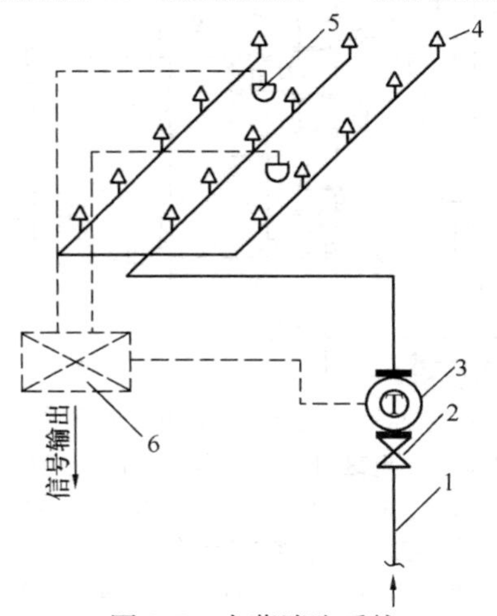

图 5-7　水幕消防系统

1—供水管；2—总闸阀；3—控制阀；4—水幕喷头；5—火灾探测器；6—火灾报警控制器

问题 167：水喷雾灭火系统由哪些部分组成？其特点是什么？

水喷雾灭火系统是用水喷雾头取代雨淋灭火系统中的干式洒水喷头而形成的。水喷雾是水在喷头内直接经历冲撞、回转和搅拌后再喷射出来的成为细微的水滴而形成的。它具有较好的冷却、窒息与电绝缘效果，灭火效率高，可扑灭液体火灾、电气设备火灾、石油加工厂，多用于变压器等，其系统组成如图 5-8 所示。

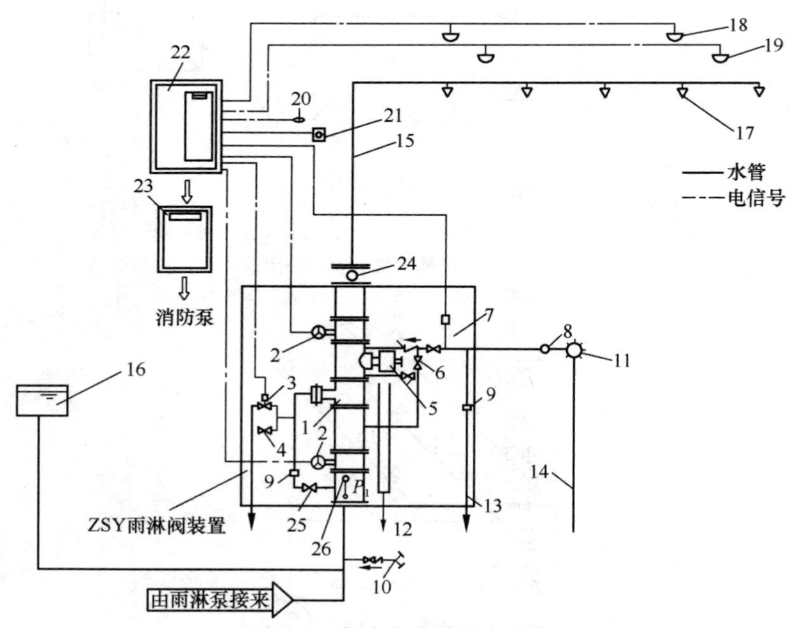

图 5-8　自动水喷雾灭火系统

1—雨淋阀；2—蝶阀；3—电磁阀；4—应急球阀；5—泄放试验阀；6—报警试验阀；7—报警止回阀；8—过滤器；9—节流孔；10—水泵接合器；11—墙内外水力警铃；12—泄放检查管排水；13—漏斗排水；14—水力警铃排水；15—配水干管（平时通大气）；16—水塔；17—中速水雾接头或高速喷射器；18—定温探测器；19—差温探测器；20—现场声报警；21—防爆遥控现场电启动器；22—报警控制器；23—联动箱；24—挠曲橡胶接头；25—截止阀；26—水压力表

问题 168：自动喷水灭火系统的选型有哪些要求？

（1）自动喷水灭火系统的系统选型，应根据设置场所的火灾特点或环境条件确定，露天场所不宜采用闭式系统。

（2）环境温度不低于 4℃且不高于 70℃的场所应采用湿式系统。

（3）环境温度低于 4℃，或高于 70℃的场所应采用干式系统。

（4）具有下列要求之一的场所应采用预作用系统：

1）系统处于准工作状态时，严禁管道漏水。

2）严禁系统误喷。

3）替代干式系统。

（5）灭火后必须及时停止喷水的场所，应采用重复启闭预作用系统。

（6）具有下列条件之一的场所，应采用雨淋系统：

1）火灾的水平蔓延速度快、闭式喷头的开放不能及时使喷水有效覆盖着火区域。

2）室内净空高度超过表 5-2 的规定，且必须迅速扑救初期火灾。

3）严重危险级Ⅱ级。

采用闭式系统场所的最大净空高度（m） **表 5-2**

设置场所	采用闭式系统场所的最大净空高度
民用建筑和工业厂房	8
仓库	9
采用早期抑制快速响应喷头的仓库	13.5
非仓库类高大净空场所	12

（7）符合表 5-3 规定条件的仓库，当设置自动喷水灭火系统时，宜采用早期抑制快速响应喷头，并宜采用湿式系统。

仓库采用早期抑制快速响应喷头的系统设计基本参数　　表 5-3

储物类别	最大净空高度/m	最大储物高度/m	喷头流量系数 K	喷头最大间距/m	作用面积内开放的喷头数/只	喷头最低工作压力/MPa
Ⅰ级、Ⅱ级、沥青制品、箱装不发泡塑料	9.0	7.5	200	3.7	12	0.35
			360			0.10
	10.5	9.0	200	3.0	12	0.50
			360			0.15
	12.0	10.5	200		12	0.50
			360			0.20
	13.5	12.0	360		12	0.30
袋装不发泡塑料	9.0	7.5	200	3.7	12	0.35
			240			0.25
	93.5	7.5	200		12	0.40
			240			0.30
	12.0	10.5	200	3.0	12	0.50
			240			0.35
箱装发泡塑料	9.0	7.5	200	3.7	12	0.35
	9.5	7.5	200		12	0.40
			240			0.30

注：快速响应早期抑制喷头在保护最大高度范围内，如有货架应为通透性层板。

（8）存在较多易燃液体的场所，宜按下列方式之一采用自动喷水——泡沫联用系统：

1）采用泡沫灭火剂强化闭式系统性能。

2）雨淋系统前期喷水控火，后期喷泡沫强化灭火效能。

3）雨淋系统前期喷泡沫灭火，后期喷水冷却防止复燃。

系统中泡沫灭火剂的选型、储存及相关设备的配置，应符合现行国家标准《泡沫灭火系统设计规范》（GB 50151—2010）的规定。

（9）建筑物中保护局部场所的干式系统、预作用系统、雨淋系统、自动喷水——泡沫联用系统，可串联接入同一建筑物内湿式系统，并应与其配水干管连接。

（10）自动喷水灭火系统应有下列组件、配件和设施。

1）应设有洒水喷头、水流指示器、报警阀组；压力开关等组件和末端试水装置，以及管道、供水设施。

2）控制管道静压的区段宜分区供水或设减压阀，控制管道动压的区段宜设减压孔板或节流管。

3）应设有泄水阀（或泄水口）、排气阀（或排气口）和排污口。

4）干式系统和预作用系统的配水管道应设快速排气阀。有压充气管道的快速排气阀入口前应设电动阀。

（11）防护冷却水幕应直接将水喷向被保护对象；防火分隔水幕不宜用于尺寸超过 15m(宽)×8m(高)的开口(舞台口除外)。

问题 169：自动喷水灭火系统分区原则有哪些？

大型建筑或高层建筑往往需要若干个自动喷水灭火系统才能符合实际使用的要求，在平面上、竖向上分区装设各自的系统。

1. 平面分区的原则

（1）系统的设置宜与建筑防火分区一致，尽量做到在区界内不出现两个以上的系统交叉；若在同层平面上有两个以上自动喷水灭火系统时，系统相邻处两个边缘喷头之间的间距不应超过 0.5m，以加强喷水强度，起到加强两区之间阻火能力的作用，如图 5-9 所示。

（2）每一个系统所控制的喷头数量不能超过一个报警阀控制

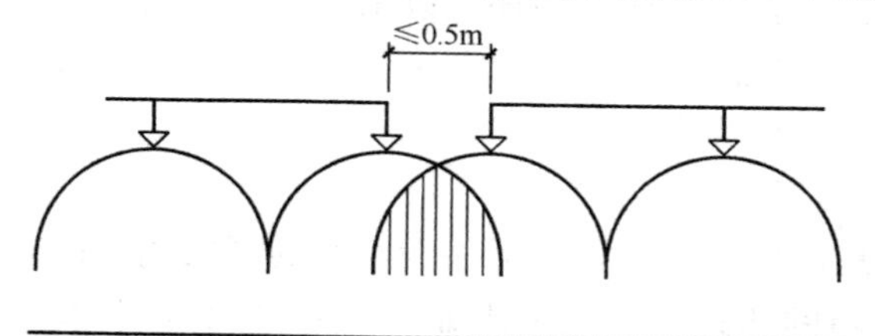

图 5-9　两个相邻自动喷水灭火系统交界处的喷头间距要求

的最多喷头数，湿式系统、预作用系统不宜超过 800 只；无排气装置的干式系统最大喷头数不宜大于 250 只，有排气装置的干式系统不宜超过 500 只。

（3）系统管道敷设应有一定的坡度坡向排水口，管道坡降值通常不宜超过 0.3m。

2. 竖向分区的原则

（1）在自动喷水灭火系统管网之内的工作压力不应大于 1.2MPa，考虑到系统管网安装在吊顶内以及我国管道安装的条件，适当降低管网的工作压力可减少维修工作量和防止发生渗漏。自动喷水灭火的竖向分区压力可以与消火栓给水系统相近。通常把每一分区内的最高喷头与最低喷头之间的高程差控制在 50m 内。为确保同一竖向分区内的供水均匀性，在分区低层部分的入口处设减压孔板，将入口压力控制在 0.40MPa 以下。

（2）屋顶设高位水箱供水系统，最高层喷头最低供水压力小于 0.05MPa 时，需增设增压设备，可单独形成一个系统。

（3）在城市供水管道能够保证安全供水时，可充分利用城市自来水压力，单独形成一个系统。

3. 闭式系统常用的给水方式

（1）设重力水箱与水泵的分区供水

此种系统布置方式适用于建筑高度低于 100m 的一般高层建筑，如图 5-10 所示。优点是能保证初期火灾的消防出水量，且水压稳定、安全可靠。气压水罐设在高处，工作压力小，有效容积利用率高；低层供水在报警阀前采用减压阀减压，确保系统供水的均匀性。在实际应用中还可以采用多级多出口水泵替代该系统的水泵及减压阀，用同一水泵来保证高、低区各自不同的用水压力，使系统更为简单。

（2）无水箱分区供水

对于地震区高层建筑、无法设水箱的高层建筑或规范允许不设消防水箱的建筑，可以采用如图 5-11 所示的无水箱分区供水系统布置方式。

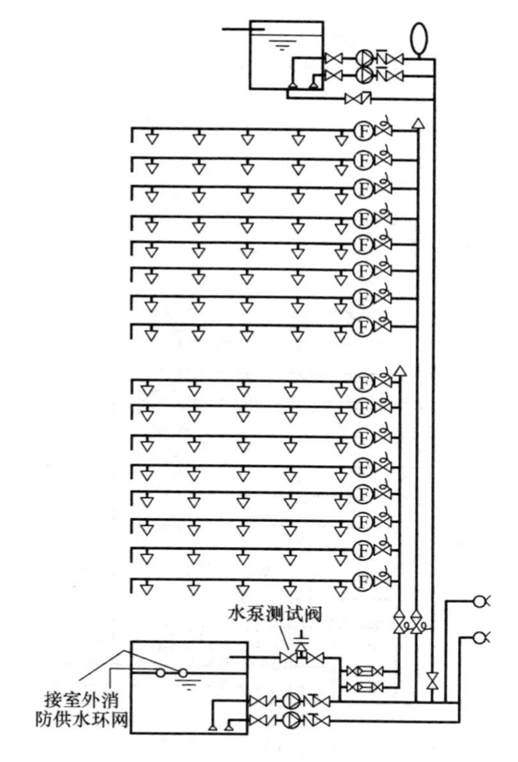

图 5-10　设重力水箱和水泵的分区给水方式

此种布置方式对供电的要求更严格，其中的消防泵可换成气压给水装置或变频调速装置。由于不设高位水箱，所以初期火灾10min 的消防用水得不到保证，气压水罐容积较大。

（3）串联分区供水

如图 5-12 所示为水箱串联分区供水方式。

此种系统布置方式适用于建筑高度 100m 以上的超高层建筑之中。该系统高低区供水独立。低区采用屋顶消防水箱作稳压水源，使中间水箱的高度不受限制。高区则采用水泵串联加压供水。高区发生火灾时，先启动运输泵再启动喷淋，水泵运行安全、可靠。减压阀设置在高位，工作压力低，对于超过消防车压

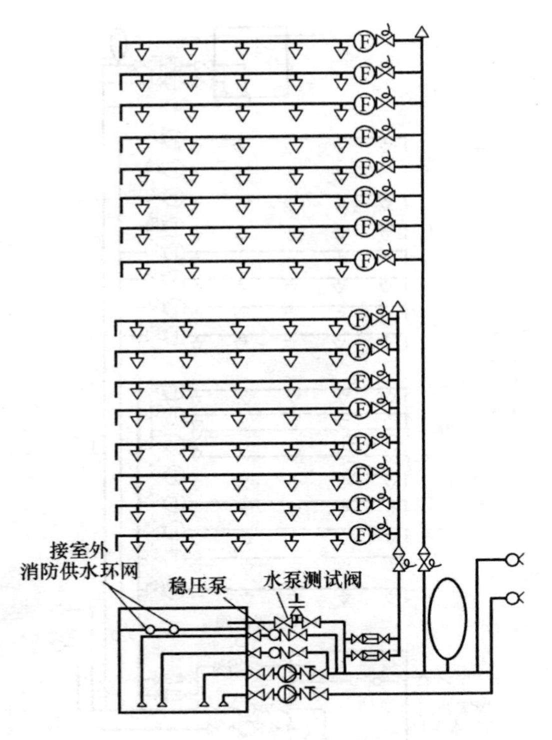

图 5-11　无水箱分区供水给水方式

力范围的高区范围，可在位于低区的高压消防水泵接合器处设置能启动高区水泵的启泵按钮，使消防车能够利用消防水泵接合器与高区水泵串联工作，向高区加压供水。该系统设中间消防水箱，占用上层使用面积，容易产生噪声及二次污染；水泵机组多，投资大；设备分散，不便于维护管理。

串联分区给水方式也可采用水泵串联方式，即低区喷淋泵作为高区的传输泵，从而节省了投资和占用面积。但低区喷淋泵同时要受高、低区报警的控制，系统控制比较复杂，运行可靠性存在一定的风险。

(4) 水泵并联供水

如图 5-13 所示。初期火灾用水通过屋顶高位水箱统一供给，

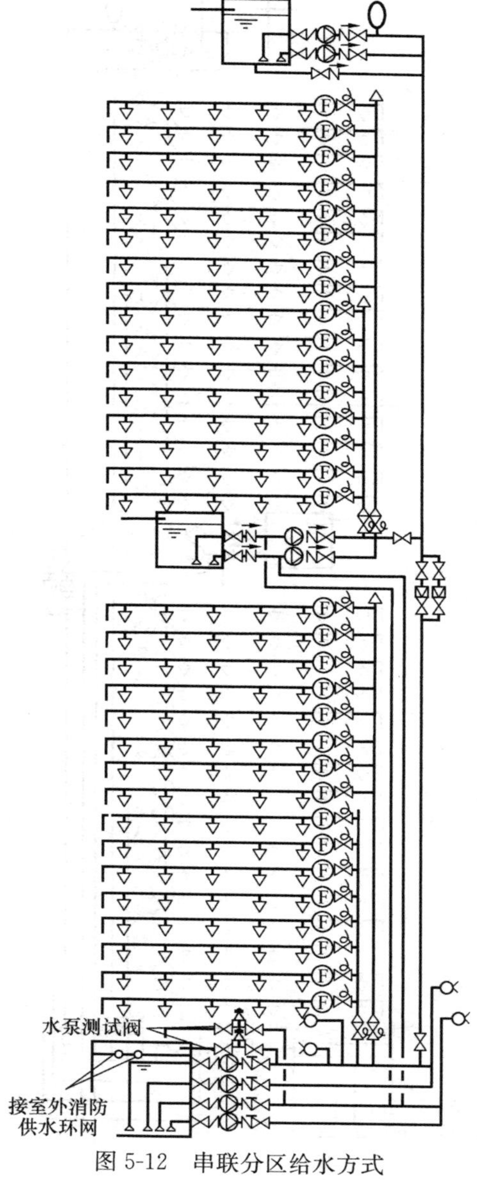

图 5-12　串联分区给水方式

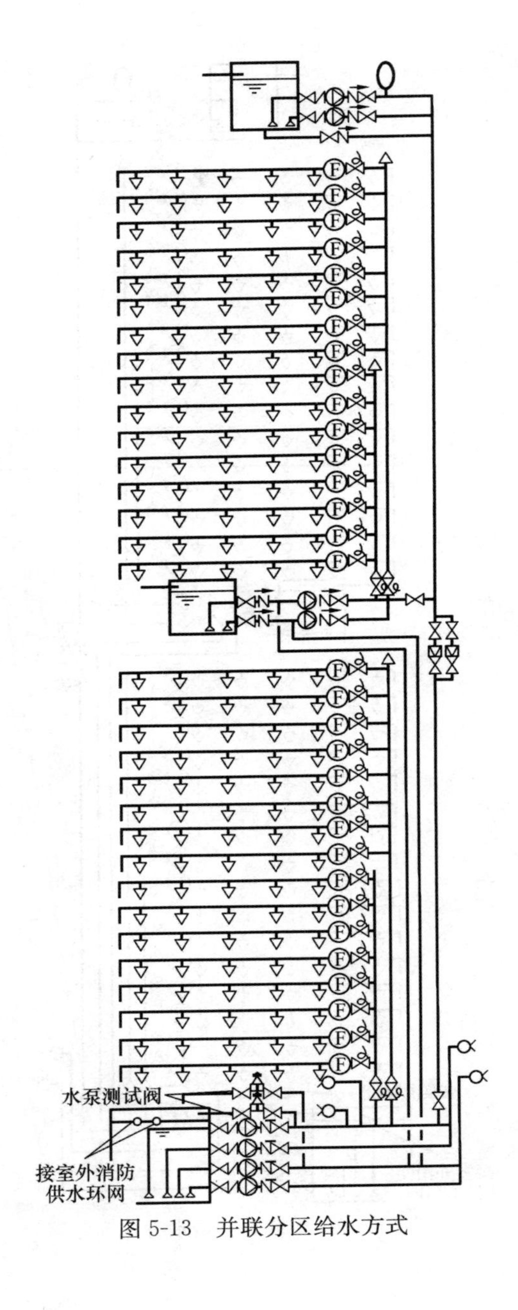

图 5-13　并联分区给水方式

不设中间分区减压水箱，节省中间层建筑面积。分区消防水泵集中在地下层，水泵机组少，并且管理、启动方便。缺点是水泵扬程按最高层最不利喷头工作压力计算，对Ⅰ区而言，水泵扬程过剩，Ⅰ区需设减压阀。因为水泵扬程有限，这种给水方式不适用于高区高度超出水泵供水压力范围的情况。

问题 170：喷头有哪些类型？

喷头根据结构和用途的不同，可按表 5-4 中的形式分类。

喷头的类型 **表 5-4**

序号	喷头类型		图例	特点
1	闭式喷头	玻璃球闭式喷头	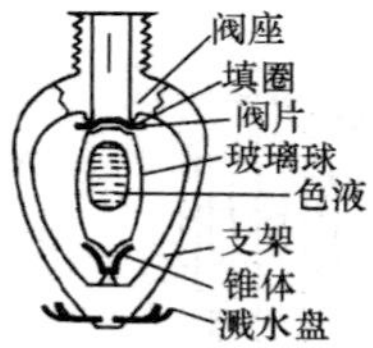 阀座 填圈 阀片 玻璃球 色液 支架 锥体 溅水盘	玻璃球用于支撑喷小口的阀盖，玻璃球内充装一种高膨胀液体，如乙醚、酒精等。球内留有一个小气泡，当温度升高时，小气泡会缩小，溶入液体中，在低于动作温度 5℃时，液体全部充满玻璃球容积，温度再升高，玻璃球爆炸成碎片，喷水口阀盖脱落，喷水口开启，喷水灭火
2		易熔合金闭式喷头	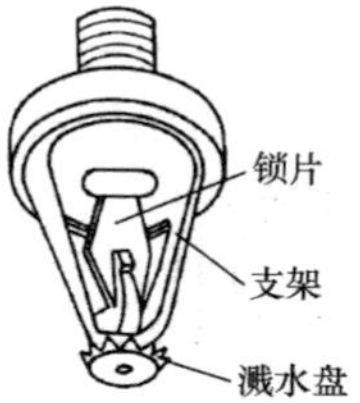 锁片 支架 溅水盘	喷口平时被玻璃阀堵塞封盖住，玻璃阀堵由三片锁片组成的支撑顶住，锁片由易熔合金焊料焊住。当喷头周围温度达到预定限制时，焊接锁片的易熔合金焊料熔化，三锁片各自分离落下，管路中的压力水冲开玻璃阀堵喷出

续表

序号	喷头类型		图例	特点
3	闭式喷头	直立型洒水喷头		直立安装于供水支管上；洒水形状为抛物体形，它将水量约60%～80%向下喷洒，同时还有一部分喷向顶棚
4		下垂型洒水喷头		下垂安装于供水支管上，洒水的形状为抛物体形，它将水量的80%～100%向下喷洒
5		边墙型洒水喷头		靠墙安装，分为水平和直立型两种形式。喷头的洒水形状为半抛物体形，它将水直接洒向保护区域
6		普通型洒水喷头	—	既可直立安装也可下垂安装，洒水的形状为球形。它将水量的40%～60%向下喷洒，同时还将一部分水喷向顶棚
7		吊顶型洒水喷头		吊顶型洒水喷头安装于隐蔽在吊顶内的供水支管上，分为平齐型、半隐蔽型和隐蔽型三种形式。喷头的洒水形状为抛物体形

续表

序号	喷头类型		图例	特点
8	闭式喷头	干式洒水喷头	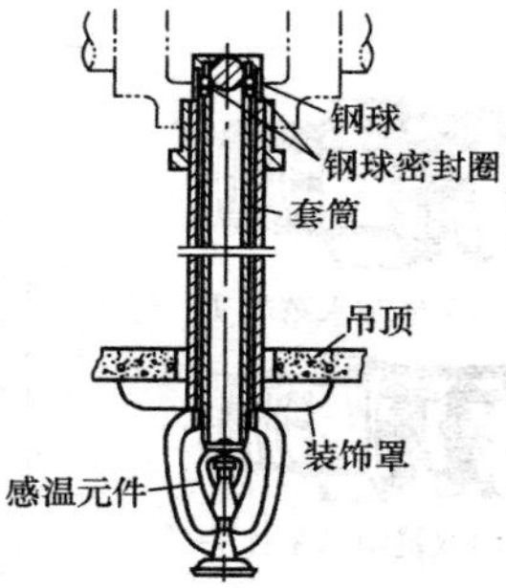	专用于干式系统或其他充气系统的下垂型喷头。与上述喷头的差别，只是增加了一段辅助管，管内有活动套筒和钢球。喷头未动作时钢球将辅助管封闭，水不能进入辅助管和喷头体内，这样可以避免干式系统喷水后，未动作的喷头体内积水排不出而造成冻结的弊病。喷头动作时，套筒向下移动，钢球由喷口喷出，水就喷出来了
9	开式喷头	开式洒水喷头	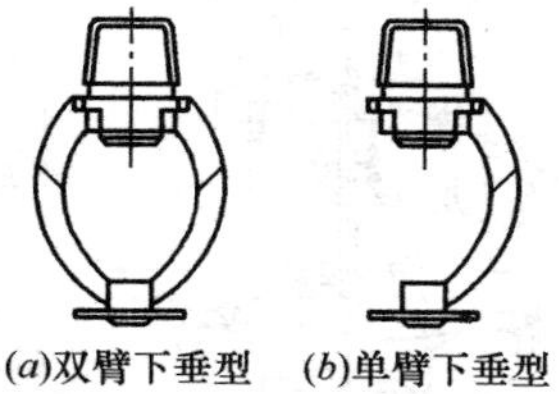 (*a*)双臂下垂型 (*b*)单臂下垂型 (*c*)双臂直立型 (*d*)双臂边墙型	主要用于雨淋系统，它按安装形式可分为直立型和下垂型，按结构可分为单臂和双臂两种
10		喷雾喷头	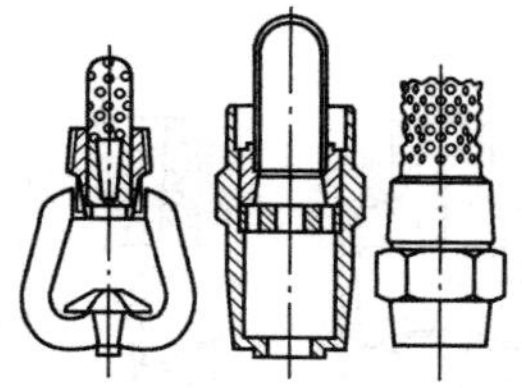 (*a*)中速型 (*b*)高速型	是在一定压力下将水流分解为细小的水滴，以锥形喷出的喷头，主要用于水雾系统。这种喷头由于喷出的水滴细小，使水的总表面积比一般的洒水喷头要大几倍，在灭火中吸热面积大，冷却作用强。同时，水雾受热汽化形成的大量水蒸气对火焰起窒息作用

续表

序号	喷头类型		图例	特点
11	开式喷头	幕帘式水幕喷头	—	幕帘式水幕喷头有缝隙式和雨淋式两类
12		缝隙式水幕喷头	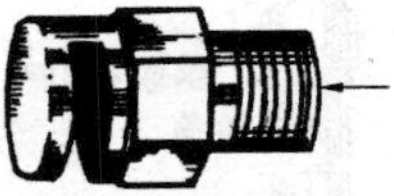 (a)单缝隙水幕喷头  (b)双缝隙水幕喷头	缝隙式水幕喷头能形成带形水幕，起分隔作用。如设在露天生产装置区，将露天生产装置分隔成数个小区；或保护个别建筑物避开相邻设备火灾的危害等。它又有单缝隙式和双缝隙式两种
13		雨淋式水幕喷头	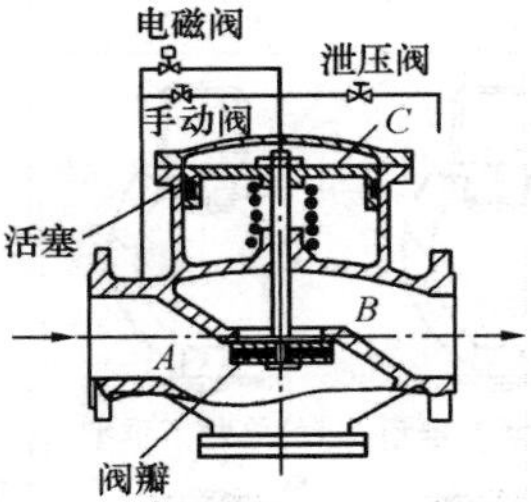 电磁阀 泄压阀 手动阀 C 活塞 B A 阀瓣	雨淋式水幕喷头用于造成防火水幕带，起着防火分隔作用。如开口部位较大，用一般的水幕难以阻止火势扩大和火灾蔓延的部位，常采用此种喷头
14		窗口水幕喷头	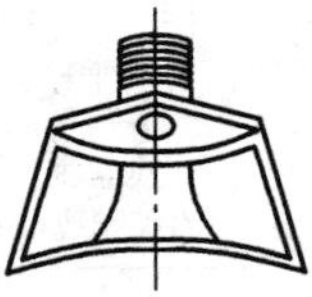	当防止火灾通过窗口蔓延扩大或增强窗扇、防火卷帘、防火幕的耐火能力而设置的水幕喷头
15		檐口水幕喷头	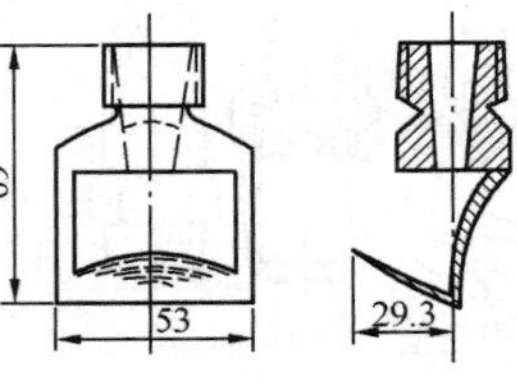 69 53 29.3	用于防止邻近建筑火灾对屋檐（可燃或难燃屋檐）的威胁或增加屋檐的耐火能力而设置的向屋檐洒水的水幕喷头

续表

序号	喷头类型		图例	特点
16	特殊喷头	大水滴洒水喷头	—	有一个复式溅水盘，从喷口喷出的水流经溅水盘后形成一定比例的大小水滴，均匀喷向保护区。适用于湿式、预作用等自动喷水灭火系统，特别是保护那些火灾时燃烧较猛烈的大空间场所
17		自动启闭洒水喷头	—	在火灾发生时能自动开启喷水，火灾扑灭后又能自动关闭。是利用双金属片组成的感温元件的变形控制，启闭喷口阀的先导阀，实现喷口的自动启闭
18		快速反应洒水喷头	—	主要用于住宅、医院等场所。具有在火灾时能快速感应火灾并迅速出水灭火的特性，能减少喷头的启动数和灭火所需的水量
19		扩大覆盖面洒水喷头	—	比其他喷头的喷水保护面积大，可达 31～36m^2，而一般喷头只有 9～21m^2

问题 171：如何进行喷头选型？

（1）湿式系统的喷头选型应符合下列规定：

1）不作吊顶的场所，当配水支管布置在梁下时，应采用直立型喷头。

2）吊顶下布置的喷头，应采用下垂型喷头或吊顶型喷头。

3）顶板为水平面的轻危险级、中危险级Ⅰ级居室和办公室，可采用边墙型喷头。

4）自动喷水——泡沫联用系统应采用洒水喷头。

5）易受碰撞的部位，应采用带保护罩的喷头或吊顶型喷头。

（2）干式系统、预作用系统应采用直立型喷头或干式下垂型喷头。

（3）水幕系统的喷头选型应符合下列规定：

1）防火分隔水幕应采用开式洒水喷头或水幕喷头。

2）防护冷却水幕应采用水幕喷头。

（4）下列场所宜采用快速响应喷头：

1）公共娱乐场所、中庭环廊。

2）医院、疗养院的病房及治疗区域，老年、少儿、残疾人的集体活动场所。

3）超出水泵接合器供水高度的楼层。

4）地下的商业及仓储用房。

（5）同一隔间内应采用相同热敏性能的喷头。

（6）雨淋系统的防护区内应采用相同的喷头。

（7）自动喷水灭火系统应有备用喷头，其数量不应少于总数的1%，且每种型号均不得少于10只。

问题172：如何进行喷头布置？

（1）喷头应布置在顶板或吊顶下易于接触到火灾热气流并有利于均匀布水的位置。当喷头附近有障碍物时，应增设补偿喷水强度的喷头。

（2）直立型、下垂型喷头的布置，包括同一根配水支管上喷头的间距及相邻配水支管的间距，应根据系统的喷水强度、喷头的流量系数和工作压力确定，并不应大于表5-5的规定，且不宜小于2.4m。

同一根配水支管上喷头的间距及相邻配水支管的间距 **表 5-5**

喷水强度/[L/(min·m²)]	正方形布置的边长/m	矩形或平行四边形布置的长边边长/m	一只喷头的最大保护面积/m²	喷头与端墙的最大距离/m
4	4.4	4.5	20.0	2.2
6	3.6	4.0	12.5	1.8
8	3.4	3.6	11.5	1.7
≥12	3.0	3.6	9.0	1.5

注：1. 仅在走道设置单排喷头的闭式系统，其喷头间距应按走道地面不留漏喷空白点确定。

2. 喷水强度大于 8L/min·m²时，宜采用流量系数 $K>80$ 的喷头。

3. 货架内置喷头的间距均不应小于 1m，并不应大于 3m。

（3）除吊顶型喷头及吊顶下安装的喷头外，直立型、下垂型标准喷头，其溅水盘与顶板的距离，不应小于 75mm、不应大于 150mm。

1）当在梁或其他障碍物底面下方的平面上布置喷头时，溅水盘与顶板的距离不应大于 300mm，同时溅水盘与梁等障碍物底面的垂直距离不应小于 25mm、不应大于 100mm。

2）当在梁间布置喷头时，应符合相关规定。确有困难时，溅水盘与顶板的距离不应大于 550mm。梁间布置的喷头，喷头溅水盘与顶板距离达到 550mm 仍不能符合相关规定时，应在梁底面的下方增设喷头。

3）密肋梁板下方的喷头，溅水盘与密肋梁板底面的垂直距离，不应小于 25mm 且不应大于 100mm。

4）净空高度不超过 8m 的场所中，间距不超过 4m×4m 布置的十字梁，可在梁间布置 1 只喷头，但喷水强度仍应符合表 5-6的规定。

民用建筑和工业厂房的系统设计参数　　　　表 5-6

<table>
<tr><th colspan="2">火灾危险等级</th><th>净空高度/m</th><th>喷水强度/(L/min·m²)</th><th>作用面积/m²</th></tr>
<tr><td colspan="2">轻危险级</td><td rowspan="6">≤8</td><td>4</td><td rowspan="3">160</td></tr>
<tr><td rowspan="2">中危险级</td><td>Ⅰ级</td><td>6</td></tr>
<tr><td>Ⅱ级</td><td>8</td></tr>
<tr><td rowspan="2">严重危险级</td><td>Ⅰ级</td><td>12</td><td rowspan="2">260</td></tr>
<tr><td>Ⅱ级</td><td>16</td></tr>
</table>

注：系统最不利点处喷头的工作压力不应低于 0.05MPa。

（4）早期抑制快速响应喷头的溅水盘与顶板的距离，应符合表 5-7 的规定。

早期抑制快速响应喷头的溅水盘与顶板的距离（mm）　　　　表 5-7

喷头安装方式	直立型		下垂型	
	不应小于	不应大于	不应小于	不应大于
溅水盘与顶板的距离	100	150	150	360

（5）图书馆、档案馆、商场、仓库中的通道上方宜设有喷头。喷头与被保护对象的水平距离，不应小于 0.3m；喷头溅水盘与保护对象的最小垂直距离不应小于表 5-8 的规定。

喷头溅水盘与保护对象的最小垂直距离（m）　　　　表 5-8

喷头类型	最小垂直距离
标准喷头	0.45
其他喷头	0.90

（6）货架内置喷头宜与顶板下喷头交错布置，其溅水盘与上方层板的距离，应符合（3）的规定，与其下方货品顶面的垂直距离不应小于 150mm。

（7）货架内喷头上方的货架层板，应为封闭层板。货架内喷头上方如有孔洞、缝隙，应在喷头的上方设置集热挡水板。集热挡水板应为正方形或圆形金属板，其平面面积不宜小于 0.12m²，周围弯边的下沿，宜与喷头的溅水盘平齐。

（8）净空高度大于 800mm 的闷顶和技术夹层内有可燃物时，应设置喷头。

（9）当局部场所设置自动喷水灭火系统时，与相邻不设自动喷水灭火系统场所连通的走道或连通门窗的外侧，应设喷头。

（10）装设通透性吊顶的场所，喷头应布置在顶板下。

（11）顶板或吊顶为斜面，喷头应垂直于斜面，并应按斜面距离确定喷头间距。

尖屋顶的屋脊处应设一排喷头。喷头溅水盘至屋脊的垂直距离，屋顶坡度≥1/3 时，不应大于 0.8m；屋顶坡度＜1/3 时，不应大于 0.6m。

（12）边墙型标准喷头的最大保护跨度与间距，应符合表5-9的规定。

边墙型标准喷头的最大保护跨度与间距（m） **表 5-9**

设置场所火灾危险等级	轻危险级	中危险级Ⅰ级
配水支管上喷头的最大间距	3.6	3.0
单排喷头的最大保护跨度	3.6	3.0
两排相对喷头的最大保护跨度	7.2	6.0

注：1. 两排相对喷头应交错布置。

2. 室内跨度大于两排相对喷头的最大保护跨度时，应在两排相对喷头中间增设一排喷头。

（13）边墙型扩展覆盖喷头的最大保护跨度、配水支管上的喷头间距、喷头与两侧端墙的距离，应按喷头工作压力下能够喷湿对面墙和邻近端墙距溅水盘 1.2m 高度以下的墙面确定，且保护面积内的喷水强度应符合表 5-6 的规定。

（14）直立式边墙型喷头，其溅水盘与顶板的距离不应小于 100mm，且不宜大于 150mm，与背墙的距离不应小于 50mm，并不应大于 100mm。

水平式边墙型喷头溅水盘与顶板的距离不应小于 150mm，

且不应大于 300mm。

(15) 防火分隔水幕的喷头布置，应保证水幕的宽度不小于 6m。采用水幕喷头时，喷头不应少于 3 排；采用开式洒水喷头时，喷头不应少于 2 排。防护冷却水幕的喷头宜布置成单排。

问题 173：如何设置喷头与障碍物的距离？

(1) 直立型、下垂型喷头与梁、通风管道的距离宜符合表 5-10 的规定（图 5-14）。

喷头与梁、通风管道的距离（m） 表 5-10

喷头溅水盘与梁或通风管道的底面的最大垂直距离 b		喷头与梁、通风管道的水平距离 a
标准喷头	其他喷头	
0	0	$a<0.3$
0.06	0.04	$0.3\leqslant a<0.6$
0.14	0.14	$0.6\leqslant a<0.9$
0.24	0.25	$0.9\leqslant a<1.2$
0.35	0.38	$1.2\leqslant a<1.5$
0.45	0.55	$1.5\leqslant a<1.8$
>0.45	>0.55	$a=1.8$

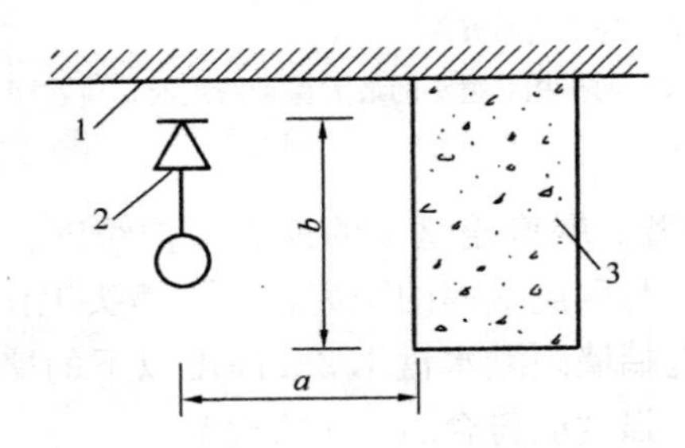

图 5-14 喷头与梁、通风管道的距离

1—顶板；2—直立型喷头；3—梁（或通风管道）

(2) 直立型、下垂型标准喷头的溅水盘以下 0.45m、其他直立型、下垂型喷头的溅水盘以下 0.9m 范围内，如有屋架等间断障碍物或管道时，喷头与邻近障碍物的最小水平距离宜符合表5-11的规定（图5-15）。

喷头与邻近障碍物的最小水平距离（m）　　表5-11

喷头与邻近障碍物的最小水平距离 a	
c、e或$d\leqslant 0.2$	c、e或$d>0.2$
$3c$或$3e$（c与e取大值）或$3d$	0.6

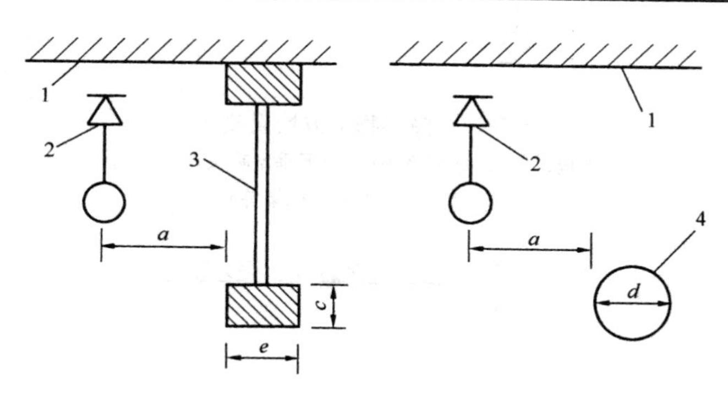

图5-15　喷头与邻近障碍物的最小水平距离

1—顶板；2—直立型喷头；3—屋架等间断障碍物；4—管道

（3）当梁、通风管道、排管、桥架等障碍物的宽度大于1.2m时，其下方应增设喷头（图5-16）。

（4）直立型、下垂型喷头与不到顶隔墙的水平距离，不得大于喷头溅水盘与不到顶隔墙顶面垂直距离的2倍（图5-17）。

（5）直立型、下垂型喷头与靠墙障碍物的距离，应符合下列规定（图5-18）：

1）障碍物横截面边长小于750mm时，喷头与障碍物的距离应按下式确定：

$$a \geqslant (e-200)+b \tag{5-1}$$

式中　a——喷头与障碍物的水平距离（mm）；

b——喷头溅水盘与障碍物底面的垂直距离（mm）；

e——障碍物横截面的边长（mm），$e<750$。

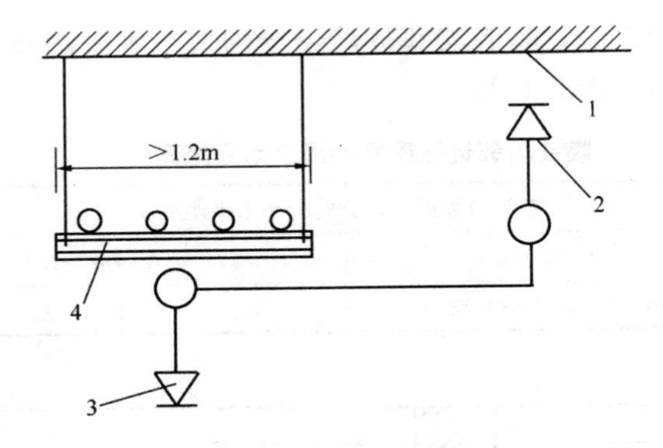

图 5-16　障碍物下方增设喷头

1—顶板；2—直立型喷头；3—下垂型喷头；4—排管（或梁、通风管道、桥架等）

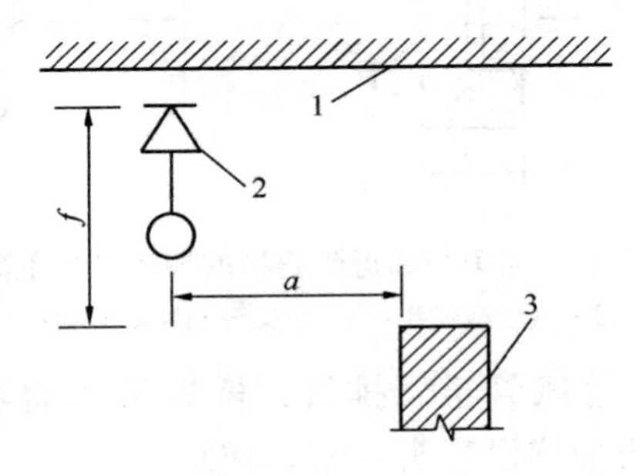

图 5-17　喷头与不到顶隔墙的水平距离

1—顶板；2—直立型喷头；3—不到顶隔墙

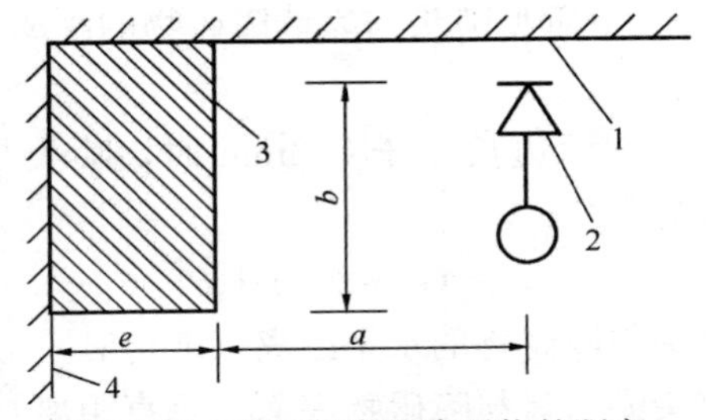

图 5-18　喷头与靠墙障碍物的距离

1—顶板；2—直立型喷头；3—靠墙障碍物；4—墙面

2）障碍物横截面边长等于或大于750mm或a的计算值大于喷头与端墙距离的规定时，应在靠墙障碍物下增设喷头。

（6）边墙型喷头的两侧1m及正前方2m范围内，顶板或吊顶下不应有阻挡喷水的障碍物。

问题174：常用报警阀的类型有哪些？

1. 湿式报警阀

湿式报警阀是湿式自动喷水灭火系统的主要部件，安装在总供水干管上，连接供水设备和配水管网，是一种只允许水流单方向流入配水管网，并在规定流量下报警的止回型阀门，在系统动作前，它将管网与水流隔开，避免用水和可能的污染；当系统开启时，报警阀打开，接通水源和配水管；在报警阀开启的同时，部分水流通过阀座上的环形槽，经信号管道送至水力警铃，发出音响报警信号。

主要用于湿式自动喷水灭火系统上，在其立管上安装。湿式报警阀接线如图5-19所示。

湿式报警阀平时阀芯前后水压相等（水通过导向管中的水压平衡小孔，保持阀板前后水压平衡）。由于阀芯的自重和阀芯前后所受水的总压力不同，阀芯处于关闭状态（阀芯上面的总压力大于阀芯下面的总压力）。发生火灾时，闭式喷头喷水，因为水压平衡小孔来不及补水，报警阀上面水压下降，此时阀下水压大于阀上水压，于是阀板开启，向立管及管网供水，同时发出火警信号并启动消防泵。

2. 干式报警阀

干式报警阀主要用在干式自动喷水灭火系统和干湿式自动喷水灭火系统中。其作用是用来隔开喷水管网中的空气和供水管道中的压力水，使喷水管网始终保持干管状态，当喷头开启时，管网空气压力下降，干式阀阀瓣开启，水通过报警阀进入喷水管网，同时部分水流通过报警阀的环形槽进入信号设施进行报警。

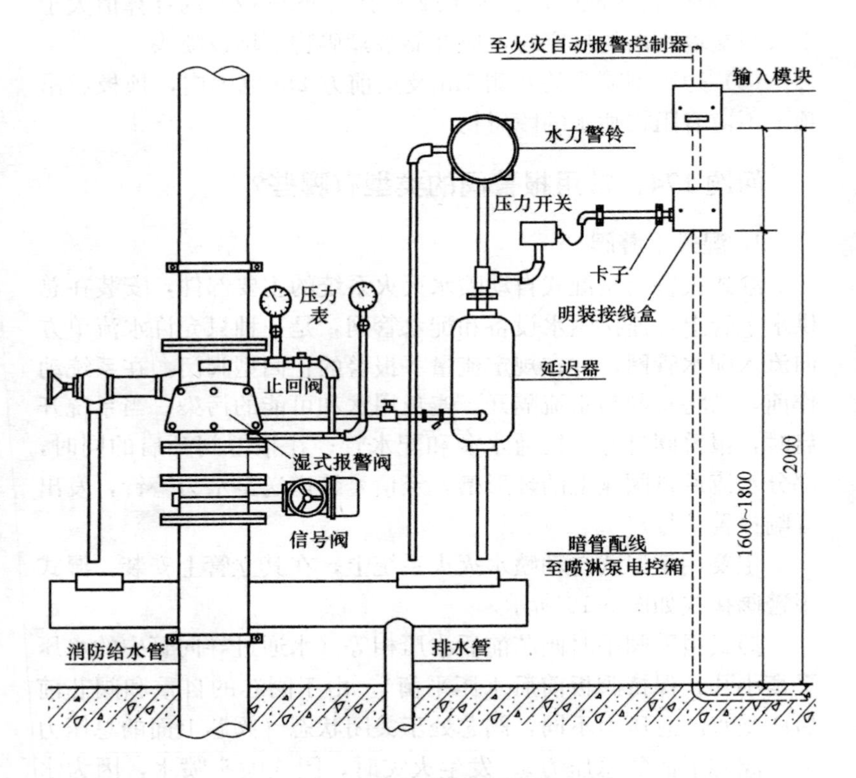

图 5-19 湿式报警阀接线

干式报警阀由阀体、差动双盘阀板、充气塞、信号管网、控制阀等组成，构造如图 5-20 所示。

3. 雨淋报警阀

雨淋阀用于雨淋喷水灭火系统、预作用喷水灭火系统、水幕系统和水喷雾灭火系统。这种阀的进口侧与水源相连，出口侧与系统管路和喷头相连。一般为空管，仅在预作用系统中充气。雨淋阀的开启由各种火灾探测装置控制。雨淋阀主要有杠杆型、隔膜型、活塞型和感温型等几种，其重要特性见表 5-12。

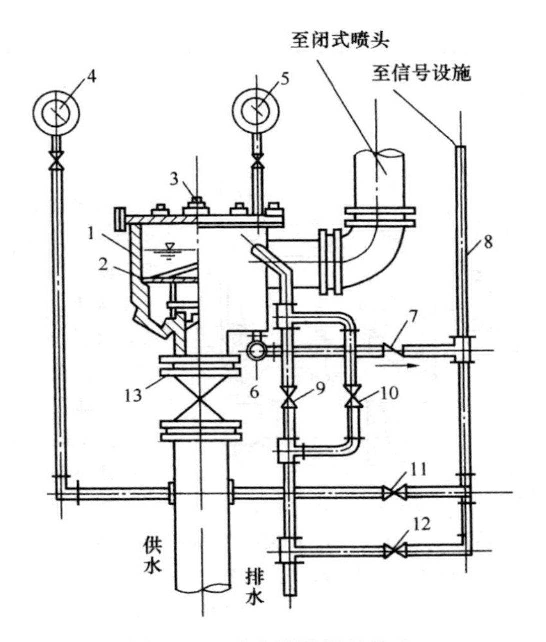

图 5-20　干式报警阀的构造

1—阀体；2—差动双盘阀板；3—充气塞；4—阀前压力表；
5—阀后压力表；6—角阀；7—止回阀；8—信号管；
9、10、11—截止阀；12—小孔阀；13—总闸阀

常用雨淋阀的类型和特性　　　　**表 5-12**

序号	类型	图例	特性
1	隔膜型雨淋阀	1—进口；2—阀瓣；3—隔膜；4—顶室；5—顶室进口；6—出口	平时顶室和进口均有压力水，靠 2∶1 的差压比使阀瓣处于关闭位置。发生火灾时，任一种传动装置开启电磁泄压阀后，顶室的压力迅速下降，阀瓣开启，水流经进口到出口充满整个雨淋管网

续表

序号	类型	图例	特性
2	杠杆型雨淋阀	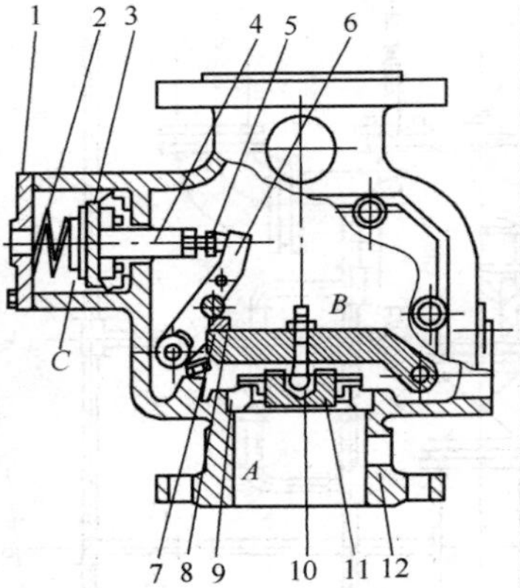 1—端盖；2—弹簧；3—皮碗；4—轴；5—顶轴；6—摇臂；7—锁杆；8—垫铁；9—密封圈；10—顶杠；11—阀瓣；12—阀体	杠杆型雨淋阀平时靠着力点力臂的差异，使推杆所产生的力矩足以将摇臂隔板锁紧，使其保持在关闭位置。发生火灾时，当任一种传动装置（易熔锁封、闭式喷头或火灾探测器）发出警报信号后，即自动打开电磁泄压阀，使雨淋阀推杆室内的压力迅速下降，当降至供水压力的 1/2 时，阀门开启，水流立即充满整个雨淋管网，并通过开式洒水喷头向保护区同时喷水灭火
3	感温雨淋阀	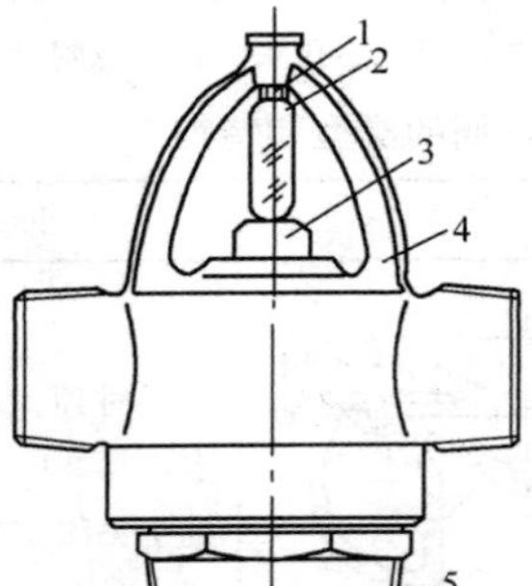 1—定位螺钉；2—玻璃球；3—滑动轴；4—阀体；5—进水接头	主要用于水幕和水喷雾系统，安装在配管上，控制一组喷头的动作。这种阀平时靠玻璃球支撑，把水封闭在进口管中。发生火灾时，环境温度升高，使玻璃球感温爆裂，打开阀门，进水管中的水立即流入阀体并经出口从水幕喷头喷出

续表

序号	类型	图例	特性
4	活塞型雨淋阀	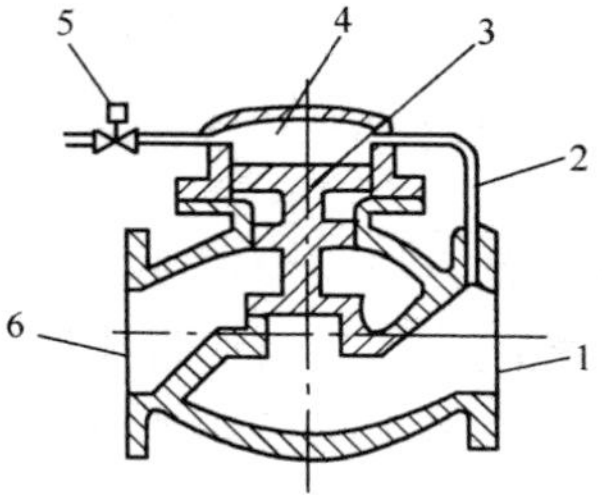 1—进口；2—活塞腔连通管；3—活塞；4—活塞腔；5—电磁阀；6—出口	活塞型雨淋阀的作用原理与隔膜型相同，只是在结构上用活塞代替了隔膜
5	蝶阀式雨淋阀	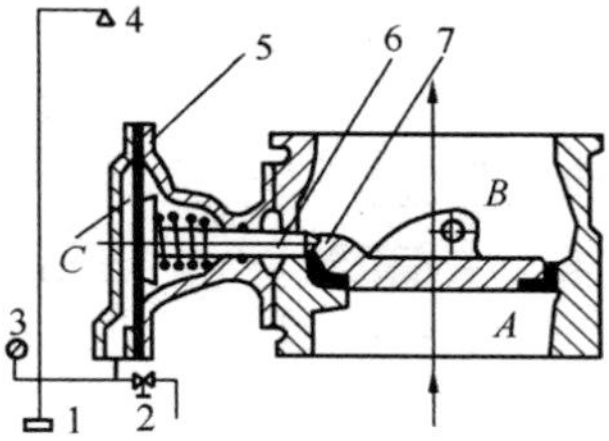 1—空压机；2—手动阀；3—压力表；4—玻璃球喷头；5—隔膜；6—推杆；7—阀瓣	当火灾发生时，温感装置（通常为玻璃球喷头或易熔合金喷头）在火焰温度作用下动作，C室压力骤降，阀瓣出口侧密封力降低或消失，雨淋阀打开出水灭火

问题175：常用报警阀组的设置有哪些要求？

（1）自动喷水灭火系统应设报警阀组。保护室内钢屋架等建筑构件的闭式系统，应设独立的报警阀组。水幕系统应设独立的报警阀组或感温雨淋阀。

（2）串联接入湿式系统配水干管的其他自动喷水灭火系统，应分别设置独立的报警阀组，其控制的喷头数计入湿式阀组控制的喷头总数。

（3）一个报警阀组控制的喷头数应符合下列规定：

1）湿式系统、预作用系统不宜超过800只；干式系统不宜超过 500 只。

2）当配水支管同时安装保护吊顶下方和上方空间的喷头时，应只将数量较多一侧的喷头计入报警阀组控制的喷头总数。

（4）每个报警阀组供水的最高与最低位置喷头，其高程差不宜大于 50m。

（5）雨淋阀组的电磁阀，其入口应设过滤器。并联设置雨淋阀组的雨淋系统，其雨淋阀控制腔的入口应设止回阀。

（6）报警阀组宜设在安全及易于操作的地点，报警阀距地面的高度宜为 1.2m。安装报警阀的部位应设有排水设施。

（7）连接报警阀进出口的控制阀，宜采用信号阀。不用信号阀时，控制阀应设锁定阀位的锁具。

（8）水力警铃的工作压力不应小于 0.05MPa，并应符合下列规定：

1）应设在有人值班的地点附近。

2）与报警阀连接的管道，其管径应为 20mm，总长不宜大于 20m。

问题 176：报警控制器有哪些功能？是如何分类的？

报警控制器是将火灾自动探测系统或火灾探测器与自动喷水灭火系统连接起来的控制装置。

报警控制器的基本功能主要包括三部分，具体见表 5-13。

报警控制器的基本功能 **表 5-13**

序号	控制类型	基本功能
1	接收信号	（1）火灾探测器信号 （2）监测器信号 （3）手动报警信号
2	输出信号	（1）声光报警信号 （2）启动消防泵 （3）开启雨淋阀或其他控制阀门 （4）向控制中心或消防部门发出报警信号

续表

序号	控制类型	基本功能
3	监控系统自身工作状态	（1）火灾探测器及其线路 （2）水源压力或水位 （3）充气压力和充气管路

报警控制器根据功能和系统应用的不同，可分为湿式系统报警控制器，雨淋和预作用系统报警控制器两种。

1. 湿式系统报警控制器

湿式系统报警控制器是较大型湿式系统或多区域湿式系统配套报警控制电气装置，可以实现对喷水部位指示、湿式阀开启指示、总管控制阀启闭状态指示、水箱水位指示、系统水压指示，报警状态指示以及控制消防泵的启动。其工作原理方框图如图5-21所示。

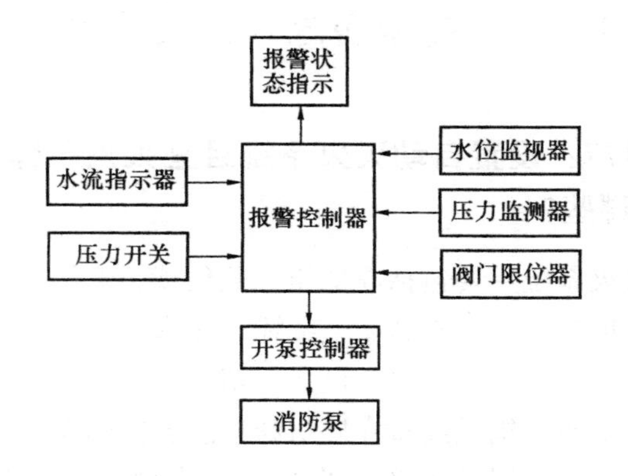

图 5-21　湿式系统报警控制器

2. 雨淋和预作用系统报警控制器

雨淋和预作用系统的控制功能包括：火灾的自动探测报警和雨淋阀，消防泵的自动启动两个部分，而报警控制器则是实现和统一两部分功能的一种电气控制装置，其工作原理方框图如图5-22所示。

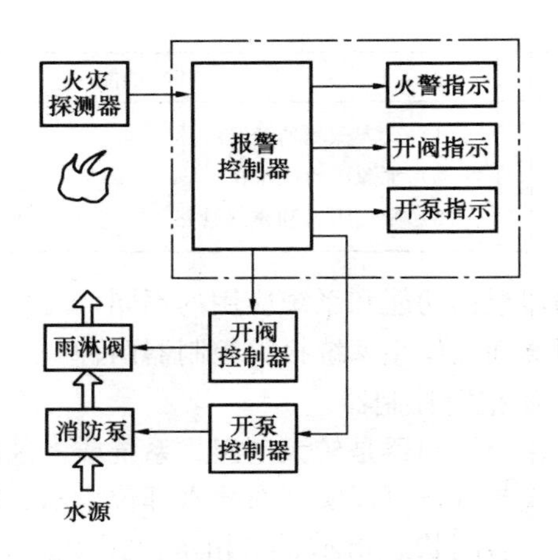

图 5-22　雨淋和预作用系统报警控制器

5.3　自动气体和泡沫灭火系统设计

问题 177：设置自动灭火系统且宜采用气体灭火系统的场所有哪些?

气体灭火系统主要包括高低压二氧化碳、七氟丙烷、三氟甲烷、氮气、IG541、IG55 等灭火系统。气体灭火剂不导电、一般不造成二次污染，是扑救电子设备、精密仪器设备、贵重仪器和档案图书等纸质、绢质或磁介质材料信息载体的良好灭火剂。气体灭火系统在密闭的空间里有良好的灭火效果，但系统投资较高，故只要求在一些重要的机房、贵重设备室、珍藏室、档案库内设置。

下列场所应设置自动灭火系统，并宜采用气体灭火系统：

(1) 国家、省级或人口超过 100 万的城市广播电视发射塔内的微波机房、分米波机房、米波机房、变配电室和不间断电源(UPS) 室。

(2) 国际电信局、大区中心、省中心和一万路以上的地区中心内的长途程控交换机房、控制室和信令转接点室。

(3) 两万线以上的市话汇接局和六万门以上的市话端局内的程控交换机房、控制室和信令转接点室。

(4) 中央及省级治安、防灾和网局级及以上的电力等调度指挥中心内的通信机房和控制室。

(5) A、B级电子信息系统机房内的主机房和基本工作间的已记录磁（纸）介质库。

(6) 中央和省级广播电视中心内建筑面积不小于 $120m^2$ 的音像制品库房。

(7) 国家、省级或藏书量超过100万册的图书馆内的特藏库；中央和省级档案馆内的珍藏库和非纸质档案库；大、中型博物馆内的珍品库房；一级纸绢质文物的陈列室。

(8) 其他特殊重要设备室。

注：1. 本条第1、4、5、8款规定的部位，可采用细水雾灭火系统。

2. 当有备用主机和备用已记录磁（纸）介质，且设置在不同建筑内或同一建筑内的不同防火分区内时，本条第5款规定的部位可采用预作用自动喷水灭火系统。

问题178：二氧化碳灭火系统的分类方式及其类型有哪些？

1. 按灭火方式分类

二氧化碳灭火系统按灭火方式分类可分为全淹没灭火系统和局部应用系统。

(1) 全淹没灭火系统

全淹没灭火系统是由一套储存装置在规定时间内，向防护区喷射一定浓度的灭火剂，并使其均匀地充满整个防护区空间的系统。它由二氧化碳容器（钢瓶）、容器阀，管道、喷嘴、操纵系统及附属装置等组成。全淹没灭火系统应用于扑救封闭空间内的火灾。

采用全淹没灭火系统的防护区，应符合下列规定：

1）对气体、液体、电气火灾和固体表面火灾，在喷放二氧化碳前不能自动关闭的开口，其面积不应大于防护区总内表面积的3%，且开口不应设在底面。

2）对固体深位火灾，除泄压口以外的开口，在喷放二氧化碳前应自动关闭。

3）防护区的围护结构及门、窗的耐火极限不应低于0.50h，吊顶的耐火极限不应低于0.25h；围护结构及门窗的允许压强不宜小于1200Pa。

4）防护区用的通风机和通风管道中的防火阀，在喷放二氧化碳前应自动关闭。

（2）局部应用系统　局部应用灭火系统应用于扑救不需封闭空间条件的具体保护对象的非深位火灾。

采用局部应用灭火系统的保护对象，应符合下列规定：

1）保护对象周围的空气流动速度不宜大于3m/s，必要时应采取挡风措施。

2）在喷头与保护对象之间，喷头喷射角范围内不应有遮挡物。

3）当保护对象为可燃液体时，液面至容器缘口的距离不得小于150mm。

2. 按系统结构分类

按系统结构特点可分为管网系统和无管网系统。管网系统又可分为单元独立系统和组合分配系统。

（1）单元独立系统

单元独立系统是用一套灭火剂储存装置保护一个防护区的灭火系统。一般来说，用单元独立系统保护的防护区在位置上是单独的，离其他防护区较远不便于组合，或是两个防护区相邻，但有同时失火的可能。对于一个防护区包括两个以上封闭空间也可以用一个单元独立系统来保护，但设计时必须做到系统储存的灭火剂能满足这几个封闭空间同时灭火的需要，并能同时供给它们各自所需的灭火剂量。当两个防护区需要灭火剂量较多时，也可以采用两套或数套单元独立系统保护一个防护区，但设计时必须做到这些系统同步工作。

（2）组合分配系统

组合分配系统由一套灭火剂储存装置保护多个防护区。组合分配系统总的灭火剂储存量只考虑按照需要灭火剂最多的一个防护区配置，如果组合中某个防护区需要灭火，则通过选择阀、容器阀等控制，定向释放灭火剂。这种灭火系统的优点使储存容器数和灭火剂用量可以大幅度减少，有较高应用价值。

3. 按储压等级分类

按二氧化碳灭火剂在储存容器中的储压分类，可分为高压（储存）系统和低压（储存）系统。

（1）高压（储存）系统

高压（储存）系统，储存压力为 5.17MPa。高压储存容器中二氧化碳的温度与储存地点的环境温度有关。因此，容器必须能够承受最高预期温度时所产生的压力。储存容器中的压力还受二氧化碳灭火剂充填密度的影响。所以，在最高储存温度下的充填密度要注意控制。充填密度过大，会在环境温度升高时因液体膨胀造成保护膜片破裂而自动释放灭火剂。

（2）低压（储存）系统

低压（储存）系统，储存压力为 2.07MPa。储存容器内二氧化碳灭火剂温度利用绝缘和制冷手段被控制在－18℃。典型的低压储存装置是压力容器外包一个密封的金属壳，壳内有绝缘体，在储存容器一端安装一个标准的空冷制冷机装置，它的冷却管装于储存容器内。该装置以电力操纵，用压力开关自动控制。

问题 179：二氧化碳灭火系统中全淹没灭火系统有哪些规定？

（1）二氧化碳设计浓度不应小于灭火浓度的 1.7 倍，并不得低于 34％，可燃物的二氧化碳设计浓度可按规定采用。

（2）当防护区内存有两种及两种以上可燃物时，防护区的二氧化碳设计浓度应采用可燃物中最大的二氧化碳设计浓度。

（3）二氧化碳的设计用量应按下式计算：

$$M = K_b(K_1 A + K_2 V) \quad (5\text{-}2)$$

$$A = A_v + 30A_0 \quad (5\text{-}3)$$

$$V = V_v - V_g \quad (5\text{-}4)$$

式中 M——二氧化碳设计用量（kg）；

K_b——物质系数；

K_1——面积系数（kg/m^3），取 0.2kg/m^3；

K_2——体积系数（kg/m^3），取 0.7kg/m^3；

A——折算面积（m^2）；

A_v——防护区的内侧面、底面、顶面（包括其中的开口）的总面积（m^2）；

A_0——开口总面积（m^2）；

V——防护区的净容积（m^3）；

V_v——防护区容积（m^3）；

V_g——防护区内不燃烧体和难燃烧体的总体积（m^3）。

（4）当防护区的环境温度超过 100℃时，二氧化碳的设计用量应在（3）计算值的基础上每超过 5℃增加 2%。当防护区的环境温度低于－20℃时，二氧化碳的设计用量应在（3）计算值的基础上每降低 1℃增加 2%。

（5）防护区应设置泄压口，并宜设在外墙上，其高度应大于防护区净高的 2/3。当防护区设有防爆泄压孔时，可不单独设置泄压口。

（6）泄压口的面积可按下式计算：

$$A_x = 0.0076 \frac{Q_t}{\sqrt{P_t}} \quad (5\text{-}5)$$

式中 A_x——泄压口面积（m^2）；

Q_t——二氧化碳喷射率（kg/min）；

P_t——围护结构的允许压强（Pa）。

(7) 全淹没灭火系统二氧化碳的喷放时间不应大于 1min。当扑救固体深位火灾时，喷放时间不应大于 7min，并应在前 2min 内使二氧化碳的浓度达到 30%。

(8) 二氧化碳扑救固体深位火灾的抑制时间应按表 5-14 的规定采用。

物质系数、设计浓度和抑制时间　　表 5-14

可燃物	物质系数 K_b	设计浓度 C（%）	抑制时间/min
丙酮	1.00	34	—
乙炔	2.57	66	—
航空燃料 115#/145#	1.06	36	—
粗苯（安息油、偏苏油）、苯	1.10	37	—
丁二烯	1.26	41	—
丁烷	1.00	34	—
丁烯-1	1.10	37	—
二硫化碳	3.03	72	—
一氧化碳	2.43	64	—
煤气或天然气	1.10	37	—
环丙烷	1.10	37	—
柴油	1.00	34	—
二甲醚	1.22	40	—
二苯与其氧化物的混合物	1.47	46	—
乙烷	1.22	40	—
乙醇（酒精）	1.34	43	—
乙醚	1.47	46	—
乙烯	1.60	49	—
二氯乙烯	1.00	34	—
环氧乙烷	1.80	53	—
汽油	1.00	34	—
乙烷	1.03	35	—

续表

可燃物	物质系数 K_b	设计浓度 C（%）	抑制时间/min
正庚烷	1.03	35	—
氢	3.30	75	—
硫化氢	1.06	36	—
异丁烷	1.06	36	—
异丁烯	1.00	34	—
甲酸异丁酯	1.00	34	—
航空煤油 JP-4	1.06	36	—
煤油	1.00	34	—
甲烷	1.00	34	—
醋酸甲酯	1.03	35	—
甲醇	1.22	40	—
甲基丁烯-1	1.06	36	—
甲基乙基酮（丁酮）	1.22	40	—
甲酸甲酯	1.18	39	—
戊烷	1.03	35	—
正辛烷	1.03	35	—
丙烷	1.06	36	—
丙烯	1.06	36	—
淬火油（灭弧油）、润滑油	1.00	34	—
纤维材料	2.25	62	20
棉花	2.00	58	20
纸	2.25	62	20
塑料（颗粒）	2.00	58	20
聚苯乙烯	1.00	34	—
聚氨基甲酸甲酯（硬）	1.00	34	—
电缆间和电缆沟	1.50	47	10

续表

可燃物	物质系数 K_b	设计浓度 C（%）	抑制时间/min
数据储存间	2.25	62	20
电子计算机房	1.50	47	10
电器开关和配电室	1.20	40	10
待冷却系统的发电机	2.00	58	至停止
油浸变压器	2.00	58	—
数据打印设备间	2.25	62	20
油漆间和干燥设备	1.20	40	—
纺织机	2.00	58	—

问题 180：二氧化碳灭火系统中局部淹没灭火系统设计有哪些要求？

（1）局部应用灭火系统的设计可采用面积法或体积法。当保护对象的着火部位是比较平直的表面时，宜采用面积法。当着火对象为不规则物体时，应采用体积法。

（2）局部应用灭火系统的二氧化碳喷射时间不应小于0.5min。对于燃点温度低于沸点温度的液体和可熔化固体的火灾，二氧化碳的喷射时间不应小于1.5min。

（3）当采用面积法设计时，应符合下列规定：

1）保护对象计算面积应取被保护表面整体的垂直投影面积。

2）架空型喷头应以喷头的出口至保护对象表面的距离确定设计流量和相应的正方形保护面积；槽边型喷头保护面积应由设计选定的喷头设计流量确定。

3）架空型喷头的布置宜垂直于保护对象的表面，其应瞄准喷头保护面积的中心。当确需非垂直布置时，喷头的安装角不应少于45°，其瞄准点应偏向喷头安装位置的一方（图5-23），喷头偏离保护面积中心的距离可按表5-15确定。

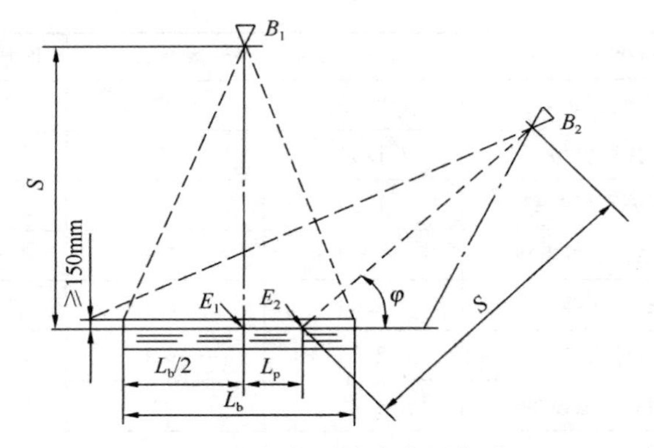

图 5-23　架空型喷头布置方法

B_1、B_2—喷头布置位置；E_1、E_2—喷头瞄准点；
S—喷头出口至瞄准点的距离（m）；L_b—单个喷头正方形保护面积的边长（m）；L_p—瞄准点偏离喷头保护面积中心的距离（m）；
φ—喷头安装角（°）

喷头偏离保护面积中心的距离　　　　表 5-15

喷头安装角	喷头偏离保护面积中心的距离/m
45°～60°	$0.25L_b$
60°～75°	$0.25L_b$～$0.125L_b$
75°～90°	$0.125L_b$～0

注：L_b为单个喷头正方形保护面积的边长。

4）喷头非垂直布置时的设计流量和保护面积应与垂直布置的相同。

5）喷头宜等距布置，以喷头正方形保护面积组合排列，并应完全覆盖保护对象。

6）二氧化碳的设计用量应按下式计算：

$$M = N \cdot Q_i \cdot t \qquad (5\text{-}6)$$

式中　M——二氧化碳设计用量（kg）；

N——喷头数量；

Q_i——单个喷头的设计流量（kg/min）；

t——喷射时间（min）。

（4）当采用体积法设计时，应符合下列规定：

1）保护对象的计算体积应采用假定的封闭罩的体积，封闭罩的底应是保护对象的实际底面；封闭罩的侧面及顶部当无实际围封结构时，它们至保护对象外缘的距离不应小于 0.6m。

2）二氧化碳的单位体积的喷射率应按下式计算：

$$q_v = K_b\left(16 - \frac{12A_p}{A_t}\right) \tag{5-7}$$

式中 q_v——单位体积的喷射率［kg/(min·m^3)］；

A_t——假定的封闭罩侧面围封面面积（m^2）；

A_p——在假定的封闭罩中存在的实体墙等实际围封面的面积（m^2）。

3）二氧化碳设计用量应按下式计算：

$$M = V_1 \cdot q_v \cdot t \tag{5-8}$$

式中 V_1——保护对象的计算体积（m^2）。

4）喷头的布置与数量应使喷射的二氧化碳分布均匀，并满足单位体积的喷射率和设计用量的要求。

问题 181：二氧化碳灭火系统有哪些主要组件？

二氧化碳灭火系统的主要组件有储存容器、容器阀、选择阀、单向阀、压力开关、喷嘴等。

1. 储存容器

二氧化碳容器有低压和高压两种。一般当二氧化碳储存量在10t 以上才考虑采用低压容器，下面主要介绍高压容器。

（1）构造　二氧化碳容器由无缝钢管制成，内外均经防锈处理。容器上部装设容器阀，内部安装虹吸管。虹吸管内径不小于容器阀的通径，一般采用 13～15mm，下端切成 30°斜口，距瓶底约 5～8mm。

（2）性能及作用　目前我国使用的二氧化碳容器工作压力为15MPa，容量 40L，水压试验压力为 22.5MPa。其作用是储存液态二氧化碳灭火剂。

（3）使用要求

1）钢瓶应固定牢固，确保在排放二氧化碳时，不会移动。

2）在使用中，每隔8～10年作水压试验一次，其永久膨胀率不得大于10％。凡未超过10％即为合格，打上水压试验钢印。超过10％则应报废。

3）水压试验前需先经内部清洁及检视，以查明容器内部有否裂痕等缺陷。

4）容器的充装率（每L容积充装的二氧化碳kg数）不宜过大。二氧化碳容器所受的内压是由充装率及温度来确定的。对于工作压力为15MPa，水压试验压力为22.5MPa的容器，其充装率不应大于0.68kg/L。这样才能保证在环境温度不超过45℃时容器内压力不致超过工作压力。

2. 容器阀

瓶头阀种类甚多，但都是由充装阀部分（截止阀或止回阀）、施放阀部分（截止阀或闸刀阀）和安全膜片组成。

（1）性能

1）容器阀的气密性要求很高，总装后需进行气密性试验。

2）容器阀上应安装安全阀，当温度达到50℃或压力超过18MPa时，安全片会自行破裂，放出二氧化碳气体，以防止钢瓶因超压而爆裂。

3）一般二氧化碳容器阀大都具有紧急手动装置，既能自动又能手动操作。为使阀门开启可靠，手动这一附加功能是必要的。

（2）作用

平时封闭容器，火灾时排放容器内储存的灭火剂；还通过它充装灭火剂和安装防爆安全阀。

（3）使用要求

1）瓶体上的螺纹形式必须与容器阀的锥形螺纹相吻合。在接合处一般不得使用填料。

2）先导阀在安装时需旋转手轮，使手轮轴处于最上位置，并插入保险销，套上保险铜丝栓，再加铅封。

3）气动阀和先导阀安装到容器上前，必须将活塞和活塞杆都上推至不工作（复位）位置，即离下阀体的配气阀面约20mm处。

4）对于同组内各容器的闸刀式容器阀，其闸刀行程及闸刀离工作铜膜片的间距必须协调一致。以保证刀口基本上均能同时闸破膜片。否则，不能同步，而是个别膜片先被闸破，则将会造成背压，以致难以再闸破同组的其余各容器上的膜片，对这一要求应予注意。

5）在搬运时，应防止闸刀转动，保证不破坏工作膜片。因而闸刀式容器阀在经装配试验合格后，必须用直径1mm的保险铁丝插入，将手柄固定，直至被安装到灭火装置时，才能将铁丝拆除。

6）电爆阀的电爆管每四年应更换一次，以防雷管变质，影响使用。

7）机械式闸刀瓶头阀上的连接钢丝绳应安装正确，防止钢丝绳及拉环、手柄动作时碰及障碍物。

8）检修时，对保险用的铜、铁丝、销及杠杆锁片应锁紧，修后再复原。检修量大时，还应拆除电爆阀的引爆部分。

（4）几种常用容器阀的结构形式

1）气动容器阀

一般二氧化碳灭火系统都由先导阀、电磁阀、气动阀组成施放部分。先导阀及配用的电磁阀装于启动用气瓶上。平时由电磁阀关住瓶中高压气体，只在接受火灾信号后电磁阀才开放，高压气体便先后开启先导阀和安装在二氧化碳钢瓶上的气动阀而喷电。

2）机械式闸刀容器阀

它安装在二氧化碳钢瓶上，其结构如图5-24所示。开启时，只需将手柄上钢丝绳牵动，闸刀杆便旋入，切破工作膜片，放出二氧化碳。该阀在单个或少量瓶成组安装的管系中，应用较多。

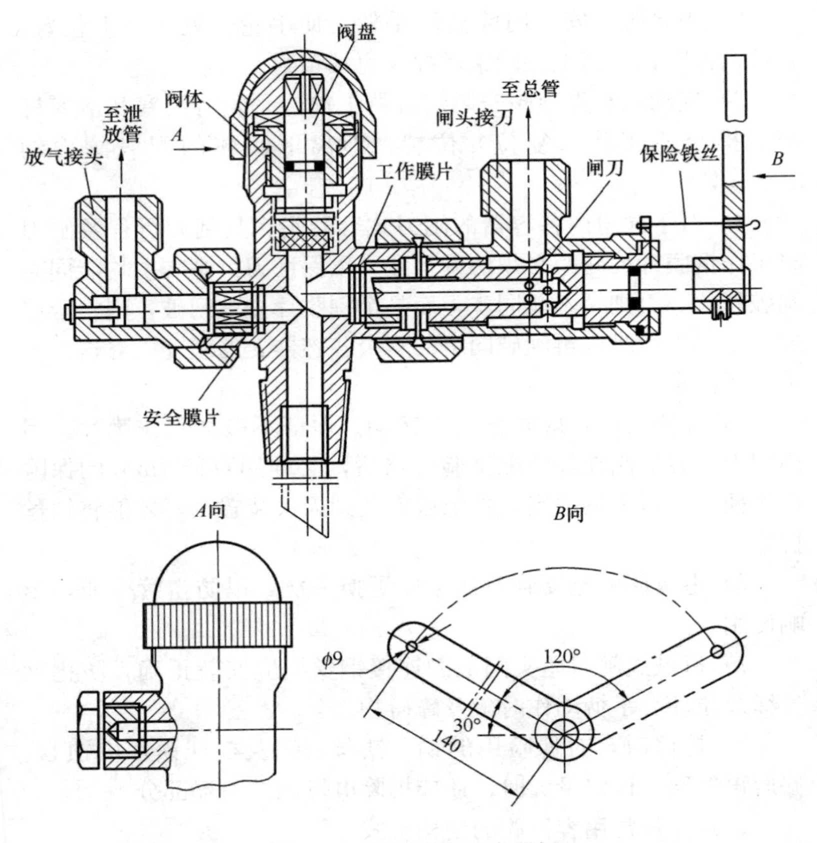

图 5-24　机械式闸刀容器阀

3）膜片式容器阀

膜片式容器阀的结构如图 5-25 所示。主要由阀体、活塞杆及活塞刀、密封膜片、压力表等组成。

工作原理是：平时阀体的出口与下腔由密封膜片隔绝，当外力压下启动手柄或启动气源进入上腔时，则压下活塞及活塞刀，刺破密封膜片，释放气体灭火剂。特点是结构简单，密封膜片的密封性能好，但释放气体灭火剂时阻力损失较大，每次使用后需更换封膜片。

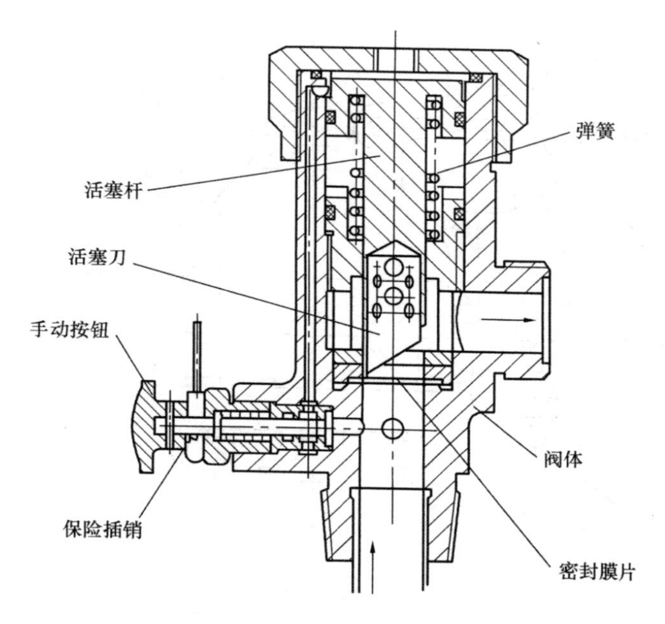

图 5-25　膜片式容器阀

3. 安全阀

安全阀一般装置在储存容器的容器阀上以及组合分配系统中的集流管部分。在组合分配系统的集流管部分，由于选择阀平时处于关闭状态，所以从容器阀的出口处至选择阀的进口端之间，就形成了一个封闭的空间，而在此空间内形成一个危险的高压压力。为防止储存容器发生误喷射，因此在集流管末端设置一个安全阀或泄压装置。当压力值超过规定值时，安全阀自动开启泄压，保证管网系统的安全。

4. 选择阀

（1）构造

按释放方式，一般可分电动式和气动式两种。电动式靠电爆管或电磁阀直接开启选择阀活门；气动式依靠由启动用气容器输送来的高压气体推开操纵活塞，而开放阀门。选择阀的结构如图 5-26 所示。

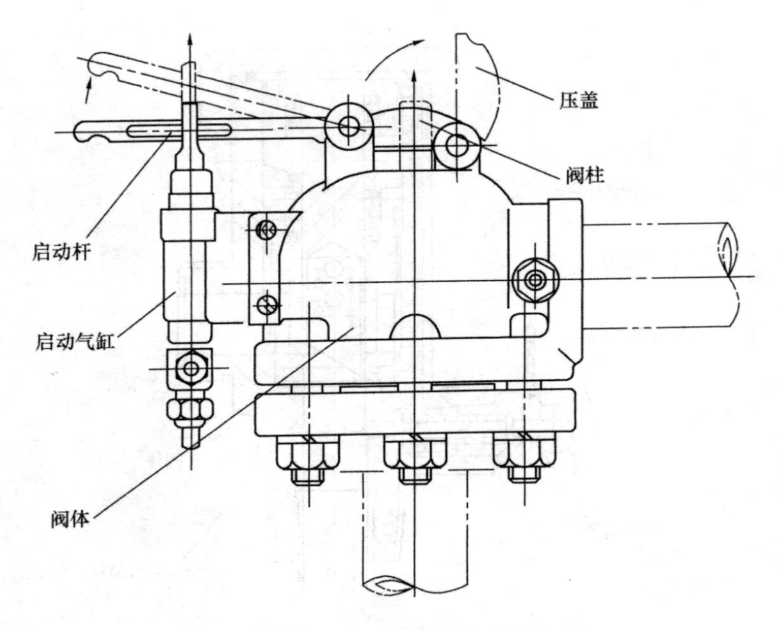

图 5-26　选择阀的结构示意图

（2）性能

其流通能力，应与保护区所需要的灭火剂流量相适应。

（3）作用

主要用于一个二氧化碳供应源供给两个以上保护区域的装置上，其作用为当某一保护区发生火灾时，能选定方向排放灭火剂。

（4）使用要求

1）灭火时，它应在容器阀开放前开启或同时开启。

2）应有紧急手动装置，并且安装高度一般为 0.8～1.5m。

5. 单向阀

单向阀是控制流动方向，在容器阀和集流管之间的管道上设置的单向阀是防止灭火剂的回流；气动气路上设置的单向阀是保证开启相应的选择阀和容器阀，这样有些管道可以共用。

6. 压力开关

（1）压力开关的用途

压力开关是将压力信号转换成电气信号。在气体灭火系统中，为及时、准确了解系统，各部件在系统启动时的动作状态，一般在选择阀前后设置压力开关，以判断各部件的动作正确与否。虽然有些阀门本身带有动作检测开关，但用压力开关检测各部件的动作状态则最为可靠。

（2）压力开关的结构与原理

压力开关它由壳体、波纹管或膜片、微动开关、接头座、推杆等组成。其动作原理是：当集流管或配管中灭火剂气体压力上升至设定值时，波纹管或膜片伸长，通过推杆或拨臂拨动开关，使触点闭合或断开来达到输出电气信号的目的。压力开关的构造如图 5-27 所示。

7. 喷嘴

（1）构造

喷嘴构造应能使灭火剂在规定压力下雾化良好。喷嘴出口尺

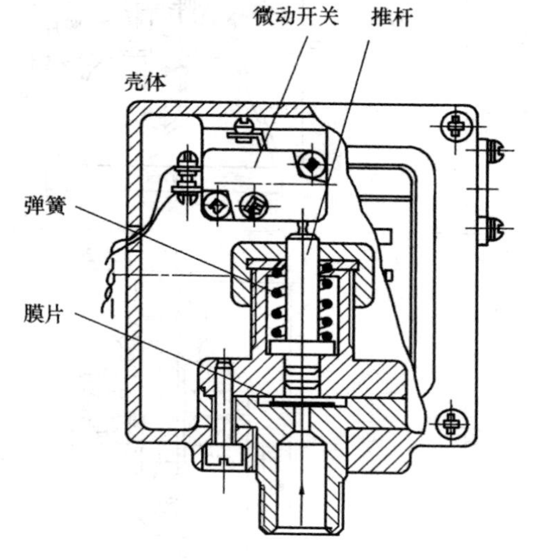

图 5-27　压力开关的结构示意图

寸应能使喷嘴喷射时不会被冻结。目前我国常用的二氧化碳喷嘴的构造和基本尺寸见表 5-16。

我国常用的二氧化碳喷嘴的构造和基本尺寸　　　表 5-16

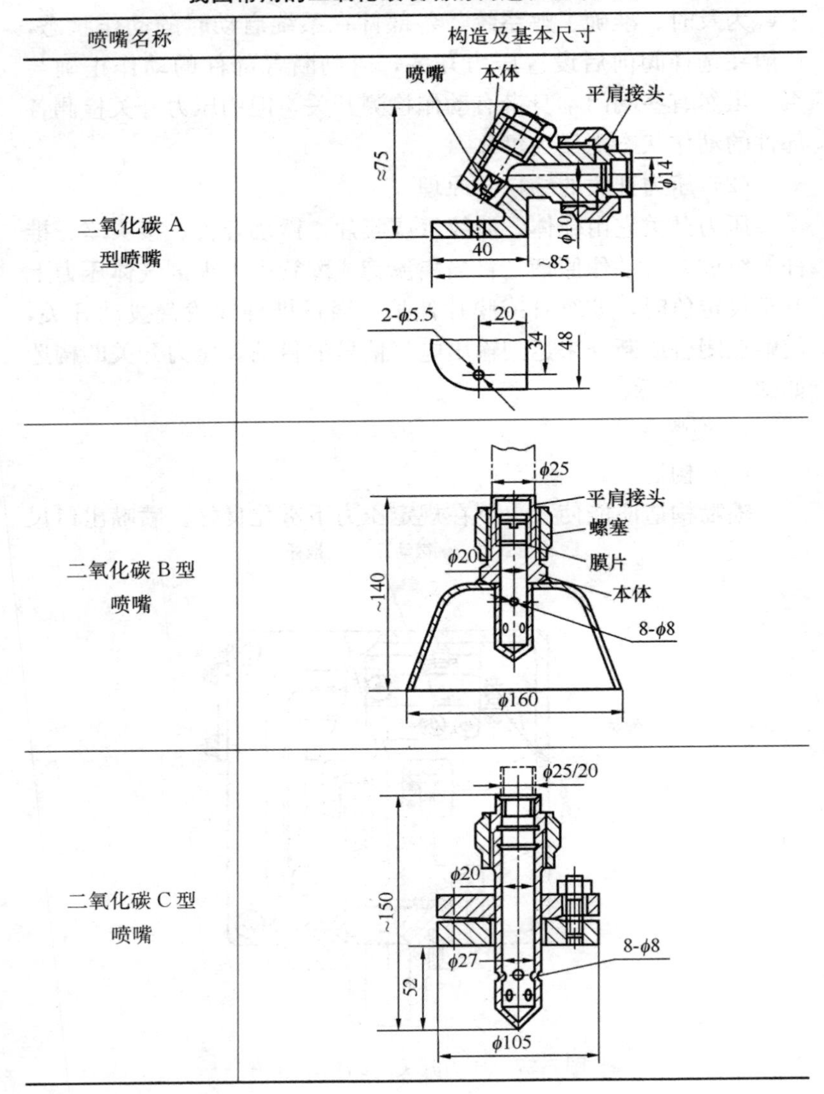

续表

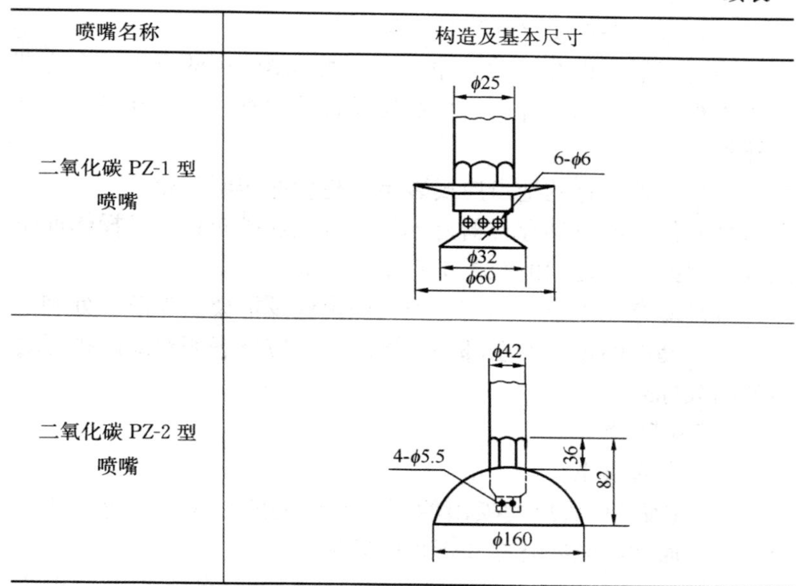

喷嘴名称	构造及基本尺寸
二氧化碳 PZ-1 型喷嘴	
二氧化碳 PZ-2 型喷嘴	

（2）性能及作用

喷嘴的喷射能力应能使规定的灭火剂量在预定的时间内喷射完。通信设备室使用的喷嘴，一般喷射时间不超过 3.5 分钟为宜。其他保护对象，通常应在 1 分钟左右。喷嘴的作用是使灭火剂形成雾状向指定方向喷射。

（3）使用要求

为防止喷嘴堵塞，在喷嘴外应有防尘罩。防尘罩在施放灭火剂时受到压力会自行脱落。喷嘴的喷射压力不低于 1.4MPa。

问题 182：如何进行二氧化碳灭火系统各器件设置？

1. 容器组设置

（1）容器及其阀门、操作装置等，最好设置在被保护区域以外的专用站（室）内，站（室）内应尽量靠近被保护区，人员要易于接近；平时应关闭，不允许无关人员进入。

（2）容器储存地点的温度规定在40℃以下，0℃以上。

（3）容器不能受日光直接照射。

（4）容器应设在振动、冲击、腐蚀等影响少的地点。在容器周围不得有无关的物件，以免妨碍设备的检查，维修和平稳可靠地操作。

（5）容器储存的地点应安装足够亮度的照明装置。

（6）储瓶间内储存容器可单排布置或双排布置，其操作面距离或相对操作面之间的距离不宜小于1.0m。

（7）储存容器必须固定牢固，固定件及框架应作防腐处理。

（8）储瓶间设备的全部手动操作点，应有表明对应防护区名称的耐久标志。

2. 喷嘴位置

（1）全淹没系统

1）喷嘴的位置应使喷出的灭火剂在保护区域内迅速而均匀地扩散。通常，应安装在靠近顶棚的地方。

2）当房高超过5m时，应在房高大约1/3的平面上装设附加喷嘴。当房高超过10m时，应在房高1/3和2/3的平面上安装附加喷嘴。

（2）局部应用系统

1）喷嘴的数量和位置，以使保护对象的所有表面均在喷嘴的有效射程内为准。

2）喷嘴的喷射方向应对准被保护物。

3）不要设在喷射灭火剂时会使可燃物飞溅的位置。

3. 探测器位置

（1）探测器的设置要求，应符合相关内容。

（2）由报警器引向探测器的电线，应尽量与电力电缆分开敷设，并应尽量避开可能受电信号干扰的区域或设备。

4. 报警器位置

（1）声响报警装置一般设在有人值班、尽量远离容易发生火灾的地方，其报警器应设在保护区域内或离保护对象25m以内、工作人员都能听到警报的地点。

（2）安装报警器的数量，如需要监控的地点不多，则一台报警器即可。如需要监控的地方较多，就需要总报警器和区域报警器联合使用。

（3）全淹没系统报警装置的电器设备，应设置在发生火灾时无燃烧危险，且易维修和不易受损坏的地点。

5. 启动、操纵装置位置

（1）启动容器应安装在灭火剂钢瓶组附近安全地点，环境温度应在40℃以下。

（2）报警接收显示盘、灭火控制盘等均应安装在值班室内的同一操纵箱内。

（3）启动器和电气操纵箱安装高度一般为0.8～1.5m。

问题183：二氧化碳灭火系统的一般安装有哪些要求？

二氧化碳灭火系统的一般安装要求如下：

（1）容器组、阀门、配管系统、喷嘴等安装都应牢固可靠（移动式除外）。

（2）管道敷设时，还应考虑到灭火剂流动过程中因温度变化所引起的管道长度变化。

（3）管道安装前，应进行内部防锈处理；安装后，未装喷嘴前，应用压缩空气吹扫内部。

（4）各种灭火管路应有明确标记，并须核对无误。

（5）从灭火剂容器到喷嘴之间设有选择阀或截止阀的管道，应在容器与选择阀之间安装安全装置。其安全工作压力为15±0.75MPa。

（6）灭火系统的使用说明牌或示意图表。应设置在控制装置的专用站（室）内明显的位置上。其内容应有灭火系统操作方法和有关路线走向及灭火剂排放后再灌装方法等简明资料。

（7）容器瓶头阀到喷嘴的全部配管连接部分均不得松动或

漏气。

问题184：二氧化碳灭火系统联动控制有哪些要求？

1. 一般要求

（1）二氧化碳灭火系统应设有自动控制、手动控制和机械应急操作三种启动方式；当局部应用灭火系统用于经常有人的保护场所时可不设自动控制。

（2）当采用火灾探测器时，灭火系统的自动控制应在接收到两个独立的火灾信号后才能启动，根据人员疏散要求，宜延迟启动，但延迟时间不应大于30s。

（3）手动操作装置应设在防护区外便于操作的地方，并应能在一处完成系统启动的全部操作。局部应用灭火系统手动操作装置应设在保护对象附近。

对于采用全淹没灭火系统保护的防护区，应在其入口处设置手动、自动转换控制装置；有人工作时，应置于手动控制状态。

（4）二氧化碳灭火系统的供电与自动控制应符合现行国家标准《火灾自动报警系统设计规范》（GB 50116—2013）的有关规定。当采用气动动力源时，应保护系统操作与控制所需要的压力和用气量。

（5）低压系统制冷装置的供电应采用消防电源，制冷装置应采用自动控制，且应设手动操作装置。

设有火灾自动报警系统的场所，二氧化碳灭火系统的动作信号及相关警报信号，工作状态和控制状态均应能在火灾报警控制器上显示。

2. 联动控制过程

二氧化碳灭火系统联动控制内容有：火灾报警显示、灭火介质的自动释放灭火、切断保护区内的送排风机、关闭门窗及联动控制等。

当保护区发生火灾时，灾区产生的烟、温或光使保护区设置的两路火灾探测器（感烟、感热）报警，两路信号为“与”关系发至消防中心报警控制器上，驱动控制器一方面发声、光报警，另一方面发出联动控制信号（如停空调、关防火门等），待人员撤离后再发信号，关闭保护区门。从报警开始延时约 30s 后发出指令，启动二氧化碳储存容器，储存的二氧化碳灭火剂通过管道输送到保护区，经喷嘴释放灭火。如果手动控制，可按下启动按钮，其他同上，如图 5-28 所示。

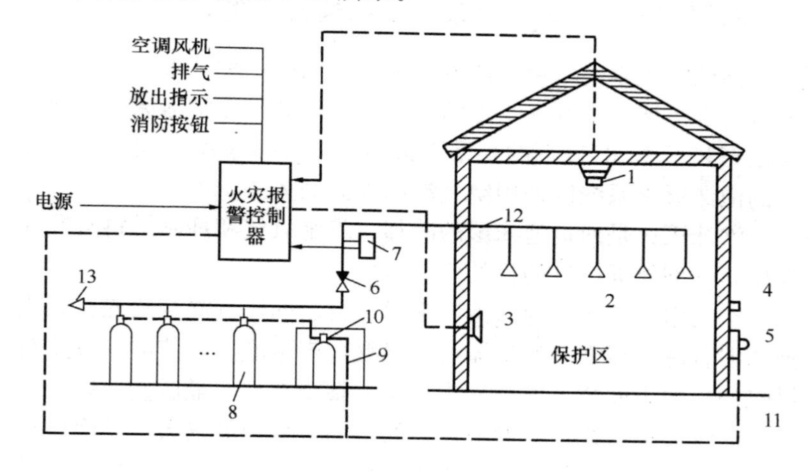

图 5-28　二氧化碳灭火系统例图

1—火灾探测器；2—喷头；3—警报器；4—放气指示灯；5—手动启动按钮；6—选择阀；7—压力开关；8—二氧化碳钢瓶；9—启动气瓶；10—电磁阀；11—控制电缆；12—二氧化碳管线；13—安全阀

压力开关为监测二氧化碳管网的压力设备，当二氧化碳压力过低或过高时，压力开关将压力信号送至控制器，控制器发出开大或关小钢瓶阀门的指令，可释放介质。

为了实现准确而更快速灭火，当发生火灾时，用手直接开启二氧化碳容器阀，或将放气开关拉动，即可喷出二氧化碳灭火。这个开关一般装在房间门口附近墙上的一个玻璃面板内，火灾即将玻璃面板击破，就能拉动开关喷出二氧化碳气体，实现快速灭火。

装有二氧化碳灭火系统的保护场所（如变电所或配电室），一般都在门口加装选择开关，可就地选择自动或手动操作方式。

当有工作人员进入里面工作时，为防止意外事故，即避免有人在里面工作时喷出二氧化碳影响健康，必须在入室之前把开关转到手动位置，离开时关门之后复归自动位置。同时，也为避免无关人员乱动选择开关，宜用钥匙型转换开关。

问题 185：泡沫灭火系统是如何分类的？

泡沫灭火系统是用泡沫液作为灭火剂的一种灭火方式。泡沫剂有化学泡沫灭火剂和空泡沫灭火剂两大类。化学泡沫灭火剂主要是充装于 100L 以下的小型灭火器内，扑救小型初期火灾；大型的泡沫灭火系统以采用空气泡沫灭火剂为主。

泡沫灭火是通过泡沫层的冷却、隔绝氧气和抑制燃料蒸发等作用，达到扑灭火灾的目的。

空气泡沫灭火是泡沫液与水通过特制的比例混合器混合而成泡沫混合液，经泡沫产生器与空气混合产生泡沫，使泡沫覆盖在燃烧物质的表面或者充满发生火灾的整个空间，最后使火熄灭。

泡沫灭火系统按照发泡性能的不同，分为低倍数（发泡倍数在 20 倍以下）、中倍数（发泡倍数在 20～200 倍）和高倍数（发泡倍数在 200 倍以上）灭火系统；这三类系统又根据喷射方式不同，分为液上喷射和液下喷射；由设备和管的安装方式不同，分为固定式、半固定式、移动式；由灭火范围不同，分为全淹没式和局部应用式。其具体分类如图 5-29 所示。

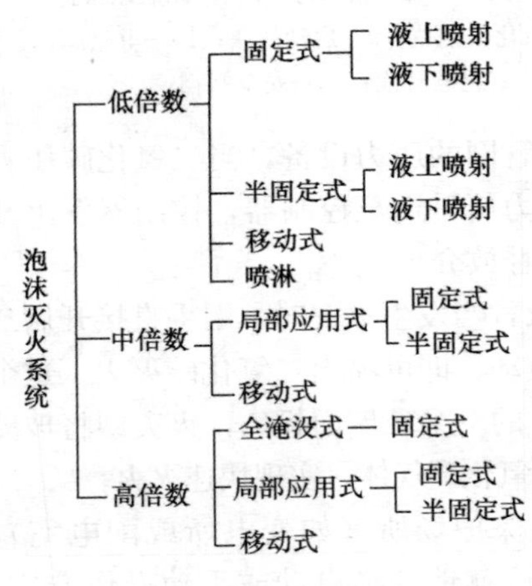

图 5-29　泡沫灭火系统分类

固定式液上喷射泡沫灭火系统如图 5-30 所示；固定式液下喷射泡沫灭火系统如图 5-31 所示；半固定式液上喷射泡沫灭火系统如图 5-32

所示；移动式泡沫灭火系统如图 5-33 所示；自动控制全淹没式灭火系统工作原理图如图 5-34 所示。

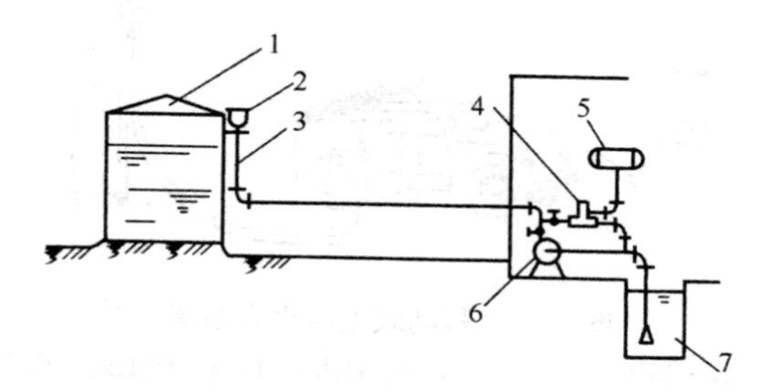

图 5-30　固定式液上喷射泡沫灭火系统

1—油罐；2—泡沫产生器；3—泡沫混合液管道；4—比例混合器；5—泡沫液罐；6—泡沫混合泵；7—水池

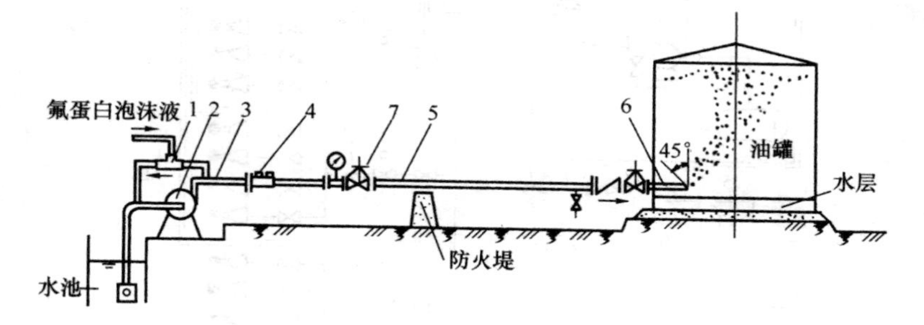

图 5-31　固定式液下喷射泡沫灭火系统

1—环泵式比例混合器；2—泡沫混合液泵；3—泡沫混合液管道；4—液下喷射泡沫产生器；5—泡沫管道；6—泡沫注入管；7—背压调节阀

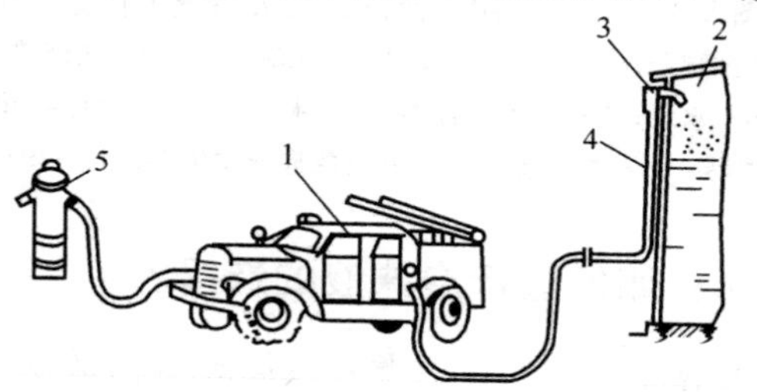

图 5-32　半固定式液上喷射泡沫灭火系统

1—泡沫消防车；2—油罐；3—泡沫产生器；4—泡沫混合液管道；5—地上式消火栓

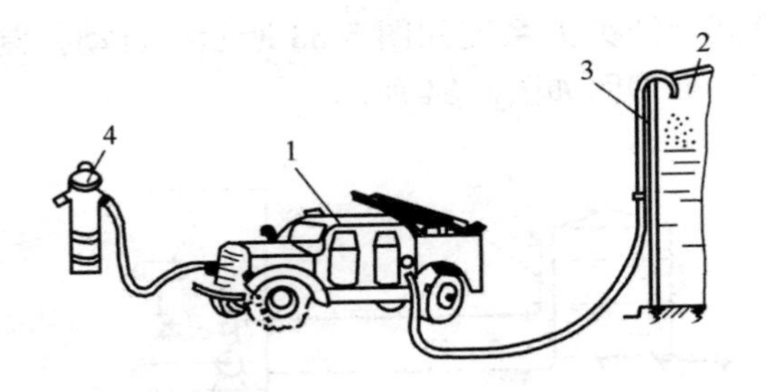

图 5-33 移动式泡沫灭火系统

1—泡沫消防车；2—油罐；3—泡沫管道；4—地上式消火栓

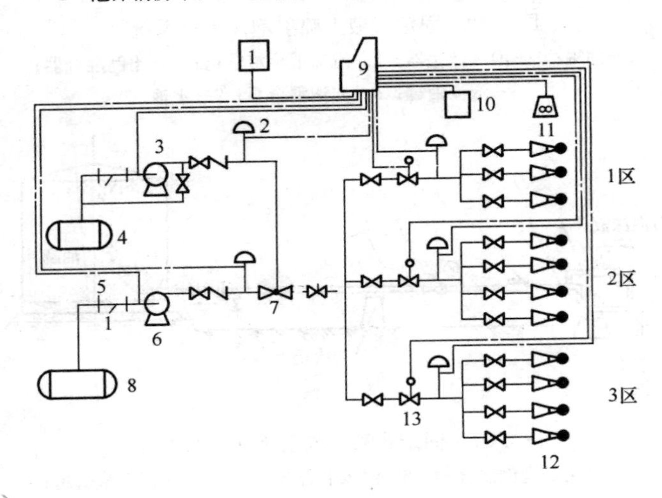

图 5-34 自动控制全淹没式灭火系统工作原理图

1—手动控制器；2—压力开关；3—泡沫液泵；4—泡沫液罐；5—过滤器；6—水泵；7—比例混合器；8—水罐；9—自动控制箱；10—探测器；11—报警器；12—高倍数泡沫发生器；13—电磁阀

问题 186：如何进行泡沫液的选择?

(1) 非水溶性甲、乙、丙类液体储罐低倍数泡沫液的选择，应符合下列规定：

1) 当采用液上喷射系统时，应选用蛋白、氟蛋白、成膜氟蛋白或水成膜泡沫液；

2）当采用液下喷射系统时，应选用氟蛋白、成膜氟蛋白或水成膜泡沫液；

3）当选用水成膜泡沫液时，其抗烧水平不应低于现行国家标准《泡沫灭火剂》（GB 15308—2006）规定的C级。

（2）保护非水溶性液体的泡沫——水喷淋系统、泡沫枪系统、泡沫炮系统泡沫液的选择，应符合下列规定：

1）当采用吸气型泡沫产生装置时，可选用蛋白、氟蛋白、水成膜或成膜氟蛋白泡沫液；

2）当采用非吸气型喷射装置时，应选用水成膜或成膜氟蛋白泡沫液。

（3）水溶性甲、乙、丙类液体和其他对普通泡沫有破坏作用的甲、乙、丙类液体，以及用一套系统同时保护水溶性和非水溶性甲、乙、丙类液体的，必须选用抗溶泡沫液。

（4）中倍数泡沫灭火系统泡沫液的选择应符合下列规定：

1）用于油罐的中倍数泡沫灭火剂应采用专用8%型氟蛋白泡沫液；

2）除油罐外的其他场所，可选用中倍数泡沫液或高倍数泡沫液。

（5）高倍数泡沫灭火系统利用热烟气发泡时，应采用耐温耐烟型高倍数泡沫液。

（6）当采用海水作为系统水源时，必须选择适用于海水的泡沫液。

（7）泡沫液宜储存在通风干燥的房间或敞棚内；储存的环境温度应符合泡沫液使用温度的要求。

问题 187：泡沫消防泵的选择与设置应符合哪些规定？

（1）泡沫消防水泵、泡沫混合液泵的选择与设置，应符合下列规定：

1）应选择特性平缓的离心泵，且其工作压力和流量应满足系统设计要求。

2）当泡沫液泵采用水力驱动时，应将其消耗的水流量计入泡沫消防水泵的额定流量。

3）当采用环泵式比例混合器时，泡沫混合液泵的额定流量宜为系统设计流量的1.1倍。

4）泵出口管道上应设置压力表、单向阀和带控制阀的回流管。

（2）泡沫液泵的选择与设置应符合下列规定：

1）泡沫液泵的工作压力和流量应满足系统最大设计要求，并应与所选比例混合装置的工作压力范围和流量范围相匹配，同时应保证在设计流量范围内泡沫液供给压力大于最大水压力。

2）泡沫液泵的结构形式、密封或填充类型应适宜输送所选的泡沫液，其材料应耐泡沫液腐蚀且不影响泡沫液的性能。

3）应设置备用泵，备用泵的规格型号应与工作泵相同，且工作泵故障时应能自动与手动切换到备用泵。

4）泡沫液泵应能耐受不低于10min的空载运转。

5）除水力驱动型外，泡沫液泵的动力源设置应符合相关规定，且宜与系统泡沫消防水泵的动力源一致。

问题188：泡沫比例混合器分类及其构造如何？

1. 负压比例混合器

负压比例混合器主要是PH系列，其结构如图5-35所示。当高压水流从喷嘴喷出后，在混合室内产生负压，从而使泡沫液在大气压的作用下，从吸液口被吸入混合室，在混合室与水混合（泡沫液的浓度较高）经扩散管进入水泵吸水管再与水充分混合形成混合液，并被输送至泡沫产生装置，其安装方式如图5-36所示。

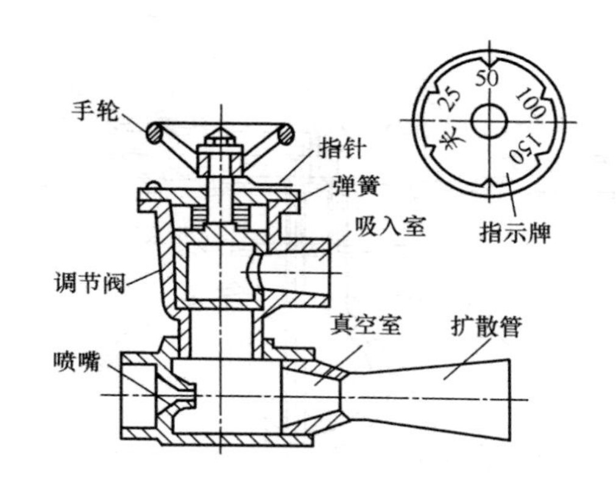

图 5-35　PH 系列负压比例混合器

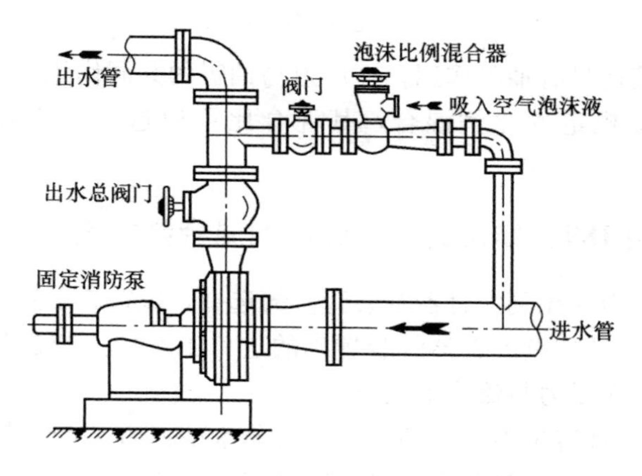

图 5-36　负压比例混合器安装示意图

2. 压力比例混合器

压力比例混合器的构造如图 5-37 所示，是直接安装在耐压的泡沫液储罐上，其进口、出口串接在具有一定压力的消防水泵出水管线上。其工作原理是：当有压力的水流通过压力比例混合器时，在压差孔板的作用下，造成孔板前后之间的压力差。孔板前较高的压力水经由缓冲管进入泡沫液储罐上部，迫使泡沫液从储罐下部经出液管压出。而且节流孔板出口处形成一定的负压，

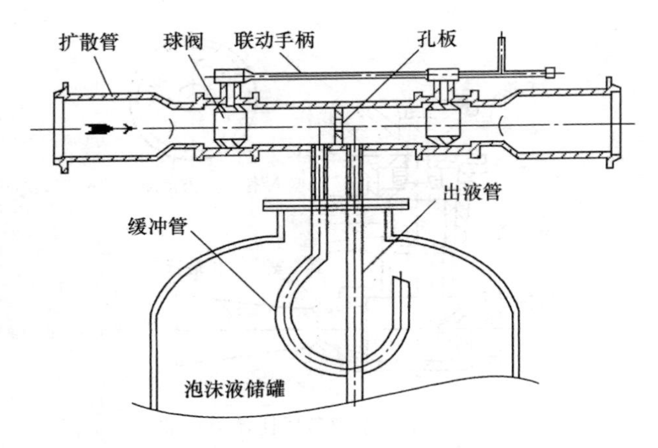

图 5-37 压力泡沫比例混合器结构图

对泡沫液还具有抽吸作用，在压迫与抽吸的共同作用下，供泡沫液与水按规定的比例混合，其混合比可通过孔板直径的大小确定。

问题 189：如何进行泡沫比例混合器的设计？

（1）泡沫比例混合器（装置）的选择，应符合下列规定：

1）系统比例混合器（装置）的进口工作压力与流量，应在标定的工作压力与流量范围内；

2）单罐容量不小于 20000m^3 的非水溶性液体与单罐容量不小于 5000m^3 的水溶性液体固定顶储罐及按固定顶储罐对待的内浮顶储罐、单罐容量不小于 50000m^3 的内浮顶和外浮顶储罐，宜选择计量注入式比例混合装置或平衡式比例混合装置；

3）当选用的泡沫液密度低于 1.12g/mL 时，不应选择无囊式压力比例混合装置；

4）全淹没高倍数泡沫灭火系统或局部应用高倍数、中倍数泡沫灭火系统，采用集中控制方式保护多个防护区时，应选用平衡式比例混合装置或囊式压力比例混合装置；

5）全淹没高倍数泡沫灭火系统或局部应用高倍数、中倍数泡沫灭火系统保护一个防护区时，宜选用平衡式比例混合装置或囊式压力比例混合装置。

（2）当采用平衡式比例混合装置时，应符合下列规定：

1）平衡阀的泡沫液进口压力应大于水进口压力，且其压差应满足产品的使用要求；

2）比例混合器的泡沫液进口管道上应设置单向阀；

3）泡沫液管道上应设置冲洗及放空设施。

（3）当采用计量注入式比例混合装置时，应符合下列规定：

1）泡沫液注入点的泡沫液流压力应大于水流压力，且其压差应满足产品的使用要求。

2）流量计进口前和出口后直管段的长度不应小于管径的10倍。

3）泡沫液进口管道上应设置单向阀。

4）泡沫液管道上应设置冲洗及放空设施。

（4）当采用压力比例混合装置时，应符合下列规定：

1）泡沫液储罐的单罐容积不应大于 $10m^3$。

2）无囊式压力比例混合装置，当泡沫液储罐的单罐容积大于 $5m^3$ 且储罐内无分隔设施时，宜设置1台小容积压力式比例混合装置，其容积应大于 $0.5m^3$，并应保证系统按最大设计流量连续提供3min的泡沫混合液。

（5）当采用环泵式比例混合器时，应符合下列规定：

1）出口背压宜为零或负压，当进口压力为0.7～0.9MPa时，其出口背压可为0.02～0.03MPa。

2）吸液口不应高于泡沫液储罐最低液面1m。

3）比例混合器的出口背压大于零时，吸液管上应设有防止水倒流入泡沫液储罐的措施。

4）应设有不少于1个的备用量。

（6）当半固定或移动系统采用管线式比例混合器时，应符合下列规定：

1）比例混合器的水进口压力应为0.6～1.2MPa，且出口压力应满足泡沫产生装置的进口压力要求。

2）比例混合器的压力损失可按水进口压力的35%计算。

问题190：如何设置泡沫液储罐?

（1）泡沫液储罐宜采用耐腐蚀材料制作，且与泡沫液直接接触的内壁或衬里不应对泡沫液的性能产生不利影响。

（2）常压泡沫液储罐应符合下列规定：

1）储罐内应留有泡沫液热膨胀空间和泡沫液沉降损失部分所占空间。

2）储罐出液口的设置应保障泡沫液泵进口为正压，且应设置在沉降层之上。

3）储罐上应设置出液口、液位计、进料孔、排渣孔、人孔、取样口、呼吸阀或通气管。

（3）泡沫液储罐上应有标明泡沫液种类、型号、出厂及灌装日期及储量的标志。不同种类、不同牌号的泡沫液不得混存。

问题191：有哪些泡沫产生装置？它们如何工作的?

1. 泡沫喷头

泡沫喷头用于泡沫喷淋灭火系统，有吸气型和非吸气型两类。

（1）吸气型泡沫喷头

吸气型泡沫喷头能够吸入空气，混合液经过空气的机械搅拌作用，再加上喷头前金属网的阻挡作用形成泡沫。当泡沫喷淋系统用于保护水溶性和非水溶性甲、乙、丙类液体时，宜选用吸气型泡沫喷头。目前常用的吸气型泡沫喷头有三种。

1）悬挂式泡沫喷头

该种类型喷头是悬挂在被保护物体的顶部上方某一高度，工作时泡沫从上向下以喷淋的形式均匀地洒落在被保护物体的表面。

2）侧挂式泡沫喷头

该种类型喷头置于被保护物体的侧面，距被保护物体有一定的距离，泡沫从侧面喷洒到被保护物体表面，将被保护物体从四面包围住。

3）弹出式泡沫喷头

这种泡沫喷头置于被保护物体的下部地面上。平时喷头在地面以下，喷头顶部和地面相平。一旦使用时，喷头借助混合液的压力弹射出地面，吸入空气形成泡沫，在导流板的作用下，将泡沫喷洒在被保护物体上。

（2）非吸气型泡沫喷头

非吸气型泡沫喷头没有吸入空气的结构，从喷头喷出的是雾状泡沫混合液。由于没有空气机械搅拌作用，泡沫发泡倍数较低。非吸气型泡沫喷头一般多采用悬挂式，有时也可以侧挂。这种泡沫喷头亦可用水喷雾喷头代替。当泡沫喷淋系统用于保护非水溶性甲、乙、丙类液体时，可选用非吸气型泡沫喷头。

2. 泡沫炮

固定泡沫炮能够上下俯仰和左右旋转，手动固定泡沫炮通过摇动手轮来俯仰或旋转，远控固定泡沫炮通过电动和液动实现俯仰或旋转，图 5-38 所示为一液动固定泡沫炮。

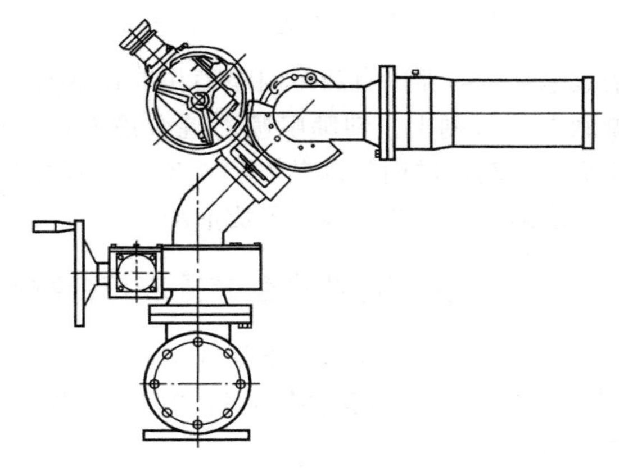

图 5-38　液动泡沫炮

3. 高倍数泡沫产生器

高倍数泡沫灭火系统的泡沫产生装置必须采用高倍数泡沫产生器，以适应发泡倍数较大的要求。

高倍数泡沫产生器一般是利用鼓风的方式产生泡沫。因此，根据其风机的驱动方式，有电动机、内燃机和水力驱动三种类型。在防护区内设置高倍数泡沫产生器，并利用热烟气发泡时，应选用水力驱动式高倍数泡沫产生器，其结构示意如图 5-39 所示。

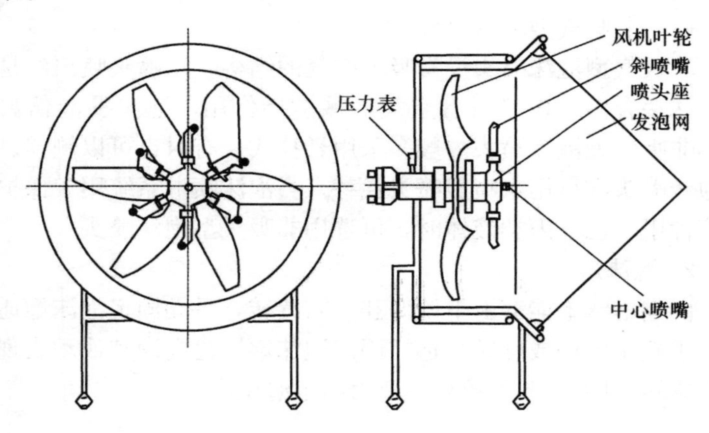

图 5-39　FG-180 型高倍数泡沫产生器构造示意图

该高倍数泡沫产生器内有数个斜喷嘴和中心喷嘴，用其将混合液均匀喷洒在发泡网上。斜喷嘴喷射混合液而产生的反作用力，驱使喷头座转动，进而带动装在喷头座上的风扇转动鼓风，鼓出的风在发泡网上与混合液混合形成泡沫。

问题 192：不同类型泡沫产生装置应符合哪些规定？

（1）低倍数泡沫产生器应符合下列规定：

1）固定顶储罐、按固定顶储罐对待的内浮顶储罐，宜选用立式泡沫产生器。

2）泡沫产生器进口的工作压力应为其额定值±0.1MPa。

3）泡沫产生器的空气吸入口及露天的泡沫喷射口应设置防止异物进入的金属网。

4）横式泡沫产生器的出口应设置长度不小于 1m 的泡沫管。

5）外浮顶储罐上的泡沫产生器不应设置密封玻璃。

（2）高背压泡沫产生器应符合下列规定：

1）进口工作压力应在标定的工作压力范围内。

2）出口工作压力应大于泡沫管道的阻力和罐内液体静压力之和。

3）发泡倍数不应小于 2，且不应大于 4。

（3）中倍数泡沫产生器应符合下列规定：

1）发泡网应采用不锈钢材料。

2）安装于油罐上的中倍数泡沫产生器，其进空气口应高出罐壁顶。

（4）高倍数泡沫发生器应符合下列规定：

1）在防护区内设置并利用热烟气发泡时，应选用水力驱动式泡沫发生器。

2）在防护区内固定设置泡沫发生器时，应采用不锈钢材料的发泡网。

（5）泡沫—水喷头、泡沫—水雾喷头的工作压力应在标定的工作压力范围内，且不应小于其额定压力的 0.8 倍。

问题 193：控制阀门和管道有哪些要求？

（1）泡沫灭火系统中所用的控制阀门应有明显的启闭标志。

（2）当泡沫消防水泵或泡沫混合液泵出口管道口径大于 300mm 时，不宜采用手动阀门。

（3）低倍数泡沫灭火系统的水与泡沫混合液及泡沫管道应采用钢管，且管道外壁应进行防腐处理。

（4）中倍数泡沫灭火系统的干式管道，应采用钢管；湿式管道，宜采用不锈钢管或内、外部进行防腐处理的钢管。

（5）高倍数泡沫灭火系统的干式管道，宜采用镀锌钢管；湿式管道，宜采用不锈钢管或内、外部进行防腐处理的钢管；高倍数泡沫产生器与其管道过滤器的连接管道应采用不锈钢管。

（6）泡沫液管道应采用不锈钢管。

（7）在寒冷季节有冰冻的地区，泡沫灭火系统的湿式管道应采取防冻措施。

（8）泡沫—水喷淋系统的管道应采用热镀锌钢管。其报警阀组、水流指示器、压力开关、末端试水装置、末端放水装置的设置，应符合现行国家标准《自动喷水灭火系统设计规范（2005年版）》（GB 50084—2001）的有关规定。

（9）防火堤或防护区内的法兰垫片应采用不燃材料或难燃材料。

（10）对于设置在防爆区内的地上或管沟敷设的干式管道，应采取防静电接地措施。钢制甲、乙、丙类液体储罐的防雷接地装置可兼作防静电接地装置。

问题 194：低倍数泡沫灭火系统设计有哪些要求？

（1）甲、乙、丙类液体储罐固定式、半固定式或移动式泡沫灭火系统的选择，应符合国家现行有关标准的规定。

（2）储罐区低倍数泡沫灭火系统的选择，应符合下列规定：

1）非水溶性甲、乙、丙类液体固定顶储罐，应选用液上喷射、液下喷射或半液下喷射系统。

2）水溶性甲、乙、丙类液体和其他对普通泡沫有破坏作用的甲、乙、丙类液体固定顶储罐，应选用液上喷射系统或半液下喷射系统。

3）外浮顶和内浮顶储罐应选用液上喷射系统。

4）非水溶性液体外浮顶储罐、内浮顶储罐、直径大于 18m 的固定顶储罐及水溶性甲、乙、丙类液体立式储罐，不得选用泡沫炮作为主要灭火设施。

5）高度大于 7m 或直径大于 9m 的固定顶储罐，不得选用泡沫枪作为主要灭火设施。

（3）储罐区泡沫灭火系统扑救一次火灾的泡沫混合液设计用量，应按罐内用量、该罐辅助泡沫枪用量、管道剩余量三者之和最大的储罐确定。

（4）设置固定式泡沫灭火系统的储罐区，应配置用于扑救液体流散火灾的辅助泡沫枪，泡沫枪的数量及其泡沫混合液连续供给时间不应小于表 5-17 的规定。每支辅助泡沫枪的泡沫混合液流量不应小于 240L/min。

泡沫枪数量及其泡沫混合液连续供给时间　　表 5-17

储罐直径/m	配备泡沫枪数/支	连续供给时间/min
≤10	1	10
>10 且≤20	1	20
>20 且≤30	2	20
>30 且≤40	2	30
>40	3	30

（5）当储罐区固定式泡沫灭火系统的泡沫混合液流量大于或等于 100L/s 时，系统的泵、比例混合装置及其管道上的控制阀、干管控制阀宜具备远程控制功能。

（6）在固定式泡沫灭火系统的泡沫混合液主管道上应留出泡沫混合液流量检测仪器的安装位置；在泡沫混合液管道上应设置试验检测口；在防火堤外侧最不利和最有利水力条件处的管道上，宜设置供检测泡沫产生器工作压力的压力表接口。

（7）储罐区固定式泡沫灭火系统与消防冷却水系统合用一组消防给水泵时，应有保障泡沫混合液供给强度满足设计要求的措施，且不得以火灾时临时调整的方式保障。

（8）采用固定式泡沫灭火系统的储罐区，宜沿防火堤外均匀布置泡沫消火栓，且泡沫消火栓的间距不应大于 60m。

（9）储罐区固定式泡沫灭火系统应具备半固定式系统功能。

（10）固定式泡沫灭火系统的设计应满足在泡沫消防水泵或泡沫混合液泵启动后，将泡沫混合液或泡沫输送到保护对象的时间不大于5min。

问题195：固定顶储罐设置有哪些要求？

（1）固定顶储罐的保护面积应按其横截面积确定。

（2）泡沫混合液供给强度及连续供给时间应符合下列规定：

1）非水溶性液体储罐液上喷射系统，其泡沫混合液供给强度和连续供给时间不应小于表5-18的规定。

泡沫混合液供给强度和连续供给时间　　表5-18

系统形式	泡沫液种类	供给强度/［L/(min·m²)］	连续供给时间/min	
			甲、乙类液体	丙类液体
固定式、半固定式系统	蛋白	6.0	40	30
	氟蛋白、水成膜、成膜氟蛋白	5.0	45	30
移动式系统	蛋白、氟蛋白	8.0	60	45
	水成膜、成膜氟蛋白	6.5	60	45

注：1. 如果采用大于本表规定的混合液供给强度，混合液连续供给时间可按相应的比例缩短，但不得小于本表规定时间的80%。

2. 沸点低于45℃的非水溶性液体，设置泡沫灭火系统的适用性及其泡沫混合液供给强度，应由试验确定。

2）非水溶性液体储罐液下或半液下喷射系统，其泡沫混合液供给强度不应小于5.0L/（min·m²）、连续供给时间不应小于40min。

注：沸点低于45℃的非水溶性液体、储存温度超过50℃或黏度大于40mm²/s的非水溶性液体，液下喷射系统的适用性及其泡沫混合液供给强度，应由试验确定。

3）水溶性液体和其他对普通泡沫有破坏作用的甲、乙、丙类液体储罐液上或半液下喷射系统，其泡沫混合液供给强度和连续供给时间不应小于表5-19的规定。

泡沫混合液供给强度和连续供给时间　　表 5-19

液体类别	供给强度/[L/(min·m²)]	连续供给时间/min
丙酮、异丙醇、甲基异丁酮	12	30
甲醇、乙醇、正丁醇、丁酮、丙烯腈、醋酸乙酯、醋酸丁酯	12	25
含氧添加剂含量体积比大于 10%的汽油	6	40

注：本表未列出的水溶性液体，其泡沫混合液供给强度和连续供给时间由试验确定。

（3）液上喷射系统泡沫产生器的设置，应符合下列规定：

1）泡沫产生器的型号及数量，应根据（1）和（2）计算所需的泡沫混合液流量确定，且设置数量不应小于表 5-20 的规定。

泡沫产生器设置数量　　表 5-20

储罐直径/m	泡沫产生器设置数量/个
≤10	1
>10 且≤25	2
>25 且≤30	3
>30 且≤35	4

注：对于直径大于 35m 且小于 50m 的储罐，其横截面积每增加 300m²，应至少增加 1 个泡沫产生器。

2）当一个储罐所需的泡沫产生器数量大于 1 个时，宜选用同规格的泡沫产生器，且应沿罐周均匀布置。

3）水溶性液体储罐应设置泡沫缓冲装置。

（4）液下喷射系统高背压泡沫产生器的设置，应符合下列规定：

1）高背压泡沫产生器应设置在防火堤外，设置数量及型号应根据（1）和（2）计算所需的泡沫混合液流量确定。

2）当一个储罐所需的高背压泡沫产生器数量大于 1 个时，宜并联使用。

3）在高背压泡沫产生器的进口侧应设置检测压力表接口，

在其出口侧应设置压力表、背压调节阀和泡沫取样口。

（5）液下喷射系统泡沫喷射口的设置，应符合下列规定：

1）泡沫进入甲、乙类液体的速度不应大于 3m/s；泡沫进入丙类液体的速度不应大于 6m/s。

2）泡沫喷射口宜采用向上斜的口型，其斜口角度宜为 45°，泡沫喷射管的长度不得小于喷射管直径的 20 倍。当设有一个喷射口时，喷射口宜设置在储罐中心；当设有一个以上喷射口时，应沿罐周均匀设置，且各喷射口的流量宜相等。

3）泡沫喷射口应安装在高于储罐积水层 0.3m 的位置，泡沫喷射口的设置数量不应小于表 5-21 的规定。

泡沫喷射口设置数量 **表 5-21**

储罐直径/m	喷射口数量/个
≤23	1
>23 且≤33	2
>33 且≤40	3

注：对于直径大于 40m 的储罐，其横截面积每增加 400m² 应至少增加一个泡沫喷射口。

（6）储罐上液上喷射系统泡沫混合液管道的设置，应符合下列规定：

1）每个泡沫产生器应用独立的混合液管道引至防火堤外。

2）除立管外，其他泡沫混合液管道不得设置在罐壁上。

3）连接泡沫产生器的泡沫混合液立管应用管卡固定在罐壁上，管卡间距不宜大于 3m。

4）泡沫混合液的立管下端应设置锈渣清扫口。

（7）防火堤内泡沫混合液或泡沫管道的设置应符合下列规定：

1）地上泡沫混合液或泡沫水平管道应敷设在管墩或管架上，与罐壁上的泡沫混合液立管之间宜用金属软管连接。

2）埋地泡沫混合液或泡沫管道距离地面的深度应大于

0.3m，与罐壁上的泡沫混合液立管之间应用金属软管或金属转向接头连接。

3）泡沫混合液或泡沫管道应有3‰的放空坡度。

4）在液下喷射系统靠近储罐的泡沫管线上应设置用于系统试验的带可拆卸盲板的支管。

5）液下喷射系统的泡沫管道上应设置钢质控制阀和逆止阀，并应设置不影响泡沫灭火系统正常运行的防油品渗漏设施。

（8）防火堤外泡沫混合液或泡沫管道的设置应符合下列规定：

1）固定式液上喷射系统，对每个泡沫产生器，应在防火堤外设置独立的控制阀。

2）半固定式液上喷射系统，对每个泡沫产生器，应在防火堤外距地面0.7m处设置带闷盖的管牙接口；半固定式液下喷射系统的泡沫管道应引至防火堤外，并应设置相应的高背压泡沫产生器快装接口。

3）泡沫混合液管道或泡沫管道上应设置放空阀，且其管道应有2‰的坡度坡向放空阀。

问题196：外浮顶储罐设置有哪些要求？

（1）钢制单盘式与双盘式外浮顶储罐的保护面积，应按罐壁与泡沫堰板间的环形面积确定。

（2）非水溶性液体的泡沫混合液供给强度不应小于12.5L/(min·m^2)，连续供给时间不应小于30min，单个泡沫产生器的最大保护周长应符合表5-22的规定。

单个泡沫产生器的最大保护周长　　表5-22

泡沫喷射口设置部位	堰板高度/m		保护周长/m
罐壁顶部、密封或挡雨板上方	软密封	≥0.9	24
	机械密封	<0.6	12
		≥0.6	24

续表

泡沫喷射口设置部位	堰板高度/m	保护周长/m
金属挡雨板下部	<0.6	18
	≥0.6	24

注：当采用从金属挡雨板下部喷射泡沫的方式时，其挡雨板必须是不含任何可燃材料的金属板。

(3) 外浮顶储罐泡沫堰板的设计，应符合下列规定：

1) 当泡沫喷射口设置在罐壁顶部、密封或挡雨板上方时，泡沫堰板应高出密封 0.2m；当泡沫喷射口设置在金属挡雨板下部时，泡沫堰板高度不应小于 0.3m。

2) 当泡沫喷射口设置在罐壁顶部时，泡沫堰板与罐壁的间距不应小于 0.6m；当泡沫喷射口设置在浮顶上时，泡沫堰板与罐壁的间距不宜小于 0.6m。

3) 应在泡沫堰板的最低部位设置排水孔，排水孔的开孔面积宜按每 $1m^2$ 环形面积 $280mm^2$ 确定，排水孔高度不宜大于 9mm。

(4) 泡沫产生器与泡沫喷射口的设置，应符合下列规定：

1) 泡沫产生器的型号和数量应按 (2) 的规定计算确定。

2) 泡沫喷射口设置在罐壁顶部时，应配置泡沫导流罩。

3) 泡沫喷射口设置在浮顶上时，其喷射口应采用两个出口直管段的长度均不小于其直径 5 倍的水平 T 形管，且设置在密封或挡雨板上方的泡沫喷射口在伸入泡沫堰板后应向下倾斜 30°～60°。

(5) 当泡沫产生器与泡沫喷射口设置在罐壁顶部时，储罐上泡沫混合液管道的设置应符合下列规定：

1) 可每两个泡沫产生器合用一根泡沫混合液立管。

2) 当三个或三个以上泡沫产生器一组在泡沫混合液立管下端合用一根管道时，宜在每个泡沫混合液立管上设置常开控制阀。

3) 每根泡沫混合液管道应引至防火堤外，且半固定式泡沫灭火系统的每根泡沫混合液管道所需的混合液流量不应大于1辆消防车的供给量。

4）连接泡沫产生器的泡沫混合液立管应用管卡固定在罐壁上，管卡间距不宜大于3m，泡沫混合液的立管下端应设置锈渣清扫口。

（6）当泡沫产生器与泡沫喷射口设置在浮顶上，且泡沫混合液管道从储罐内通过时，应符合下列规定：

1）连接储罐底部水平管道与浮顶泡沫混合液分配器的管道，应采用具有重复扭转运动轨迹的耐压、耐候性不锈钢复合软管。

2）软管不得与浮顶支承相碰撞，且应避开搅拌器。

3）软管与储罐底部的伴热管的距离应大于0.5m。

（7）防火堤内泡沫混合液管道的设置应符合下列规定：

1）地上泡沫混合液或泡沫水平管道应敷设在管墩或管架上，与罐壁上的泡沫混合液立管之间宜用金属软管连接。

2）埋地泡沫混合液或泡沫管道距离地面的深度应大于0.3m，与罐壁上的泡沫混合液立管之间应用金属软管或金属转向接头连接。

3）泡沫混合液或泡沫管道应有3‰的放空坡度。

4）在液下喷射系统靠近储罐的泡沫管线上应设置用于系统试验的带可拆卸盲板的支管。

5）液下喷射系统的泡沫管道上应设置钢质控制阀和逆止阀，并应设置不影响泡沫灭火系统正常运行的防油品渗漏设施。

（8）防火堤外泡沫混合液管道的设置应符合下列规定：

1）固定式泡沫灭火系统的每组泡沫产生器应在防火堤外设置独立的控制阀。

2）半固定式泡沫灭火系统的每组泡沫产生器应在防火堤外距地面0.7m处设置带闷盖的管牙接口。

3）泡沫混合液管道上应设置放空阀，且其管道应有2‰的坡度坡向放空阀。

（9）储罐梯子平台上管牙接口或二分水器的设置，应符合下列规定：

1）直径不大于45m的储罐，储罐梯子平台上应设置带闷盖的管牙接口；直径大于45m的储罐，储罐梯子平台上应设置二分水器。

2）管牙接口或二分水器应由管道接至防火堤外，且管道的管径应满足所配泡沫枪的压力、流量要求。

3）应在防火堤外的连接管道上设置管牙接口，管牙接口距地面高度宜为0.7m。

4）当与固定式泡沫灭火系统连通时，应在防火堤外设置控制阀。

问题197：内浮顶储罐设置有哪些要求？

（1）钢制单盘式、双盘式与敞口隔舱式内浮顶储罐的保护面积，应按罐壁与泡沫堰板间的环形面积确定；其他内浮顶储罐应按固定顶储罐对待。

（2）钢制单盘式、双盘式与敞口隔舱式内浮顶储罐的泡沫堰板设置、单个泡沫产生器保护周长及泡沫混合液供给强度与连续供给时间，应符合下列规定：

1）泡沫堰板与罐壁的距离不应小于0.55m，其高度不应小于0.5m；

2）单个泡沫产生器保护周长不应大于24m；

3）非水溶性液体的泡沫混合液供给强度不应小于12.5L/(min·m²)；

4）水溶性液体的泡沫混合液供给强度不应小于表5-19规定的1.5倍；

5）泡沫混合液连续供给时间不应小于30min。

（3）按固定顶储罐对待的内浮顶储罐，其泡沫混合液供给强度和连续供给时间及泡沫产生器的设置应符合下列规定：

1）非水溶性液体

应符合表5-18的规定。

2）水溶性液体

当设有泡沫缓冲装置时，应符合表 5-19 的规定。

3）水溶性液体

当未设泡沫缓冲装置时，泡沫混合液供给强度应符合表5-19 的规定，但泡沫混合液连续供给时间不应小于表 5-19 规定的 1.5 倍。

4）泡沫产生器的设置

应符合“问题 195”中（3）的规定，且数量不应少于 2 个。

问题 198：全淹没与局部应用系统及移动式系统设计有哪些要求？

（1）全淹没系统可用于小型封闭空间场所与设有阻止泡沫流失的固定围墙或其他围挡设施的小场所。

（2）局部应用系统可用于下列场所：

1）四周不完全封闭的 A 类火灾场所。

2）限定位置的流散 B 类火灾场所。

3）固定位置面积不大于 100m^{2}的流淌 B 类火灾场所。

（3）移动式系统可用于下列场所：

1）发生火灾的部位难以确定或人员难以接近的较小火灾场所。

2）流散的 B 类火灾场所。

3）不大于 100m^{2}的流淌 B 类火灾场所。

（4）全淹没中倍数泡沫灭火系统的设计参数宜由试验确定，也可采用高倍数泡沫灭火系统的设计参数。

（5）对于 A 类火灾场所，局部应用系统的设计应符合下列规定：

1）覆盖保护对象的时间不应大于 2min。

2）覆盖保护对象最高点的厚度宜由试验确定。

3）泡沫混合液连续供给时间不应小于 12min。

（6）对于流散 B 类火灾场所或面积不大于 100m^2 的流淌 B

类火灾场所，局部应用系统或移动式系统的泡沫混合液供给强度与连续供给时间，应符合下列规定：

1）沸点不低于45℃的非水溶性液体，泡沫混合液供给强度应大于4L/（min·m^2）。

2）室内场所的泡沫混合液连续供给时间应大于10min。

3）室外场所的泡沫混合液连续供给时间应大于15min。

4）水溶性液体、沸点低于45℃的非水溶性液体，设置泡沫灭火系统的适用性及其泡沫混合液供强强度，应由试验确定。

问题199：油罐固定式中倍数泡沫灭火系统设计有哪些要求?

（1）丙类固定顶与内浮顶油罐，单罐容量小于10000m^3的甲、乙类固定顶与内浮顶油罐，当选用中倍数泡沫灭火系统时，宜为固定式。

（2）油罐中倍数泡沫灭火系统应采用液上喷射形式，且保护面积应按油罐的横截面积确定。

（3）系统扑救一次火灾的泡沫混合液设计用量，应按罐内用量、该罐辅助泡沫枪用量、管道剩余量三者之和最大的油罐确定。

（4）系统泡沫混合液供给强度不应小于4L/（min·m^2），连续供给时间不应小于30min。

（5）设置固定式中倍数泡沫灭火系统的油罐区，宜设置低倍数泡沫枪，并应符合表5-17的规定；当设置中倍数泡沫枪时，其数量与连续供给时间，不应小于表5-23的规定。

中倍数泡沫枪数量和连续供给时间　　表5-23

油罐直径/m	泡沫枪流量/(L/s)	泡沫枪数量/支	连续供给时间/min
≤10	3	1	10
>10且≤20	3	1	20

续表

油罐直径/m	泡沫枪流量/(L/s)	泡沫枪数量/支	连续供给时间/min
>20 且≤30	3	2	20
>30 且≤40	3	2	30
>40	3	3	30

(6) 泡沫产生器应沿罐周均匀布置，当泡沫产生器数量大于或等于 3 个时，可每两个产生器共用一根管道引至防火堤外。

问题 200：高倍数泡沫灭火系统设计有哪些要求？

(1) 系统形式的选择应根据防护区的总体布局、火灾的危害程度、火灾的种类和扑救条件等因素，经综合技术经济比较后确定。

(2) 全淹没系统或固定式局部应用系统应设置火灾自动报警系统，并应符合下列规定：

1) 全淹没系统应同时具备自动、手动和应急机械手动启动功能。

2) 自动控制的固定式局部应用系统应同时具备手动和应急机械手动启动功能；手动控制的固定式局部应用系统尚应具备应急机械手动启动功能。

3) 消防控制中心（室）和防护区应设置声光报警装置。

4) 消防自动控制设备宜与防护区内门窗的关闭装置、排气口的开启装置，以及生产、照明电源的切断装置等联动。

(3) 当系统以集中控制方式保护两个或两个以上的防护区时，其中一个防护区发生火灾不应危及其他防护区；泡沫液和水的储备量应按最大一个防护区的用量确定；手动与应急机械控制装置应有标明其所控制区域的标记。

(4) 高倍数泡沫产生器的设置应符合下列规定：

1) 高度应在泡沫淹没深度以上。

2) 宜接近保护对象，但其位置应免受爆炸或火焰损坏。

3）应使防护区形成比较均匀的泡沫覆盖层。

4）应便于检查、测试及维修。

5）当泡沫产生器在室外或坑道应用时，应采取防止风对泡沫产生器发泡和和泡沫分布影响的措施。

（5）当高倍数泡沫产生器的出口设置导泡筒时，应符合下列规定：

1）导泡筒的横截面积宜为泡沫产生器出口横截面积的1.05～1.10倍。

2）当导泡筒上设有闭合器件时，其闭合器件不得阻挡泡沫的通过。

（6）固定安装的高倍数泡沫产生器前应设置管道过滤器、压力表和手动阀门。

（7）固定安装的泡沫液桶（罐）和比例混合器不应设置在防护区内。

（8）系统干式水平管道最低点应设置排液阀，且坡向排液阀的管道坡度不宜小于3‰。

（9）系统管道上的控制阀门应设置在防护区以外，自动控制阀门应具有手动启闭功能。

问题201：全淹没系统设计有哪些要求？

（1）全淹没系统可用于下列场所：

1）封闭空间场所。

2）设有阻止泡沫流失的固定围墙或其他围挡设施的场所。

（2）全淹没系统的防护区应为封闭或设置灭火所需的固定围挡的区域，且应符合下列规定：

1）泡沫的围挡应为不燃结构，且应在系统设计灭火时间内具备围挡泡沫的能力。

2）在保证人员撤离的前提下，门、窗等位于设计淹没深度以下的开口，应在泡沫喷放前或泡沫喷放的同时自动关闭；对于不能自动关闭的开口，全淹没系统应对其泡沫损失进行相应补偿。

3）利用防护区外部空气发泡的封闭空间，应设置排气口，排气口的位置应避免燃烧产物或其他有害气体回流到高倍数泡沫产生器进气口。

4）在泡沫淹没深度以下的墙上设置窗口时，宜在窗口部位设置网孔基本尺寸不大于 3.15mm 的钢丝网或钢丝纱窗。

5）排气口在灭火系统工作时应自动或手动开启，其排气速度不宜超过 5m/s。

6）防护区内应设置排水设施。

（3）泡沫淹没深度的确定应符合下列规定：

1）当用于扑救 A 类火灾时，泡沫淹没深度不应小于最高保护对象高度的 1.1 倍，且应高于最高保护对象最高点 0.6m。

2）当用于扑救 B 类火灾时，汽油、煤油、柴油或苯火灾的泡沫淹没深度应高于起火部位 2m；其他 B 类火灾的泡沫淹没深度应由试验确定。

（4）淹没体积应按下式计算：

$$V = S \times H - V_g \tag{5-9}$$

式中 V——淹没体积（m^3）；

S——防护区地面面积（m^2）；

H——泡沫淹没深度（m）；

V_g——固定的机器设备等不燃物体所占的体积（m^3）。

（5）泡沫的淹没时间不应超过表 5-24 的规定。系统自接到火灾信号至开始喷放泡沫的延时不宜超过 1min。

泡沫的淹没时间（min） **表 5-24**

可 燃 物	高倍数泡沫灭火系统单独使用	高倍数泡沫灭火系统与自动喷水灭火系统联合使用
闪点不超过 40℃的非水溶性液体	2	3
闪点超过 40℃的非水溶性液体	3	4

续表

可　燃　物	高倍数泡沫灭火系统单独使用	高倍数泡沫灭火系统与自动喷水灭火系统联合使用
发泡橡胶、发泡塑料、成卷的织物或皱纹纸等低密度可燃物	3	4
成卷的纸、压制牛皮纸、涂料纸、纸板箱、纤维圆筒、橡胶轮胎等高密度可燃物	5	7

注：水溶性液体的淹没时间应由试验确定。

(6) 最小泡沫供给速率应按下式计算：

$$R = \left(\frac{V}{T} + R_S\right) \times C_N \times C_L \tag{5-10}$$

$$R_S = L_S \times Q_Y \tag{5-11}$$

式中　R——泡沫最小供给速率(m^3/min)；

T——淹没时间(min)；

C_N——泡沫破裂补偿系数，宜取1.15；

C_L——泡沫泄漏补偿系数，宜取1.05～1.2；

R_S——喷水造成的泡沫破泡率(m^3/min)；

L_S——泡沫破泡率与洒水喷头排放速率之比，应取0.0748(m^3/L)；

Q_Y——预计动作最大水喷头数目时的总水流量(L/min)。

(7) 泡沫液和水的连续供给时间应符合下列规定：

1) 当用于扑救A类火灾时，不应小于25min。

2) 当用于扑救B类火灾时，不应小于15min。

(8) 对于A类火灾，其泡沫淹没体积的保持时间应符合下列规定：

1) 单独使用高倍数泡沫灭火系统时，应大于60min。

2) 与自动喷水灭火系统联合使用时，应大于30min。

问题 202：局部应用系统设计有哪些要求？

（1）局部应用系统可用于下列场所：

1）四周不完全封闭的 A 类火灾与 B 类火灾场所。

2）天然气液化站与接收站的集液池或储罐围堰区。

（2）系统的保护范围应包括火灾蔓延的所有区域。

（3）当用于扑救 A 类火灾或 B 类火灾时，泡沫供给速率应符合下列规定：

1）覆盖 A 类火灾保护对象最高点的厚度不应小于 0.6m。

2）对于汽油、煤油、柴油或苯，覆盖起火部位的厚度不应小于 2m；其他 B 类火灾的泡沫覆盖厚度应由试验确定。

3）达到规定覆盖厚度的时间不应大于 2min。

（4）当用于扑救 A 类火灾和 B 类火灾时，其泡沫液和水的连续供给时间不应小于 12min。

（5）当设置在液化天然气集液池或储罐围堰区时，应符合下列规定：

1）应选择固定式系统，并应设置导泡筒。

2）宜采用发泡倍数为 300～500 的高倍数泡沫产生器。

3）泡沫混合液供给强度应根据阻止形成蒸汽云和降低热辐射强度试验确定，并应取两项试验的较大值；当缺乏试验数据时，泡沫混合液供给强度不宜小于 7.2L/（min・m^2）。

4）泡沫连续供给时间应根据所需的控制时间确定，且不宜小于 40min；当同时设有移动式系统时，固定式系统的泡沫供给时间可按达到稳定控火时间确定。

5）保护场所应有适合设置导泡筒的位置。

6）系统设计尚应符合现行国家标准《石油天然气工程设计防火规范》（GB 50183—2015）的有关规定。

问题 203：移动式系统设计有哪些要求？

（1）移动式系统可用于下列场所：

1）发生火灾的部位难以确定或人员难以接近的场所。

2）流淌的B类火灾场所。

3）发生火灾时需要排烟、降温或排除有害气体的封闭空间。

（2）泡沫淹没时间或覆盖保护对象时间、泡沫供给速率与连续供给时间，应根据保护对象的类型与规模确定。

（3）泡沫液和水的储备量应符合下列规定：

1）当辅助全淹没高倍数泡沫灭火系统或局部应用高倍数泡沫灭火系统使用时，泡沫液和水的储备量可在全淹没高倍数泡沫灭火系统或局部应用高倍数泡沫灭火系统中的泡沫液和水的储备量中增加5％～10％。

2）当在消防车上配备时，每套系统的泡沫液储存量不宜小于0.5t。

3）当用于扑救煤矿火灾时，每个矿山救护大队应储存大于2t的泡沫液。

（4）系统的供水压力可根据高倍数泡沫产生器和比例混合器的进口工作压力及比例混合器和水带的压力损失确定。

（5）用于扑救煤矿井下火灾时，应配置导泡筒，且高倍数泡沫产生器的驱动风压、发泡倍数应满足矿井的特殊需要。

（6）泡沫液与相关设备应放置在便于运送到指定防护对象的场所；当移动式高倍数泡沫产生器预先连接到水源或泡沫混合液供给源时，应放置在易于接近的地方，且水带长度应能达到其最远的防护地。

（7）当两个或两个以上移动式高倍数泡沫产生器同时使用时，其泡沫液和水供给源应能足最大数量的泡沫产生器的使用要求。

（8）移动式系统应选用有衬里的消防水带，并应符合下列规定：

1）水带的口径与长度应满足系统要求。

2）水带应以能立即使用的排列形式储存且应防潮。

（9）系统所用的电源与电缆应满足输送功率要求，且应满足保护接地和防水的要求。

问题204：泡沫-水喷淋系统与泡沫喷雾系统设计有哪些要求？

（1）泡沫-水喷淋系统可用于下列场所：

1）具有非水溶性液体泄漏火灾危险的室内场所。

2）存放量不超过 $25L/m^2$ 或超过 $25L/m^2$ 但有缓冲物的水溶性液体室内场所。

（2）泡沫喷雾系统可用于保护独立变电站的油浸电力变压器、面积不大于 $200m^2$ 的非水溶性液体室内场所。

（3）泡沫-水喷淋系统泡沫混合液与水的连续供给时间应符合下列规定：

1）泡沫混合液连续供给时间不应小于10min。

2）泡沫混合液与水的连续供给时间之和不应小于60min。

（4）泡沫-水雨淋系统与泡沫-水预作用系统的控制，应符合下列规定：

1）系统应同时具备自动、手动和应急机械手动启动功能。

2）机械手动启动力不应超过180N。

3）系统自动或手动启动后，泡沫液供给控制装置应自动随供水主控阀的动作而动作或与之同时动作。

4）系统应设置故障监视与报警装置，且应在主控制盘上显示。

（5）当泡沫液管线长度超过15m时，泡沫液应充满其管线，且泡沫液管线及其管件的温度应在泡沫液的储存温度范围内；埋地铺设时，应设置检查管道密封性的设施。

（6）泡沫-水喷淋系统应设置系统试验接口，其口径应分别满足系统最大流量与最小流量要求。

（7）泡沫-水喷淋系统的防护区应设置安全排放或容纳设施，且排放或容纳量应按被保护液体最大泄漏量、固定式系统喷洒量，以及管枪喷射量之和确定。

（8）为泡沫-水雨淋系统与泡沫-水预作用系统配套设置的火灾探测与联动控制系统，除应符合现行国家标准《火灾自动报警系统设计规范》（GB 50116—2013）的有关规定外，尚应符合下列规定：

1）当电控型自动探测及附属装置设置在有爆炸和火灾危险的环境时，应符合现行国家标准《爆炸危险环境电力装置设计规范》（GB 50058—2014）的有关规定。

2）设置在腐蚀性气体环境中的探测装置，应由耐腐蚀材料制成或采取防腐蚀保护。

3）当选用带闭式喷头的传动管传递火灾信号时，传动管的长度不应大于 300m，公称直径宜为 15～25mm，传动管上的喷头应选用快速响应喷头，且布置间距不宜大于 2.5m。

问题 205：泡沫-水雨淋系统设计有哪些要求？

（1）泡沫-水雨淋系统的保护面积应按保护场所内的水平面面积或水平面投影面积确定。

（2）当保护非水溶性液体时，其泡沫混合液供给强度不应小于表 5-25 的规定；当保护水溶性液体时，其混合液供给强度和连续供给时间应由试验确定。

泡沫混合液供给强度 **表 5-25**

泡沫液种类	喷头设置高度/m	泡沫混合供给强度/[L/(min·m²)]
蛋白、氟蛋白	≤10	8
	＞10	10
水成膜、成膜氟蛋白	≤10	6.5
	＞10	8

（3）系统应设置雨淋阀、水力警铃，并应在每个雨淋阀出口管路上设置压力开关，但喷头数小于 10 个的单区系统可不设雨淋阀和压力开关。

(4) 系统应选用吸气型泡沫-水喷头、泡沫-水雾喷头。

(5) 喷头的布置应符合下列规定：

1) 喷头的布置应根据系统设计供给强度、保护面积和喷头特性确定。

2) 喷头周围不应有影响泡沫喷洒的障碍物。

(6) 系统设计时应进行管道水力计算，并应符合下列规定：

1) 自雨淋阀开启至系统各喷头达到设计喷洒流量的时间不得超过 60s。

2) 任意四个相邻喷头组成的四边形保护面积内的平均泡沫混合液供给强度不应小于设计强度。

问题 206：闭式泡沫-水喷淋系统设计有哪些要求？

(1) 下列场所不宜选用闭式泡沫-水喷淋系统：

1) 流淌面积较大，按 (4) 规定的作用面积不足以保护的甲、乙、丙类液体场所。

2) 靠泡沫混合液或水稀释不能有效灭火的水溶性液体场所。

3) 净空高度大于 9m 的场所。

(2) 火灾水平方向蔓延较快的场所不宜选用泡沫-水干式系统。

(3) 下列场所不宜选用管道充水的泡沫-水湿式系统：

1) 初始火灾为液体流淌火灾的甲、乙、丙类液体桶装库、泵房等场所；

2) 含有甲、乙、丙类液体敞口容器的场所。

(4) 系统的作用面积应符合下列规定：

1) 系统的作用面积应为 $465m^2$。

2) 当防护区面积小于 $465m^2$ 时，可按防护区实际面积确定。

3) 当试验值不同于 1)、2) 的规定时，可采用试验值。

(5) 闭式泡沫-水喷淋系统的供给强度不应小于 $6.5L/(min \cdot m^2)$。

(6) 闭式泡沫-水喷淋系统输送的泡沫混合液应在 8L/s 至最

大设计流量范围内达到额定的混合比。

（7）喷头的选用应符合下列规定：

1）应选用闭式洒水喷头。

2）当喷头设置在屋顶时，其公称动作温度应为121～149℃。

3）当喷头设置在保护场所的中间层面时，其公称动作温度应为57～79℃；当保护场所的环境温度较高时，其公称动作温度宜高于环境最高温度30℃。

（8）喷头的设置应符合下列规定：

1）任意四个相邻喷头组成的四边形保护面积内的平均供给强度不应小于设计强度，且不宜大于设计供给强度的1.2倍。

2）喷头周围不应有影响泡沫喷洒的障碍物。

3）每只喷头的保护面积不应大于12m^2。

4）同一支管上两只相邻喷头的水平间距、两条相邻平行支管的水平间距均不应大于3.6m。

（9）泡沫-水湿式系统的设置应符合下列规定：

1）当系统管道充注泡沫预混液时，其管道及管件应耐泡沫预混液腐蚀，且不应影响泡沫预混液的性能。

2）充注泡沫预混液系统的环境温度宜为5～40℃。

3）当系统管道充水时，在8L/s的流量下，自系统启动至喷泡沫的时间不应大于2min。

4）充水系统的环境温度应为4～70℃。

（10）泡沫-水预作用系统与泡沫-水干式系统的管道充水时间不宜大于1min。泡沫-水预作用系统每个报警阀控制喷头数不应超过800只；泡沫-水干式系统每个报警阀控制喷头数不宜超过500只。

问题207：泡沫喷雾系统设计有哪些要求？

（1）泡沫喷雾系统可采用下列形式：

1）由压缩氮气驱动储罐内的泡沫预混液经泡沫喷雾喷头喷洒泡沫到防护区。

2）由压力水通过泡沫比例混合器（装置）输送泡沫混合液经泡沫喷雾喷头喷洒泡沫到防护区。

（2）当保护油浸电力变压器时，系统设计应符合下列规定：

1）保护面积应按变压器油箱本体水平投影且四周外延 1m 计算确定。

2）泡沫混合液或泡沫预混液供给强度不应小于 8L/(min·m^2)。

3）泡沫混合液或泡沫预混液连续供给时间不应小于 15min。

4）喷头的设置应使泡沫覆盖变压器油箱顶面，且每个变压器进出线绝缘套管升高座孔口应设置单独的喷头保护。

5）保护绝缘套管升高座孔口喷头的雾化角宜为 60°，其他喷头的雾化角不应大于 90°。

6）所用泡沫灭火剂的灭火性能级别应为Ⅰ级，抗烧水平不应低于 C 级。

（3）当保护非水溶性液体室内场所时，泡沫混合液或预混液供给强度不应小于 6.5L/(min·m^2)，连续供给时间不应小于 10min。系统喷头的布置应符合下列规定：

1）保护面积内的泡沫混合液供给强度应均匀。

2）泡沫应直接喷洒到保护对象上。

3）喷头周围不应有影响泡沫喷洒的障碍物。

（4）喷头应带过滤器，其工作压力不应小于其额定工作压力，且不宜高于其额定压力 0.1MPa。

（5）系统喷头、管道与电气设备带电（裸露）部分的安全净距应符合国家现行有关标准的规定。

（6）泡沫喷雾系统应同时具备自动、手动和应急机械手动启动方式。在自动控制状态下，灭火系统的响应时间不应大于 60s。与泡沫喷雾系统联动的火灾自动报警系统的设计应符合国家标准《火灾自动报警系统设计规范》（GB 50116—2013）的有关规定。

（7）系统湿式供液管道应选用不锈钢管；干式供液管道可选

用热镀锌钢管。

（8）当动力源采用压缩氮气时，应符合下列规定：

1）系统所需动力源瓶组数量应按下式计算；

$$N=\frac{P_2V_2}{(P_1-P_2)V_1}\cdot k \tag{5-12}$$

式中 N——所需氮气瓶组数量(只)，取自然数；

P_1——氮气瓶组储存压力(MPa)；

P_2——系统储液罐出口压力(MPa)；

V_1——单个氮气瓶组容积(L)；

V_2——系统储液罐容积与氮气管路容积之和(L)；

k——裕量系数(不小于 1.5)。

2）系统储液罐、启动装置、氮气驱动装置应安装在温度高于 0℃的专用设备间内。

（9）当系统采用泡沫预混液时，其有效使用期不宜小于 3 年。

5.4 火灾自动报警系统设计

问题 208：火灾自动报警系统由哪些部分组成？

火灾自动报警系统通常由触发器件、火灾报警装置、火灾警报装置以及具有其他辅助功能的装置组成。它可以在火灾初期，将燃烧产生的烟雾、热量和光辐射等物理量，借助感温、感烟和感光等火灾探测器接收到的信号转变成电信号输入火灾报警控制器，报警控制器立即以声、光信号向人发出警报，同时指示火灾发生的部位，并且记录下火灾发生的时间；它还可与自动喷水灭火系统、室内消火栓系统、防烟排烟系统、通风系统、空调系统及防火门、防火卷帘以及挡烟垂壁等防火分隔系统设备联动，自动或者手动发出指令，启动相应的灭火装置。

1. 触发器件

触发器件是指在火灾自动报警系统中，自动或者手动产生火灾报警信号的器件，主要包括火灾探测器和手动报警按钮。火灾探测器是能对火灾参数（如烟、温、光、火焰辐射以及气体浓度等）响应，并自动产生火灾报警信号的器件。根据响应火灾参数的不同，火灾探测器分成感温火灾探测器、感烟火灾探测器、感光火灾探测器、可燃气体探测器以及复合火灾探测器五种基本类型。不同类型的火灾探测器适用于不同类型的火灾及不同的场所。手动火灾报警按钮是手动方式产生火灾报警信号、启动火灾自动报警系统的器件，也是火灾自动报警系统中必不可少的组成部分之一。

2. 火灾报警装置

火灾报警装置是指在火灾自动报警系统中，用以接收、显示以及传递火灾报警信号，并能发出控制信号和具有其他辅助功能的控制指示设备。火灾报警控制器就是其中最为基本的一种。

3. 火灾警报装置

火灾警报装置是指在火灾自动报警系统中，用以发出区别于环境声及光的火灾警报信号的装置。火灾警报器是一种最基本的火灾警报装置，通常与火灾报警控制器（如区域显示器火灾显示盘，集中火灾报警控制器）组合在一起，它以声、光音响方式向报警区域发出火灾警报信号，以此警示人们采取安全疏散、灭火救灾措施。

警铃也是一种火灾警报装置，是把火灾报警信息进行声音中继的一种电气设备，警铃大部分安装于建筑物的公共空间部分，如走廊及大厅等。

4. 消防控制设备

消防控制设备是指在火灾自动报警系统中，当接收到来自触发器件的火灾报警之后，能自动或手动启动相关消防设备开关、显示其状态的设备。主要包括火灾报警控制器，室内消火栓系统的控制装置，自动灭火系统的控制装置，防烟排烟系统及空调通风系统的控制装置，常开防火门，防火卷帘的控制装置，电梯回降控制装置，以及火灾应急广播、消防通信设备、火灾警报装置、火灾应急照明与疏散指示标志的控制装置等控制装置中的部分或全部。消防控制设备通常设置在消防控制中心，以便于实行集中统一控制。也有的消防控制设备设置在被控消防设备现场，但是其动作信号必须返回消防控制室，实行集中与分散相结合的控制方式，

5. 电源

火灾自动报警系统属于消防用电设备，其主电源应采用消防电源。备用电采用蓄电池。系统电源除为火灾报警控制器供电之外，还为与系统相关的消防控制设备等供电。

问题 209：哪些场所应设置火灾自动报警系统？

(1) 下列建筑或场所应设置火灾自动报警系统：

1) 任一层建筑面积大于 1500m^2 或总建筑面积大于 3000m^2 的制鞋、制衣、玩具、电子等类似用途的厂房。

2) 每座占地面积大于 1000m^2 的棉、毛、丝、麻、化纤及其制品的仓库，占地面积大于 500m^2 或总建筑面积大于 1000m^2 的卷烟仓库。

3) 任一层建筑面积大于 1500m^2 或总建筑面积大于 3000m^2 的商店、展览、财贸金融、客运和货运等类似用途的建筑，总建筑面积大于 500m^2 的地下或半地下商店。

4) 图书或文物的珍藏库，每座藏书超过 50 万册的图书馆，重要的档案馆。

5) 地市级及以上广播电视建筑、邮政建筑、电信建筑，城市或区域性电力、交通和防灾等指挥调度建筑。

6) 特等、甲等剧场，座位数超过 1500 个的其他等级的剧场或电影院，座位数超过 2000 个的会堂或礼堂，座位数超过 3000 个的体育馆。

7) 大、中型幼儿园的儿童用房等场所，老年人建筑，任一

层建筑面积大于 1500m^2或总建筑面积大于 3000m^2的疗养院的病房楼、旅馆建筑和其他儿童活动场所，不少于 200 床位的医院门诊楼、病房楼和手术部等。

8）歌舞娱乐放映游艺场所。

9）净高大于 2.6m 且可燃物较多的技术夹层，净高大于 0.8m 且有可燃物的闷顶或吊顶内。

10）电子信息系统的主机房及其控制室、记录介质库，特殊贵重或火灾危险性大的机器、仪表、仪器设备室、贵重物品库房。

11）二类高层公共建筑内建筑面积大于 50m^2的可燃物品库房和建筑面积大于 500m^2的营业厅。

12）其他一类高层公共建筑。

13）设置机械排烟、防烟系统、雨淋或预作用自动喷水灭火系统，固定消防水炮灭火系统、气体灭火系统等需与火灾自动报警系统联锁动作的场所或部位。

（2）建筑高度大于 100m 的住宅建筑，应设置火灾自动报警系统。

建筑高度大于 54m 但不大于 100m 的住宅建筑，其公共部位应设置火灾自动报警系统，套内宜设置火灾探测器。

建筑高度不大于 54m 的高层住宅建筑，其公共部位宜设置火灾自动报警系统。当设置需联动控制的消防设施时，公共部位应设置火灾自动报警系统。

高层住宅建筑的公共部位应设置具有语音功能的火灾声警报装置或应急广播。

建筑内可能散发可燃气体、可燃蒸气的场所应设置可燃气体报警装置。

问题 210：火灾自动报警系统形式如何选择？

火灾自动报警系统的形式和设计要求与保护对象及消防安全目标的设立直接相关。火灾自动报警系统形式的选择，应符合下列规定：

（1）仅需要报警，不需要联动自动消防设备的保护对象宜采用区域报警系统。

（2）不仅需要报警，同时需要联动自动消防设备，且只设置一台具有集中控制功能的火灾报警控制器和消防联动控制器的保护对象，应采用集中报警系统，并应设置一个消防控制室。

（3）设置两个及以上消防控制室的保护对象，或已设置两个及以上集中报警系统的保护对象，应采用控制中心报警系统。

问题 211：区域报警系统的设计有哪些要求？

区域报警系统的设计，应符合下列规定：

（1）系统应由火灾探测器、手动火灾报警按钮、火灾声光警报器及火灾报警控制器等组成，系统中可包括消防控制室图形显示装置和指示楼层的区域显示器。

（2）火灾报警控制器应设置在有人值班的场所。

（3）系统设置消防控制室图形显示装置时，该装置应具有传输表 5-26 和表 5-27 规定的有关信息的功能；系统未设置消防控制室图形显示装置时，应设置火警传输设备。

火灾报警、建筑消防设施运行状态信息　　表 5-26

<table>
<tr><th colspan="2">设施名称</th><th>内　容</th></tr>
<tr><td colspan="2">火灾探测报警系统</td><td>火灾报警信息、可燃气体探测报警信息、电气火灾监控报警信息、屏蔽信息、故障信息</td></tr>
<tr><td rowspan="3">消防联动控制系统</td><td>消防联动控制器</td><td>动作状态、屏蔽信息、故障信息</td></tr>
<tr><td>消火栓系统</td><td>消防水泵电源的工作状态，消防水泵的启、停状态和故障状态，消防水箱（小）水位、管网压力报警信息及消火栓按钮的报警信息</td></tr>
<tr><td>自动喷水灭火系统、水喷雾（细水雾）灭火系统（泵供水方式）</td><td>喷淋泵电源工作状态，喷淋泵的启、停状态和故障状态，水流指示器、信号阀、报警阀、压力开关的正常工作状态和动作状态</td></tr>
</table>

续表

设施名称		内　容
消防联动控制系统	气体灭火系统、细水雾灭火系统（压力容器供水方式）	系统的手动、自动工作状态及故障状态，阀驱动装置的正常工作状态和动作状态，防护区域中的防火门（窗）、防火阀、通风空调等设备的正常工作状态和动作状态，系统的启、停信息，紧急停止信号和管网压力信号
	泡沫灭火系统	消防水泵、泡沫液泵电源的工作状态，系统的手动、自动工作状态及故障状态，消防水泵、泡沫液泵的正常工作状态和动作状态
	干粉灭火系统	系统的手动、自动工作状态及故障状态，阀驱动装置的正常工作状态和动作状态，系统的启、停信息，紧急停止信号和管网压力信号
	防烟排烟系统	系统的手动、自动工作状态，防烟排烟风机电源的工作状态，风机、电动防火阀、电动排烟防火阀、常闭送风口、排烟阀（口）、电动排烟窗、电动挡烟垂壁的正常工作状态和动作状态
	防火门及卷帘系统	防火卷帘控制器、防火门监控器的工作状态和故障状态；卷帘门的工作状态，具有反馈信号的各类防火门、疏散门的工作状态和故障状态等动态信息
	消防电梯	消防电梯的停用和故障状态
	消防应急广播	消防应急广播的启动、停止和故障状态
	消防应急照明和疏散指示系统	消防应急照明和疏散指示系统的故障状态和应急工作状态信息
	消防电源	系统内各消防用电设备的供电电源和备用电源工作状态和欠压报警信息

消防安全管理信息 **表 5-27**

<table>
<tr><th>序号</th><th colspan="2">名　　称</th><th>内　　容</th></tr>
<tr><td>1</td><td colspan="2">基本情况</td><td>单位名称、编号、类别、地址、联系电话、邮政编码、消防控制室电话；单位职工人数、成立时间、上级主管（或管辖）单位名称、占地面积、总建筑面积、单位总平面图（含消防车道、毗邻建筑等）；单位法人代表、消防安全责任人、消防安全管理人及专兼职消防管理人的姓名、身份证号码、电话</td></tr>
<tr><td rowspan="4">2</td><td rowspan="4">主要建筑物、构筑物等信息</td><td>建（构）筑</td><td>建筑物名称、编号、使用性质、耐火等级、结构类型、建筑高度、地上层数及建筑面积、地下层数及建筑面积、隧道高度及长度等、建造日期、主要储存物名称及数量、建筑物内最大容纳人数、建筑立面图及消防设施平面布置图；消防控制室位置、安全出口的数量、位置及形式（指疏散楼梯）；毗邻建筑的使用性质、结构类型、建筑高度、与本建筑的间距</td></tr>
<tr><td>堆场</td><td>堆场名称、主要堆放物品名称、总储量、最大堆高、堆场平面图（含消防车道、防火间距）</td></tr>
<tr><td>储罐</td><td>储罐区名称、储罐类型（指地上、地下、立式、卧式、浮顶、固定顶等）、总容积、最大单罐容积及高度、储存物名称、性质和形态、储罐区平面图（含消防车道、防火间距）</td></tr>
<tr><td>装置</td><td>装置区名称、占地面积、最大高度、设计日产量、主要原料、主要产品、装置区平面图（含消防车道、防火间距）</td></tr>
<tr><td>3</td><td colspan="2">单位（场所）内消防安全重点部位信息</td><td>重点部位名称、所在位置、使用性质、建筑面积、耐火等级、有无消防设施、责任人姓名、身份证号码及电话</td></tr>
</table>

续表

序号	名称		内容
4	室内外消防设施信息	火灾自动报警系统	设置部位、系统形式、维保单位名称、联系电话；控制器（含火灾报警、消防联动、可燃气体报警、电气火灾监控等）、探测器（含火灾探测、可燃气体探测、电气火灾探测等）、手动火灾报警按钮、消防电气控制装置等的类型、型号、数量、制造商；火灾自动报警系统图
		消防水源	市政给水管网形式（指环状、支状）及管径、市政管网向建（构）筑物供水的进水管数量及管径、消防水池位置及容量、屋顶水箱位置及容量、其他水源形式及供水量、消防泵房设置位置及水泵数量、消防给水系统平面布置网
		室外消火栓	室外消火栓管网形式（指环状、支状）及管径、消火栓数量、室外消火栓平面布置图
		室内消火栓系统	室内消火栓管网形式（指环状、支状）及管径、消火栓数量、水泵接合器位置及数量、有无与本系统相连的屋顶消防水箱
		自动喷水灭火系统（含雨淋、水幕）	设置部位、系统形式（指湿式、干式、预作用，开式、闭式等）、报警阀位置及数量、水泵接合器位置及数量、有无与本系统相连的屋顶消防水箱、自动喷水灭火系统图
		水喷雾（细水雾）灭火系统	设置部位、报警阀位置及数量、水喷雾（细水雾）灭火系统图
		气体灭火系统	系统形式（指有管网、无管网，组合分配、独立式，高压、低压等）、系统保护的防护区数量及位置、手动控制装置的位置、钢瓶间位置、灭火剂类型、气体灭火系统图
		泡沫灭火系统	设置部位、泡沫种类（指低倍、中倍、高倍，抗溶、氟蛋白等）、系统形式（指液上、液下，固定、半固定等）、泡沫灭火系统图

续表

<table>
<tr><th>序号</th><th colspan="2">名　称</th><th>内　容</th></tr>
<tr><td rowspan="8">4</td><td rowspan="8">室内外消防设施信息</td><td>干粉灭火系统</td><td>设置部位、干粉储罐位置、干粉灭火系统图</td></tr>
<tr><td>防烟排烟系统</td><td>设置部位、风机安装位置、风机数量、风机类型、防烟排烟系统图</td></tr>
<tr><td>防火门及卷帘</td><td>设置部位、数量</td></tr>
<tr><td>消防应急广播</td><td>设置部位、数量、消防应急广播系统图</td></tr>
<tr><td>应急照明及疏散指示系统</td><td>设置部位、数量、应急照明及疏散指示系统图</td></tr>
<tr><td>消防电源</td><td>设置部位、消防主电源在配电室是否有独立配电柜供电、备用电源形式（市电、发电机、EPS等）</td></tr>
<tr><td>灭火器</td><td>设置部位、配置类型（指手提式、推车式等）、数量、生产日期、更换药剂日期</td></tr>
<tr></tr>
<tr><td>5</td><td colspan="2">消防设施定期检查及维护保养信息</td><td>检查人姓名、检查日期、检查类别（指日检、月检、季检、年检等）、检查内容（指各类消防设施相关技术规范规定的内容）及处理结果，维护保养日期、内容</td></tr>
<tr><td rowspan="5">6</td><td rowspan="5">日常防火巡查记录</td><td>基本信息</td><td>值班人员姓名、每日巡查次数、巡查时间、巡查部位</td></tr>
<tr><td>用火用电</td><td>用火、用电、用气有无违章情况</td></tr>
<tr><td>疏散通道</td><td>安全出口、疏散通道、疏散楼梯是否畅通，是否堆放可燃物；疏散走道、疏散楼梯、顶棚装修材料是否合格</td></tr>
<tr><td>防火门、防火卷帘</td><td>常闭防火门是否处于正常工作状态，是否被锁闭；防火卷帘是否处于正常工作状态，防火卷帘下方是否堆放物品影响使用</td></tr>
<tr><td>消防设施</td><td>疏散指示标志、应急照明是否处于正常完好状态；火灾自动报警系统探测器是否处于正常完好状态；自动喷水灭火系统喷头、末端放（试）水装置、报警阀是否处于正常完好状态；室内、室外消火栓系统是否处于正常完好状态；灭火器是否处于正常完好状态</td></tr>
</table>

续表

序号	名　　称	内　　容
7	火灾信息	起火时间、起火部位、起火原因、报警方式（指自动、人工等）、灭火方式（指气体、喷水、水喷雾、泡沫、干粉灭火系统、灭火器、消防队等）

问题 212：集中报警系统的设计有哪些要求？

集中报警系统的设计，应符合下列规定：

（1）系统应由火灾探测器、手动火灾报警按钮、火灾声光警报器、消防应急广播、消防专用电话、消防控制室图形显示装置、火灾报警控制器、消防联动控制器等组成。

（2）系统中的火灾报警控制器、消防联动控制器和消防控制室图形显示装置、消防应急广播的控制装置、消防专用电话总机等起集中控制作用的消防设备，应设置在消防控制室内。

（3）系统设置的消防控制室图形显示装置应具有传输表5-26和表5-27规定的有关信息的功能。

问题 213：控制中心报警系统的设计有哪些要求？

控制中心报警系统的设计，应符合下列规定：

（1）有两个及以上消防控制室时，应确定一个主消防控制室。

（2）主消防控制室应能显示所有火灾报警信号和联动控制状态信号，并应能控制重要的消防设备；各分消防控制室内消防设备之间可互相传输、显示状态信息，但不应互相控制。

（3）系统设置的消防控制空图形显示装置应具有传输表5-26和表5-27规定的有关信息的功能。

问题 214：如何划分报警区域？

报警区域的划分主要是为了迅速确定报警及火灾发生部位，

并解决消防系统的联动设计问题。发生火灾时，涉及发生火灾的防火分区及相邻防火分区的消防设备的联动启动，这些设备需要协调工作，因此报警区域的划分应符合下列规定：

（1）报警区域应根据防火分区或楼层划分；可将一个防火分区或一个楼层划分为一个报警区域，也可将发生火灾时需要同时联动消防设备的相邻几个防火分区或楼层划分为一个报警区域。

（2）电缆隧道的一个报警区域宜由一个封闭长度区间组成，一个报警区域不应超过相连的3个封闭长度区间；道路隧道的报警区域应根据排烟系统或灭火系统的联动需要确定，且不宜超过150m。

（3）甲、乙、丙类液体储罐区的报警区域应由一个储罐区组成，每个50000m^{3}及以上的外浮顶储罐应单独划分为一个报警区域。

（4）列车的报警区域应按车厢划分，每节车厢应划分为一个报警区域。

问题215：如何划分探测区域？

探测区域的划分应符合下列规定：

（1）探测区域应按独立房（套）间划分。一个探测区域的面积不宜超过500m^2；从主要入口能看清其内部，且面积不超过1000m^{2}的房间，也可划为一个探测区域。

（2）红外光束感烟火灾探测器和缆式线型感温火灾探测器的探测区域的长度，不宜超过100m；空气管差温火灾探测器的探测区域长度宜为20～100m。

问题216：消防联动控制设计一般规定有哪些内容？

（1）消防联动控制器应能按设定的控制逻辑向各相关的受拉设备发出联动控制信号，并接受相关设备的联动反馈信号。

（2）消防联动控制器的电压控制输出应采用直流24V，其电源容量应满足受控消防设备同时启动且维持工作的控制容量要求。

（3）各受控设备接口的特性参数应与消防联动控制器发出的联动控制信号相匹配。

（4）消防水泵、防烟和排烟风机的控制设备，除应采用联动控制方式外，还应在消防控制室设置手动直接控制装置。

（5）启动电流较大的设备宜分时启动。

（6）需要火灾自动报警系统联动控制的消防设备，其联动触发信号应采用两个独立的报警触发装置报警信号的“与”逻辑组合。

问题 217：如何选择火灾探测器？

火灾探测器的选择应符合下列规定：

（1）对火灾初期有阴燃阶段，产生大量的烟和少量的热，很少或没有火焰辐射的场所，应选择感烟火灾探测器。

（2）对火灾发展迅速，可产生大量热、烟和火焰辐射的场所，可选择感温火灾探测器、感烟火灾探测器、火焰探测器或其组合。

（3）对火灾发展迅速，有强烈的火焰辐射和少量烟、热的场所，应选择火焰探测器。

（4）对火灾初期有阴燃阶段且需要早期探测的场所，宜增设一氧化碳火灾探测器。

（5）对使用、生产可燃气体或可燃蒸汽的场所，应选择可燃气体探测器。

（6）应根据保护场所可能发生火灾的部位和燃烧材料的分析，以及火灾探测器的类型、灵敏度和响应时间等选择相应的火灾探测器，对火灾形成特征不可预料的场所，可根据模拟试验的结果选择火灾探测器。

（7）同一探测区域内设置多个火灾探测器时，可选择具有复合判断火灾功能的火灾探测器和火灾报警控制器。

问题 218：宜选择和不宜选择点型火焰探测器的场所有哪些？

（1）符合下列条件之一的场所，宜选择点型火焰探测器或图像型火焰探测器：

1）火灾时有强烈的火焰辐射。

2）可能发生液体燃烧等无阴燃阶段的火灾。

3）需要对火焰做出快速反应。

（2）符合下列条件之一的场所，不宜选择点型火焰探测器和图像型火焰探测器：

1）在火焰出现前有浓烟扩散。

2）探测器的镜头易被污染。

3）探测器的“视线”易被油雾、烟雾、水雾和冰雪遮挡。

4）探测区域内的可燃物是金属和无机物。

5）探测器易受阳光、白炽灯等光源直接或间接照射。

问题 219：线型感温火灾探测器适用哪些场所？

线型感温火灾探测器包括缆式线型感温火灾探测器和线型光纤感温火灾探测器。

（1）下列场所或部位，宜选择缆式线型感温火灾探测器：

1）电缆隧道、电缆竖井、电缆夹层、电缆桥架。

2）不易安装点型探测器的夹层、闷顶。

3）各种皮带输送装置。

4）其他环境恶劣不适合点型探测器安装的场所。

（2）下列场所或部位，宜选择线型光纤感温火灾探测器：

1）除液化石油气外的石油储罐。

2）需要设置线型感温火灾探测器的易燃易爆场所。

3）需要监测环境温度的地下空间等场所宜设置具有实时温度监测功能的线型光纤感温火灾探测器。

4）公路隧道、敷设动力电缆的铁路隧道和城市地铁隧道等。

（3）线型定温火灾探测器的选择，应保证其不动作温度符合设置场所的最高环境温度的要求。

问题 220：吸气式感烟火灾探测器适用哪些场所？

下列场所宜选择吸气式感烟火灾探测器：

（1）具有高速气流的场所。

（2）点型感烟、感温火灾探测器不适宜的大空间、舞台上方、建筑高度超过 12m 或有特殊要求的场所。

（3）低温场所。

（4）需要进行隐蔽探测的场所。

（5）需要进行火灾早期探测的重要场所。

（6）人员不宜进入的场所。

问题 221：消防控制室图形显示装置有哪些要求？

消防控制室图形显示装置应符合下列要求：

（1）应能显示消防控制室规定的资料及表 5-27 规定的其他相关信息。

（2）应能用同一界面显示建（构）筑物周边消防车道、消防登高车操作场地、消防水源位置，以及相邻建筑的防火间距、建筑面积、建筑高度、使用性质等情况。

（3）应能显示消防系统及设备的名称、位置和相关规定的动态信息。

（4）当有火灾报警信号、监管报警信号、反馈信号、屏蔽信号、故障信号输入时，应有相应状态的专用总指示，在总平面布局图中应显示输入信号所在的建（构）筑物的位置，在建筑平面图上应显示输入信号所在的位置和名称，并记录时间、信号类别和部位等信息。

（5）应在 10s 内显示输入的火灾报警信号和反馈信号的状态信息，100s 内显示其他输入信号的状态信息。

（6）应采用中文标注和中文界面，界面对角线长度不应小于430mm。

（7）应能显示可燃气体探测报警系统、电气火灾监控系统的报警信息、故障信息和相关联动反馈信息。

问题222：火灾报警控制器有哪些要求？

火灾报警控制器应符合下列要求：

（1）应能显示火灾探测器、火灾显示盘、手动火灾报警按钮的正常工作状态、火灾报警状态、屏蔽状态及故障状态等相关信息。

（2）应能控制火灾声光警报器启动和停止。

问题223：消防联动控制器对灭火系统的控制和显示有哪些要求？

（1）消防联动控制器对自动喷水灭火系统的控制和显示应符合下列要求：

1）应能显示喷淋泵电源的工作状态。

2）应能显示喷淋泵（稳压或增压泵）的启、停状态和故障状态，并显示水流指示器、信号阀、报警阀、压力开关等设备的正常工作状态和动作状态、消防水箱（池）最低水位信息和管网最低压力报警信息。

3）应能手动控制喷淋泵的启、停，并显示其手动启、停和自动启动的动作反馈信号。

（2）消防联动控制器对消火栓系统的控制和显示应符合下列要求：

1）应能显示消防水泵电源的工作状态。

2）应能显示消防水泵（稳压或增压泵）的启、停状态和故障状态，并显示消火栓按钮的正常工作状态和动作状态及位置等信息、消防水箱（池）最低水位信息和管网最低压力报警信息。

3）应能手动和自动控制消防水泵启、停，并显示其动作反馈信号。

(3) 消防联动控制器对气体灭火系统的控制和显示应符合下列要求：

1) 应能显示系统的手动、自动工作状态及故障状态。

2) 应能显示系统的驱动装置的正常工作状态和动作状态，并能显示防护区域中的防火门（窗）、防火阀、通风空调等设备的正常工作状态和动作状态。

3) 应能手动控制系统的启、停，并显示延时状态信号、紧急停止信号和管网压力信号。

(4) 消防联动控制器对水喷雾、细水雾灭火系统的控制和显示应符合下列要求：

1) 水喷雾灭火系统、采用水泵供水的细雾灭火系统应符合(3) 的要求。

2) 采用压力容器供水的细水雾灭火系统应符合（5）的要求。

(5) 消防联动控制器对泡沫灭火系统的控制和显示应符合下列规定：

1) 应能显示消防水泵、泡沫液泵电源的工作状态。

2) 应能显示系统的手动、自动工作状态及故障状态。

3) 应能显示消防水泵、泡沫液泵的启、停状态和故障状态，并显示消防水池（箱）最低水位和泡沫液罐最低液位信息。

4) 应能手动控制消防水泵和泡沫液泵的启、停，并显示其动作反馈信号。

(6) 消防联动控制器对干粉灭火系统的控制和显示应符合下列要求：

1) 应能显示系统的手动、自动工作状态及故障状态。

2) 应能显示系统的驱动装置的正常工作状态和动作状态，并能显示防护区域中的防火门窗、防火阀、通风空调等设备的正常工作状态和动作状态。

3) 应能手动控制系统的启动和停止，并显示延时状态信号、紧急停止信号和管网压力信号。

（7）消防联动控制器对防烟排烟系统及通风空调系统的控制和显示应符合下列要求：

1）应能显示防烟排烟系统风机电源的工作状态。

2）应能显示防烟排烟系统的手动、自动工作状态及防烟排烟系统风机的正常工作状态和动作状态。

3）应能控制防烟排烟系统及通风空调系统的风机和电动排烟防火阀、电控挡烟垂壁、电动防火阀、常闭送风口、排烟阀（口）、电动排烟窗的动作，并显示其反馈信号。

（8）消防联动控制器对防火门及防火卷帘系统的控制和显示应符合下列要求：

1）应能显示防火门控制器、防火卷帘控制器的工作状态和故障状态等动态信息。

2）应能显示防火卷帘、常开防火门、人员密集场所中因管理需要平时常闭的疏散门及具有信号反馈功能的防火门的工作状态。

3）应能关闭防火卷帘和常开防火门，并显示其反馈信号。

（9）消防联动控制器对电梯的控制和显示应符合下列要求：

1）应能控制所有电梯全部回降首层，非消防电梯应开门停用，消防电梯应开门待用，并显示反馈信号及消防电梯运行时所在楼层。

2）应能显示消防电梯的故障状态和停用状态。

问题 224：消防控制室的信息记录和信息传输应符合哪些规定？

消防控制室的信息记录、信息传输，应符合下列规定：

（1）应记录表 5-26 中规定的建筑消防设施运行状态信息，记录容量不应少于 10000 条，记录备份后方可被覆盖。

（2）应具有产品维护保养的内容和时间、系统程序的进入和退出时间、操作人员姓名或代码等内容的记录，存储记录容量不应少于 10000 条，记录备份后方可被覆盖。

(3) 应记录表 5-27 中规定的消防安全管理信息及系统内各个消防设备（设施）的制造商、产品有效期，记录容量不应少于 10000 条，记录备份后方可被覆盖。

(4) 应能对历史记录打印归档或刻录存盘归档。

(5) 消防控制室图形显示装置应能在接收到火灾报警信号或联动信号后 10s 内将相应信息按规定的通信协议格式传送给监控中心。

(6) 消防控制室图形显示装置应能在接收到建筑消防设施运行状态信息后 100s 内将相应信息按规定的通信协议格式传送给监控中心。

(7) 当具有自动向监控中心传输消防安全管理信息功能时，消防控制室图形显示装置应能在发出传输信息指令后 100s 内将相应信息按规定的通信协议格式传送给监控中心。

(8) 消防控制室图形显示装置应能接收监控中心的查询指令并按规定的通信协议格式将表 5-26、表 5-27 规定的信息传送给监控中心。

(9) 消防控制室图形显示装置应有信息传输指示灯，在处理和传输信息时，该指示灯应闪亮，在得到监控中心的正确接收确认后，该指示灯应常亮并保持直至该状态复位。当信息传送失败时应有声、光指示。

(10) 火灾报警信息应优先于其他信息传输。

(11) 信息传输不应受保护区域内消防系统及设备任何操作的影响。

6 建筑防火系统电气设计

6.1 消防电源及其配电

问题225：什么是安全电压？

安全电压指的是50V以下特定电源供电的电压系列。

安全电压是为防止触电事故而采用的50V以下特定电源供电的电压系列，分为42V、36V、24V、12V和6V五个等级，按照不同的作业条件，选用不同的安全电压等级。建筑施工现场常用的安全电压有12V、24V、36V。

特殊场所必须采用安全电压供电照明。

下列特殊场所必须采用安全电压供电照明：

（1）室内灯具离地面低于2.4m，手持照明灯具，一般潮湿作业场所（地下室、潮湿室内、潮湿楼梯、人防工程、隧道以及有高温、导电灰尘等）的照明，电源电压应不大于36V。

（2）在潮湿和易触及带电体场所的照明电源电压，应不大于24V。

（3）在特别潮湿的场所，锅炉或金属容器内，导电良好的地面使用手持照明灯具等，照明电源电压不得超过12V。

问题226：施工现场临时用电如何进行档案管理？

（1）施工现场临时用电必须建立安全技术档案，并应包括下列内容：

1）用电组织设计的全部资料。

2）修改用电组织设计的资料。

3）用电技术交底资料。

4）用电工程检查验收表。

5）电气设备的试、检验凭单和调试记录。

6）接地电阻、绝缘电阻和漏电保护器漏电动作参数测定记录表。

7）定期检（复）查表。

8）电工安装、巡检、维修、拆除工作记录。

（2）安全技术档案应由主管该现场的电气技术人员负责建立与管理。其中“电工安装、巡检、维修、拆除工作记录”可指定电工代管，每周由项目经理审核认可，并应在临时用电工程拆除后统一归档。

（3）临时用电工程应定期检查。定期检查时，应复查接地电阻值和绝缘电阻值。检查周期最长可为：施工现场每月一次，基层公司每季一次。

（4）临时用电工程定期检查应按分部、分项工程进行，对安全隐患必须及时处理，并应履行复查验收手续。

问题227：消防电源如何进行负荷分级？

（1）电力负荷应根据对供电可靠性的要求及中断供电在对人身安全、经济损失上所造成的影响程度进行分级，并应符合下列规定：

1）符合下列情况之一时，应视为一级负荷：

①中断供电将造成人身伤害时。

②中断供电将在经济上造成重大损失时。

③中断供电将影响重要用电单位的正常工作。

2）在一级负荷中，当中断供电将造成人员伤亡或重大设备损坏或发生中毒、爆炸和火灾等情况的负荷，以及特别重要场所的不允许中断供电的负荷，应视为一级负荷中特别重要的负荷。

3）符合下列情况之一时，应视为二级负荷：

①中断供电将在经济上造成较大损失时。

②中断供电将影响重要用电单位的正常工作。

4）不属于一级和二级负荷者应为三级负荷。

（2）一级负荷应由双重电源供电，当一电源发生故障时，另一电源不应同时受到损坏。

（3）一级负荷中特别重要的负荷供电，应符合下列要求：

1）除应由双重电源供电外，尚应增设应急电源，并严禁将其他负荷接入应急供电系统。

2）设备的供电电源的切换时间，应满足设备允许中断供电的要求。

（4）二级负荷的供电系统，宜由两回线路供电。在负荷较小或地区供电条件困难时，二级负荷可由一回 6kV 及以上专用的架空线路供电。

问题 228：消防用电设备的电源有哪些要求？

（1）下列建筑物的消防用电应按一级负荷供电：

1）建筑高度大于 50m 的乙、丙类厂房和丙类仓库。

2）一类高层民用建筑。

（2）下列建筑物、储罐（区）和堆场的消防用电应按二级负荷供电：

1）室外消防用水量大于 30L/s 的厂房（仓库）。

2）室外消防用水量大于 35L/s 的可燃材料堆场、可燃气体储罐（区）和甲、乙类液体储罐（区）。

3）粮食仓库及粮食筒仓。

4）二类高层民用建筑。

5）座位数超过 1500 个的电影院、剧场。座位数超过 3000 个的体育馆，任一层建筑面积大于 $3000m^2$ 的商店和展览建筑，省（市）级及以上的广播电视、电信和财贸金融建筑，室外消防用水量大于 25L/s 的其他公共建筑。

（3）除上述（1）、（2）规定外的建筑物、储罐（区）和堆场等的消防用电，可按三级负荷供电。

（4）消防用电按一、二级负荷供电的建筑，当采用自备发电设备作备用电源时，自备发电设备应设置自动和手动启动装置。当采用自动启动方式时，应能保证在30s内供电。

不同级别负荷的供电电源应符合现行国家标准《供配电系统设计规范》GB 50052—2009的规定。

问题229：消防电源系统由哪些部分组成？

向消防用电设备供给电能的独立电源称为消防电源。工业建筑、民用建筑、地下工程中的消防控制室、消防水泵、消防电梯、防排烟设施、火灾自动报警、自动灭火系统、应急照明、疏散指示标志和电动的防火门、卷帘门、阀门等消防设备用电的电源，都应该按照现行《供配电系统设计规范》GB 50052—2009、《低压配电设计规范》GB 50054—2011的规定设计。

若消防用电设备完全依靠城市电网供给电能，火灾时一旦失电，则势必影响早期报警、安全疏散和自动（或手动）灭火操作，甚至造成极为严重的人身伤亡和财产损失。因此，建筑电气设计中，必须认真考虑火灾消防用电设备的电能连续供给问题。如图6-1所示为一个典型的消防电源系统方框图，由电源、配电部分和消防用电设备三部分组成。

1. 电源

电源是将其他形式的能量（如机械能、化学能、核能等）转换成电能的装置。消防电源往往由几个不同用途的独立电源以一定的方式互相连接起来，构成一个电力网络进行供电，这样可以提高供电的可靠性和经济性。为了分析方便，一般可按照供电范围和时间的不同把消防电源分为主电源和应急电源两类。主电源指电力系统电源，应急电源可由自备柴油发电机组或蓄电池组担任。对于停电时间要求特别严格的消防用电设备，还可采用不间断电源（UPS）进行连续供电。此外，在火灾应急照明或疏散指示标志的光源处，需要获得交流电时，可增加把蓄电池直流电变为交流电的逆变器。

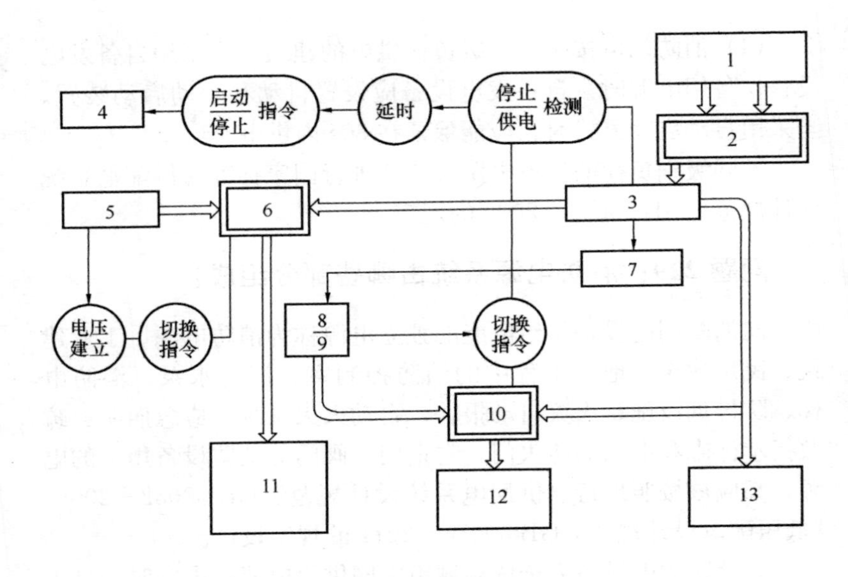

图 6-1　消防电源系统方框图

1—双回路电源；2—高压切换开关；3—低压变配电装置；4—柴油机；5—交流发电机；6、10—应急电源切换开关；7—充电装置；8—蓄电池；9—逆变器；11—消防动力设备（消防泵、消防电梯等）；12—应急事故照明与疏散指示标志；13——般动力照明

消防用电设备如果完全依靠城市电网供给电能，火灾时一旦失电，势必给早期火灾报警、消防安全疏散、消防设备的自动和手动操作带来危害，甚至造成极为严重的人身伤亡和财产损失。这样的教训国内外皆有之，教训深刻，不可疏忽。所以，电源设计时，必须认真考虑火灾时消防用电设备的电能连续供给问题。

2. 配电部分

它是从电源到用电设备的中间环节，其作用是对电源进行保护、监视、分配、转换、控制和向消防用电设备输配电能。配电装置有：变电所内的高低压开关柜、发电机配电屏、动力配电箱、照明分配电箱、应急电源切换开关箱和配电干线与分支线路。配电装置应设在不燃区域内，设在防火分区时要有耐火结构，从电源到消防设备的配电线路，要用绝缘电线穿管埋地敷设，或敷设在电缆竖井中。若明敷时应使用耐火的电缆槽盒。双回路配电线路应在末端配电箱处进行电源切换。值得注意的是，正常供电时切换开关一般长期闲置不用，为防止对切换开关的锈蚀，平时应定期对其维护保养，以确保火灾时能正常工作。

3. 消防用电设备

(1) 消防用电设备的类型

消防用电设备，又称为消防负荷，可归纳为下面几类：

1) 电力拖动设备

如消防水泵、消防电梯、排烟风机、防火卷帘门等。

2) 电气照明设备

如消防控制室、变配电室、消防水泵房、消防电梯前室等处所，火灾时须提供照明灯具；人员聚集的会议厅、观众厅、走廊、疏散楼梯、安全疏散门等火灾时人员聚集和疏散处所的照明和指示标志灯具。

3) 火灾报警和警报设备

如火灾探测器、火灾报警控制器、火灾事故广播、消防专用电话、火灾警报装置等。

4) 其他用电设备

如应急电源插座等。

(2) 消防用电设备的设置要求　自备柴油发电机组通常设置在用电设备附近，这样电能输配距离短，可减少损耗和故障。电源电压多采用 220/380V，直接供给消防用电设备。只有少数照明才增设照明用控制变压器。

为确保火灾时电源不中断，消防电源及其配电系统应满足如下要求：

1) 可靠性

火灾时若供电中断，会使消防用电设备失去作用，贻误灭火战机，给人民的生命和财产带来严重后果，因此，要确保消防电源及其配电线路的可靠性。可靠性是消防电源及其配电系统诸要求中首先应考虑的问题。

2）耐火性

火灾时消防电源及其配电系统应具有耐火、耐热、防爆性能，土建方面也应采用耐火材料构造，以保障不间断供电的能力。消防电源及其配电系统的耐火性保障主要是依靠消防设备电气线路的耐火性。

3）安全性

消防电源及其配电系统设计应符合电气安全规程的基本要求，保障人身安全，防止触电事故发生。

4）有效性

消防电源及其配电系统的有效性是要保证规范规定的供电持续时间，确保应急期间消防用电设备的有效获得电能并发挥作用。

5）科学性

在保证消防电源及其配电系统具有可靠性、耐火性、安全性和有效性前提下，还应确保其供电质量，力求系统接线简单，操作方便，投资省，运行费用低。

问题 230：消防配电线路应如何敷设？

消防配电线路应满足火灾时连续供电的需要，其敷设应符合下列规定：

（1）明敷时（包括敷设在吊顶内），应穿金属导管或采用封闭式金属槽盒保护，金属导管或封闭式金属槽盒应采取防火保护措施；当采用阻燃或耐火电缆并敷设在电缆井、沟内时，可不穿金属导管或采用封闭式金属槽盒保护；当采用矿物绝缘类不燃性电缆时，可直接明敷。

（2）暗敷时，应穿管并应敷设在不燃性结构内且保护层厚度不应小于 30mm。

（3）消防配电线路宜与其他配电线路分开敷设在不同的电缆井、沟内；确有困难需敷设在同一电缆井、沟内时，应分别布置在电缆井、沟的两侧，且消防配电线路应采用矿物绝缘类不燃性电缆。

问题 231：消防设备供电系统由哪些部分构成？

对电力负荷集中的高层建筑或一、二级电力负荷（消防负荷），一般采用单电源或双电源的双回路供电方式，用两个 10kV 电源进线和两台变压器构成消防主供电电源。

1. 一类建筑消防供电系统

一类建筑（一级消防负荷）的供电系统如图 6-2 所示。

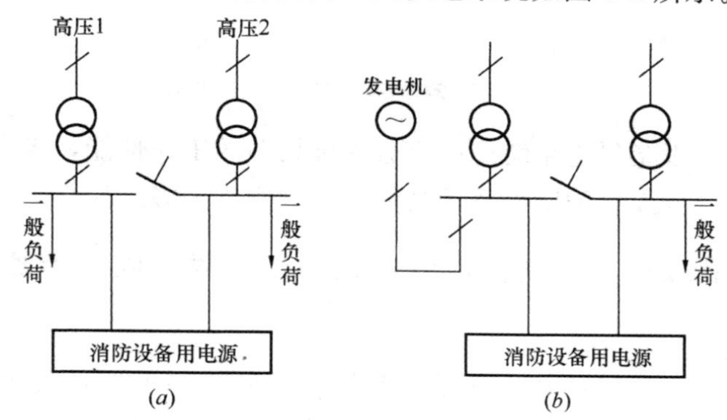

图 6-2 一类建筑消防供电系统

（*a*）不同电网；（*b*）同一电网

如图 6-2（*a*）表示采用不同电网构成双电源，两台变压器互为备用，单母线分段提供消防设备用电源。

如图 6-2（*b*）表示采用同一电网双回路供电，两台变压器备用，单母线分段，设置柴油发电机组作为应急电源向消防设备供电，与主供电电源互为备用，满足一级负荷要求。

2. 二类建筑消防供电系统

对于二类建筑（二级消防负荷）的供电系统如图 6-3 所示。

如图 6-3（*a*）表示由外部引来的一路低压电源与本部门电源（自备柴油发电机组）互为备用，供给消防设备电源。

如图 6-3（*b*）表示双回路供电，可满足二级负荷要求。

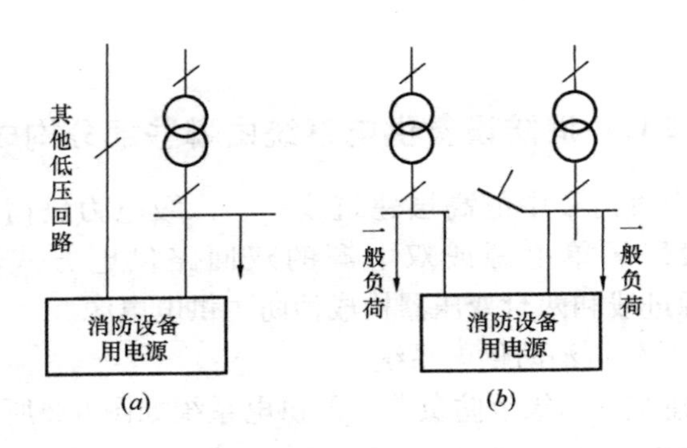

图 6-3　二类建筑消防供电系统

（*a*）一路为低压电源；（*b*）双回路电源

消防设备供电系统应能充分保证设备的工作性能，当火灾发生时能充分发挥消防设备的功能，将火灾损失降到最小。

问题 232：消防用电设备采用专用供电回路有哪些重要性？

实践中，尽管电源可靠，但如果消防设备的配电线路不可靠，仍不能保证消防用电设备供电可靠性，因此要求消防用电设备采用专用的供电回路，确保生产、生活用电被切断时，仍能保证消防供电。

如果生产、生活用电与消防用电的配电线路采用同一回路，火灾时，可能因电气线路短路或切断生产、生活用电导致消防用电设备不能运行，因此，消防用电设备均应采用专用的供电回路。同时，消防电源宜直接取自建筑内设置的配电室的母线或低压电缆进线，且低压配电系统主接线方案应合理，以保证当切断生产、生活电源时，消防电源不受影响。

对于建筑的低压配电系统主接线方案，目前在国内建筑电气工程中采用的设计方案有不分组设计和分组设计两种。对于不分组方案，常见消防负荷采用专用母线段，但消防负荷与非消防负荷共用同一进线断路器或消防负荷与非消防负荷共用同一进线断路器和同一低压母线段。这种方案主接线简单、造价较低，但这种方案使消防负荷受非消防负荷故障的影响较大；对于分组设计方案，消防供电电源是从建筑的变电站低压侧封闭母线处将消防电源分出，形成各自独立的系统，这种方案主接线相对复杂，造价较高，但这种方案使消防负荷受非消防负荷故障的影响较小。图 6-4 给出了几种接线方案的示意做法。

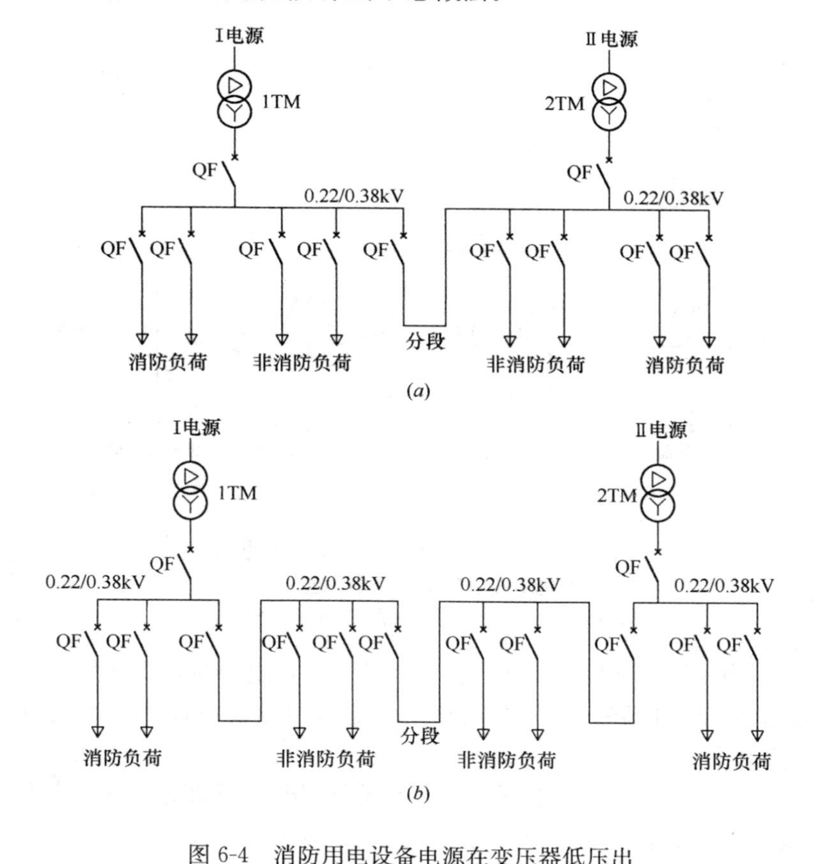

图 6-4 消防用电设备电源在变压器低压出线端设置单独主断路器示意（一）

(*a*) 负荷不分组设计方案（一）；(*b*) 负荷不分组设计方案（二）

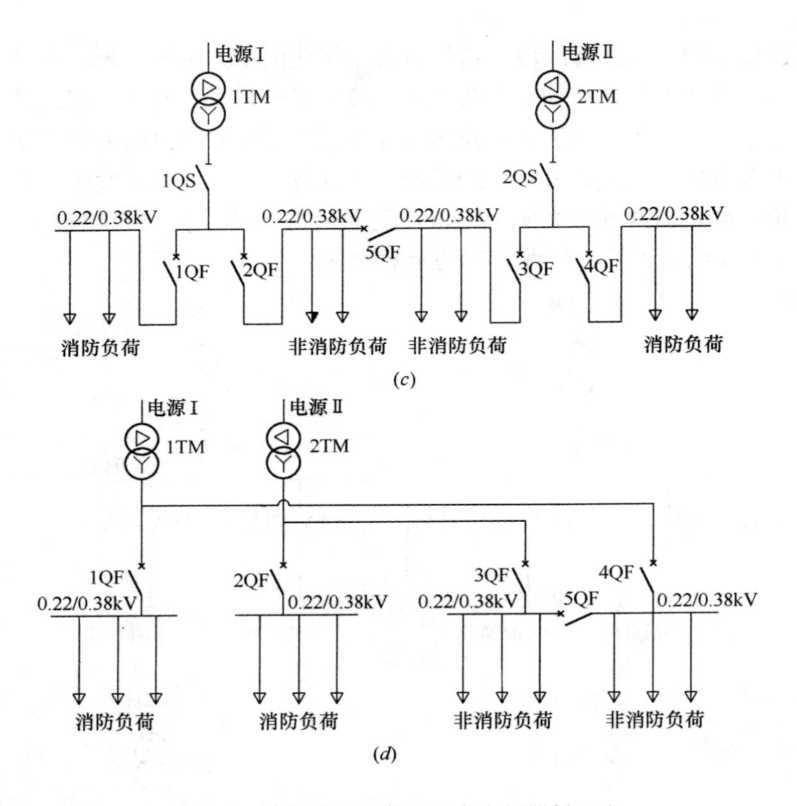

图 6-4 消防用电设备电源在变压器低压出线端设置单独主断路器示意（二）

(*c*) 负荷分组设计方案（一）；(*d*) 负荷分组设计方案（二）

当采用柴油发电机作为消防设备的备用电源时，要尽量设计独立的供电回路，使电源能直接与消防用电设备连接，参见图6-5。

供电回路是指从低压总配电室或分配电室至消防设备或消防设备室（如消防水泵房、消防控制室、消防电梯机房等）最末级配电箱的配电线路。

对于消防设备的备用电源，通常有三种：

(1) 独立于工作电源的市电回路。

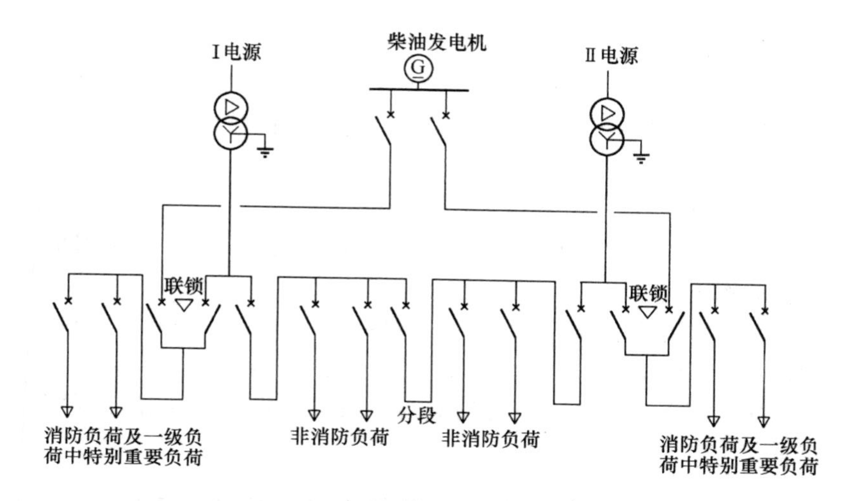

图 6-5　柴油发电机作为消防设备的备用电源的配电系统分组方案

（2）柴油发电机。

（3）应急供电电源（EPS）。

这些备用电源的供电时间和容量，均要求满足各消防用电设备设计持续运行时间最长者的要求。

问题 233：为保证供电连续性，消防系统的配电应符合哪些要求？

为保证供电连续性，消防系统的配电应符合如下要求：

（1）消防用电设备的双路电源或双回路供电线路，应在末端配电箱处切换。火灾自动报警系统，应设有主电源和直流备用电源，其主电源应采用消防电源，直流备用电源宜采用火灾报警控制器的专用蓄电池。当直流备用电源采用消防系统集中设置的蓄电池时，火灾报警控制器应采用单独的供电回路，并能保证在消防系统处于最大负载状态下不影响报警控制器的正常工作。消防联动控制装置的直流操作电源电压，应采用 24V。

（2）配电箱到各消防用电设备，宜采用放射式供电。每一用电设备应有单独的保护设备。

(3) 重要消防用电设备(如消防泵)允许不加过负荷保护。由于消防用电设备总运行时间不长,因此短时间的过负荷对设备危害不大,以争取时间保证顺利灭火。为了在灭火后及时检修,可设置过负荷声光报警信号。

(4) 消防电源不宜装漏电保护,如有必要可设单相接地保护装置动作于信号。

(5) 消防用电设备、疏散指示灯;设备、火灾事故广播及各层正常电源配电线路均应按防火分区或报警区域分别出线。

(6) 所有消防电气设备均应与一般电气设备有明显的区别标志。

问题 234:主电源与应急电源连接有哪些要求?

1. 首端切换

主电源与应急电源的首端切换方式如图 6-6 所示。消防负荷各独立馈电线分别接向应急母线,集中受电,并以放射式向消防用电设备供电。柴油发电机组向应急母线提供应急电源。应急母线则以一条单独馈线经自动开关(称联络开关)与主电源变电所低压母线相连接。正常情况下,该联络开关是闭合的,消防用电设备经应急母线由主电源供电。当主电源出现故障或因火灾而断

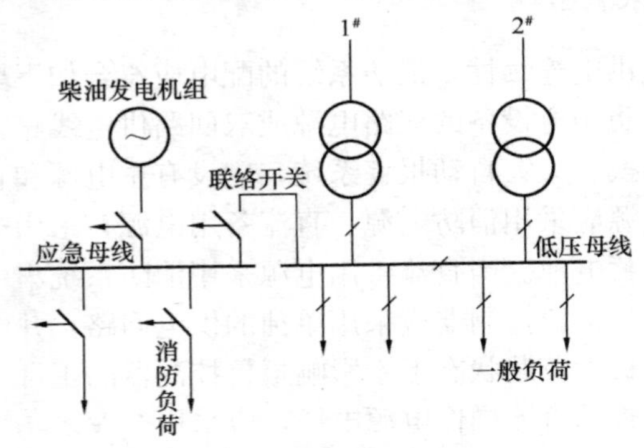

图 6-6 电源的首端切换方式

开时，主电源低压母线失电，联络开关经延时后自动断开，柴油发电机组经 30s 启动后，仅向应急母线供电，实现首端切换目的并保证消防用电设备的可靠供电。这里联络开关引入延时的目的，是为了避免柴油发电机组因瞬间的电压骤降而进行不必要的启动。

这种切换方式下，正常时应急电网实际变成了主电源供电电网的一个组成部分。消防用电设备馈电线在正常情况下和应急时都由一条线完成，节约导线且比较经济。但馈线一旦发生故障，它所连接的消防用电设备则失去电源。另外，由于选择柴油发电机容量时是依消防泵等大电机的启动容量来定的，备用能力较大，应急时只能供应消防电梯、消防泵、事故照明等少量消防负荷，从而造成了柴油发电机组设备利用率低的情况。

2. 末端切换

电源的末端切换是指引自应急母线和主电源低压母线的两条各自独立的馈线，在各自末端的事故电源切换箱内实现切换，如图 6-7 所示。由于各馈线是独立的，因而提高了供电的可靠性，

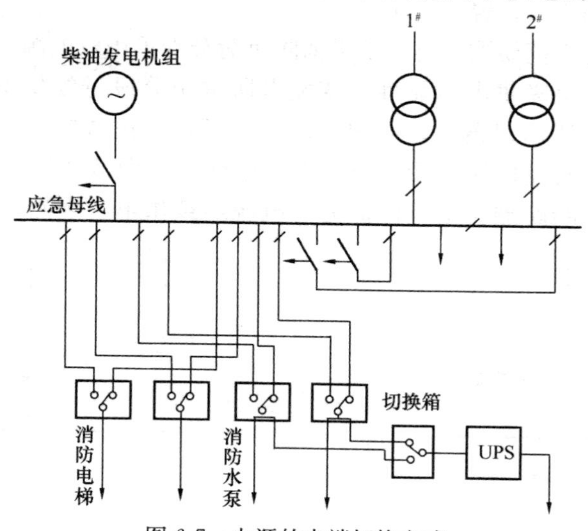

图 6-7　电源的末端切换方式

但其馈线数量比首端切换增加了一倍。火灾时当主电源切断，柴油发电机组启动供电后，如果应急馈线出现故障，同样有使消防用电设备失电的可能。对于不停电电源装置，由于已经两级切换，两路馈线无论哪一回路出现故障对消防负荷都是可靠的。

应当指出，根据建筑的消防负荷等级及其供电要求必须确定火灾监控系统联锁、联动控制的消防设备相应的电源配电方式，一级和二级消防负荷中的消防设备必须采用主电源与应急电源末端切换方式来配电。

3. 备用电源自动投入装置

当供电网络向消防负荷供电的同时，还应考虑电动机的自启动问题。如果网络能自动投入，但消防泵不能自动启动，仍然无济于事。特别是火灾时消防水泵电动机，自启动冲击电流往往会引起应急母线上电压的降低，严重时使电动机达不到应有的转矩，会使继电保护误动作，甚至会使柴油机熄火停车，从而使网络自动化不能实现，达不到火灾时应急供电、发挥消防用电设备投入灭火的目的。目前，解决这一问题所用的手段是采用设备用电源自动投入装置（BZT）。

消防规范要求一类、二类消防负荷分别采用双电源、双回路供电。为保障供电可靠性，变配电所常用分段母线供电，BZT则装在分段断路器上，如图 6-8（*a*）所示。正常时，分段断路器断开，两段母线分段运行，当其中任一电源故障时，BZT 装置将分段断路器合上，保证另一电源继续供电。当然，BZT 装

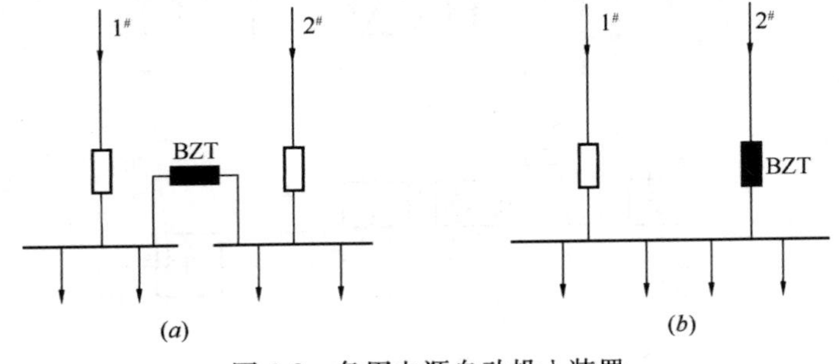

图 6-8 备用电源自动投入装置

置也可装在备用电源的断路器上，如图 6-8（*b*）所示。正常时，备用线路处于明备用状态。当工作线路故障时，备用线路自动投入。

BZT 装置不仅在高压线路中采用，在低压线路中也可以通过自动空气开关或接触器来实现其功能。图 6-9 所示是在双回路放射式供电线路末端负荷容量较小时，采用交流接触器的 BZT 接线来达到切换要求。图中，自动空气开关 1ZK、2ZK 作为短路保护用。正常运行中，处于闭合位置；当 1 号电源失压时，接触器主触头 1C 分断，常闭接点闭合，2C 线圈通电，将 2 号电源自动投入供电。此接线也可通过控制开关 1K 或 2K 进行手动切换电源。

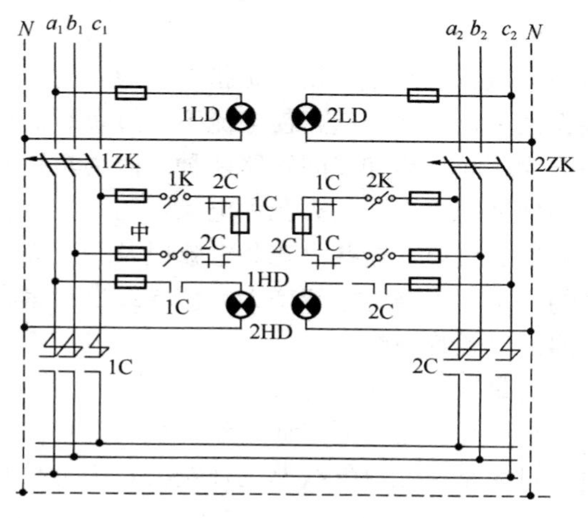

图 6-9　末端切换箱 BZT 接线

必须说明，切换开关的性能对应急电源能否适时投入影响很大。目前，电网供电持续率都比较高，有的地方可达每年只停电数分钟的程度，而供消防用的切换开关常常闲置不用。正因为电网的供电可靠性较高，切换开关就容易被忽视。鉴于此，对切换开关性能应有严格的要求。归纳起来，有下列四点要求：

（1）绝缘性能良好，特别是平时不通电又不常用部分。

（2）通电性能良好。

（3）切换通断性能可靠，在长期处于不动作的状态下，一旦应急要立即投入。

（4）长期不维修，又能立即工作。

6.2 电力线路及电器装置

问题235：施工现场电气线路的起火原因有哪些？

电气线路（电路）往往由于短路、过负荷、接触电阻过大等原因，产生电火花，电弧或引起电线、电缆过热，从而造成火灾。

短路俗称连电、混线或碰线，是指电气线路的火线与火线或火线与地线在某一点碰在一起，使电流不经过负载而形成回路的情况。短路分为相间短路和线间短路两种。因为短路时回路电流增大，在短路处易产生强烈的火花和电弧，同时使金属导线出现熔化和剥蚀缺损的痕迹。这些火花和电弧以及金属导线的熔粒均可引燃可燃物。由于短路时电流增大，使导线发热量骤增，会引起绝缘层或附近可燃物燃烧。

过负荷指的是导线通过的电流量超过了安全载流量的情况。安全载流量是导线允许连续通过而不致使导线过热的电流量。

接触电阻过大是指在电气线路的连接处，因为接触不良，使局部电阻过大的情况。接触电阻是导体连接处在接触面上形成的。电源线、母线、开关触头、输配电线路的接头处等都有接触电阻。

电气线路的起火原因如下：

1. 短路

（1）使用绝缘电线、电缆时，没有按具体环境选用，使绝缘受高温、潮湿或腐蚀等作用的影响，失去了绝缘能力。

（2）线路年久失修，绝缘层受损或陈旧老化，使线芯裸露。

（3）电源过电压，使电线绝缘被击穿。

（4）安装、修理人员接错线路，或带电作业时造成人为碰线短路。

（5）裸电线安装过低，搬运金属物件时不慎碰在电线上，线路上有金属物件或小动物跌落，发生电线之间的跨接。

（6）架空线路电线间距太小，挡距过大，电线松弛，有可能发生两线相碰；架空电线与建筑物、树木距离太小，使电线与建筑物或树木接触。

（7）电线机械强度不够，导致电线断落接触大地，或断落在另一根电线上。

（8）未按规程要求私接乱拉，管理不善，维护不当造成短路。

（9）高压架空线路的支持绝缘子耐压程度过低，引起线路的对地短路。

2. 过负荷

（1）导线截面积选择不当，实际负载超过了导线的安全载流量。

（2）在线路中接入了过多或功率过大的电气设备，超出了配电线路的负荷能力。

3. 接触电阻过大

（1）安装质量差，造成导线与导线，导线与电气设备衔接点连接不牢。

（2）导线的连接处沾有杂质，如氧化层、油污、泥土等。

（3）连接点由于长期震动或冷热变化，使接头松动。

（4）铜铝混接时，由于接头处理不当，在电腐蚀作用下接触电阻会很快增大。

问题 236：如何选择导线类型？

目前，室内配线一般采用橡皮绝缘线和塑料绝缘线；户外用裸铝绞线、裸铜绞线和钢芯铝绞线；电缆则用于有特殊要求的场所。为了避免选型不当，影响使用导线必须按使用环境场所的不同认真选用。常用导线的型号及使用场所见表 6-1。

常用导线的型号及使用场所　　**表 6-1**

型号	名　称	使用指南
BLX	棉纱编织、橡皮绝缘线（铝芯）	正常干燥环境
BX	棉纱编织、橡皮绝缘线（铜芯）	
RXS	棉纱编织、橡皮绝缘双绞软线（铜芯）	室内干燥场所，日用电器用
RX	棉纱总编织、橡皮绝缘软线（铜芯）	
BVV	铜芯，聚氯乙烯绝缘，聚氯乙烯护套电线	潮湿和特别潮湿的环境
BLVV	铝芯，聚氯乙烯绝缘，聚氯乙烯护套电线	
BXF	铜芯，氯丁橡皮绝缘电线	多尘环境（不含火灾及爆炸危险尘埃）
BLV	铝芯，聚氯乙烯绝缘电线	
BV	铜芯，聚氯乙烯绝缘电线	有腐蚀性的环境

问题 237：如何确定导线截面大小？

导线截面应根据导线长期连续负载的允许载流量、线路的允许电压降和导线的机械强度三项基本条件来合理选定。

1. 允许载流量

按允许载流量选择导线截面时，还应根据使用情况来确定：

（1）一台电动机导线的允许载流量（A）大于或等于电动机的额定电流。

（2）多台电动机导线的允许载流量（A）大于或等于容量最大的一台电动机的额定电流加上其余电动机的计算负载电流。

（3）电灯及电热负载导线的允许载流量（A）应大于或等于所有电器额定电流的总和。

同一截面的导线，环境温度不同，允许载流量也不同。环境温度越高，其允许载流能力越低。因此，导线截面经初步确定后，还要根据环境的实际温度加以修正。绝缘导线在不同环境温度时对载流量的修正系数和电力电缆最高允许温度见表 6-2、表

6-3。

环境温度对载流量的修正系数　　表 6-2

环境温度/℃	15	20	25	30	35	40	45
修正系数	1.12	1.06	1.00	0.935	0.866	0.791	0.707

电力电缆最高容许温度　　表 6-3

<table>
<tr><th rowspan="2">电缆种类及额定系数</th><th colspan="2">3kV 及以下</th><th>6kV</th><th>10kV</th><th colspan="2">20～35kV</th></tr>
<tr><th>油浸纸绝缘</th><th>橡皮绝缘</th><th>油浸纸绝缘</th><th>油浸纸绝缘</th><th>油浸纸绝缘</th><th>空气</th></tr>
<tr><td>电缆芯的最高容许温度/℃</td><td>80</td><td>65</td><td>65</td><td>60</td><td>50</td><td>80</td></tr>
<tr><td>电缆表面最高容许温度/℃</td><td>60</td><td></td><td>50</td><td>45</td><td>35</td><td></td></tr>
</table>

2. 允许电压降

在输电过程中，由于线路本身也具有一定的阻抗，通过电流时也会产生电压降即电压损失。电压降过大时，将会造成用电设备性能变差，不能正常工作，甚至可使电动机温升过高而烧毁。从变压器低压母线至用电设备进线端的电压降（按用电设备额定电压计）不应超过表 6-4 所列数值。

电路允许电压降　　表 6-4

用电设备种类	允许电压降（%）
电动机正常连续运转	5
电动机个别在较远处	8～10
起重电动机、滑触线供电点	5
电焊机	5
电热设备	5
照明灯具	3

3. 导线的机械强度

导线截面的确定还应考虑有足够的机械强度，由于受积雪、风力以及气温过低时导线的收缩力和机械外力等影响，导线会发生断线。其具体要求见表 6-5、表 6-6。

低压配电线路导线最小允许截面　　表 6-5

导线的用途及敷设条件	导线最小截面/mm²		
	铜芯软线	铜芯绝缘线	铝芯绝缘线
照明用灯头引下线：			
工业厂房	0.5	0.8	2.5
民用建筑	0.4	0.5	2.5
室　外	1.0	1.0	2.5
移动式用电设备：			
生活用	0.2		
生产用	1.0		
用绝缘子固定的明敷绝缘导线			
固定间距：1m 以下（室内）		1.0	1.5
（室外）		1.5	2.5
1～2m（室内）		1.0	2.5
（室外）		1.5	2.5
3～6m		2.5	4.0
7～10m		2.5	6.0
25m 及以下（引下线）		4	10.0
接户线（绝缘导线）			
挡距：10m 以下		2.5	4.0
10～25m		4.0	6.0
穿管敷设的绝缘导线	1.0	1.0	2.5
厂区架空线（裸导线）		6.0	16.0

高压输配电线路最小允许截面积（mm²）　　表 6-6

导线种类	35kV 送电线路	6～10kV 配电线路		1kV
		居民区	非居民区	
铝和铝合金线	35	35	25	16
钢芯铝线	25	25	16	16
铜线	16	16	16	10

注：高压配电线路不准使用单股的铜线、裸铝线和合金线。

问题 238：怎样预防电气线路短路？

从短路的形成看短路的原因：

1. 绝缘导线短路的原因

由于绝缘导线的绝缘强度、绝缘性能不符合规定要求；或雷击使电压突然升高而将导线绝缘击穿；或受潮湿、高温、腐蚀作用而使导线的绝缘性能降低；或用金属导线捆扎绝缘导线，把绝缘导线挂在金属物体上，由于日久磨损和生锈腐蚀使绝缘层受到损坏；或由于导线使用时间过长，致使绝缘层受损、陈旧、线芯裸露等。此外，也有由于不懂用电常识人为造成的短路。

2. 裸导线发生短路的原因

由于导线安装过低，在搬运较高大的物体时，不慎碰在导线上，或使两根导线碰在一起；线路上的绝缘子、横担等支持物脱落或破损，造成两根或两根以上导线相碰；遇风吹导线摆动造成两线相碰；在线路附近有树木，大风时树枝拍打导线；大风把各种杂物刮挂在导线上；以及倒杆事故等。

由于短路时产生的后果严重，故在供电系统的设计、运行中应设法消除可能引起短路的原因。此外，为了减轻短路的严重后果，避免故障扩大，就需计算短路电流，以便正确地选择和校验各种电气设备，进行继电保护装置的整定电流计算及选用限制短路电流的电器（电抗器）。为了防止正在运行中的电气线路短路，室内布线多使用绝缘导线，绝缘导线的绝缘强度应符合电源电压的要求，电源电压为 380V 的应采用额定电压为 500V 的绝缘导线，电源电压为 220V 的应采用额定电压为 250V 的绝缘导线。此外，屋内布线还必须符合机械强度和连接方式的要求。

导线类型的选择要根据使用环境确定，一般场所可采用一般绝缘导线，特殊场所应采用特殊绝缘导线。见表 6-7。

应当定期用兆欧表（摇表）检测绝缘强度；导线绝缘性能必须适应环境要求，同时要正确安装；线路上要按规定安装断路器或熔断器（通常使用的胶盖闸刀开关，一般都和熔断器装在一起，所以熔断器在线路上是较多的，但要注意熔丝的熔断电流应符合要求）。

不同场所导线的选择　表6-7

场所	导线
干燥无尘的场所	一般绝缘导线
潮湿场所	有保护层的绝缘导线，如铅皮线、塑料线，或在钢管内或塑料套管内敷设普通绝缘线
在可燃粉尘和可燃纤维较多的场所	有保护层的绝缘导线
有腐蚀性气体的场所	可采用铅皮线、管子线（钢管涂耐酸漆）、硬塑料管线或塑料线
高温场所	应采用以石棉、瓷管、云母等作为绝缘层的耐热线
经常移动的电气设备	软线或软电缆

问题239：怎样预防电气线路过负荷？

（1）要合理规划配电网络和调节负载，做出本区域内的负荷曲线，因为过负荷主要是由导线截面选用过小或负载过大造成的。

（2）不准许乱拉电线和接入过多负载，在原线路设计或新改建线路时要留出足够余量。因为任何电气设备或任何用户，它们的负荷并非是恒定的，电气设备的工作状态有轻有重，或时通时断，其负荷会经常发生变化。

（3）要定期用钳形电流表测量或用计算的方法检查线路的实际负荷情况，定期检查线路的断路器、熔断器的运行情况，严禁使用铁丝、铜丝代替熔断器的熔丝，或更换大容量的保险丝，以保证过负荷时能及时切断电源。

问题240：怎样预防电气线路接触电阻过大？

1. 产生接触电阻过大的原因

（1）导线与导线或导线与电气设备的连接点连接不牢，连接点由于热作用或振动造成接触点松动，接触表面不平整等，使电流所通过的截面减少；

（2）不同金属（如铜铝）接触产生电化学腐蚀，使连接处氧化造成电阻率增大等。

2. 接触电阻过大的预防措施

（1）在敷设电气线路时，导线与导线或导线与电气设备的连接，必须可靠、牢固；

（2）经常对运行的线路和设备进行巡视检查，发现接头松动或发热，应及时紧固或作适当处理；

（3）大截面导线的连接应用焊接法或压接法，铜铝导线相接时宜采用铜铝过渡接头，并在铜铝导线接头处垫锡箔，或在铜线鼻子搪锡再与铝线鼻子连接的方法来减小接触电阻；

（4）在易发生接触电阻过大的部位涂变色漆或安放试温蜡片，以及时发现过热现象等。

问题 241：配电箱与开关箱有哪些防火要求？

施工现场临时用电一般采用三级配电方式，即总配电箱（或配电室），下设分配电箱，再以下设开关箱，用电设备在开关箱以下。

配电箱和开关箱的安全防火要求如下：

（1）配电箱、开关箱的箱体材料，一般应选用钢板，也可选用绝缘板，但不宜选用木质材料。

（2）电箱、开关箱应安装端正、牢固，不得歪斜、倒置。

固定式配电箱、开关箱的下底与地面间的垂直距离应大于或等于 1.3m，小于或等于 1.5m；移动式分配电箱、开关箱的下底与地面的垂直距离应大于或等于 0.6m、小于或等于 1.5m。

（3）进入开关箱的电源线，严禁用插销连接。

（4）电箱之间的距离不宜太远。

（5）分配电箱与开关箱的距离不得大于 30m。开关箱与固定式用电设备的水平距离不宜超过 3m。

(6) 每台用电设备应有各自专用的开关箱。

施工现场每台用电设备应有各自专用的开关箱，且必须满足“一机一闸一漏”的规定，严禁用同一个开关电器直接控制两台及两台以上用电设备（含插座）。

开关箱中必须设漏电保护器，其额定漏电动作电流应不大于30mA，漏电动作时间应不大于0.1s。

(7) 所有配电箱门应配锁，不得在配电箱和开关箱内挂接或插接其他临时用电设备，严禁在开关箱内放置杂物。

问题242：配电室有哪些安全防火要求？

(1) 配电室应靠近电源，并应设在灰尘少、潮气少、振动小、无腐蚀介质、无易燃易爆物及道路畅通的地方。

(2) 成列的配电柜和控制柜两端应与重复接地线及保护零线做电气连接。

(3) 配电室和控制室应能自然通风，并应采取防止雨雪侵入和动物进入的措施。

(4) 配电室内的母线涂刷有色涂装，以标志相序。以柜正面方向为基准，其涂色符合表6-8的规定。

母线涂色　　表6-8

相别	颜色	垂直排列	水平排列	引下排列
L1 (A)	黄	上	后	左
L2 (B)	绿	中	中	中
L3 (C)	红	下	前	右
N	淡蓝	—	—	—

(5) 配电室的建筑物和构筑物的耐火等级不低于3级，室内配置沙箱和可用于扑灭电气火灾的灭火器。

(6) 配电室的门向外开，并配锁。

(7) 配电室的照明分别设置正常照明和事故照明。

(8) 配电柜应编号，并应有用途标记。

（9）配电柜或配电线路停电维修时，应挂接地线，并应悬挂“禁止合闸、有人工作”停电标志牌。停送电必须由专人负责。

（10）配电室应保持整洁，不得堆放任何妨碍操作、维修的杂物。

问题 243：配电室的安全检查要点有哪些？

（1）配电柜正面的操作通道宽度，单列布置或双列背对背布置不小于 1.5m，双列面对面布置不小于 2m。

（2）配电柜后面的维护通道宽度，单列布置或双列面对面布置不小于 0.8m，双列背对背布置不小于 1.5m，个别地点有建筑物结构凸出的地方，则此点通道宽度可减少 0.2m。

（3）配电柜侧面的维护通道宽度不小于 1m。

（4）配电室的顶棚与地面的距离不低于 3m。

（5）配电室内设置值班或检修室时，该室边缘距配电柜的水平距离大于 1m，并采取屏障隔离。

（6）配电室内的裸母线与地面垂直距离小于 2.5m 时，采用遮栏隔离，遮栏下面通道的高度不小于 1.9m。

（7）配电室围栏上端与其正上方带电部分的净距不小于 0.075m。

（8）配电装置的上端距顶棚不小于 0.5m。

（9）配电柜应装设电度表，并应装设电流、电压表。电流表与计费电度表不得共用一组电流互感器。

（10）配电柜应装设电源隔离开关及短路、过载、漏电保护电器。电源隔离开关分断时应有明显的可见分断点。

问题 244：配电箱及开关箱如何进行安全防火设置？

（1）配电系统应设置配电柜或总配电箱、分配电箱、开关箱，实行三级配电。

配电系统宜使三相负荷平衡。220V 或 380V 单相用电设备宜接入 220/380V 三相四线系统；当单相照明线路电流大于 30A

时，宜采用220/380V三相四线制供电。

（2）总配电箱以下可设若干分配电箱；分配电箱以下可设若干开关箱。

总配电箱应设在靠近电源的区域，分配电箱宜设在用电设备或负荷相对集中的区域，分配电箱与开关箱的距离不得超过30m，开关箱与其控制的固定式用电设备的水平距离小宜超过3m。

（3）每台用电设备必须有各自专用的开关箱。严禁用同一个开关箱直接控制两台及两台以上用电设备（含插座）。

（4）动力配电箱与照明配电箱宜分别设置。当合并设置为同一配电箱时，动力和照明应分路配电；动力开关箱与照明开关箱必须分设。

（5）配电箱、开关箱应装设在干燥、通风及常温场所，不得装设在有严重损伤作用的瓦斯、烟气、潮气及其他有害介质中，亦不得装设在易受外来固体物撞击、强烈振动、液体喷溅及热源烘烤场所否则，应予清除或做防护处理。

（6）配电箱、开关箱周围应有足够两人同时工作的空间和通道，不得堆放任何妨碍操作、维修的物品，不得有灌木、杂草。

（7）配电箱、开关箱应采用冷轧钢板或阻燃绝缘材料制作，钢板厚度应为1.2～2.0mm，其开关箱箱体钢板厚度不得小于1.2mm，配电箱箱体钢板厚度不得小于1.5mm，箱体表面应做防腐处理。

（8）配电箱、开关箱应装设端正、牢固。固定式配电箱、开关箱的中心点与地面的垂直距离应为1.4～1.6m。移动式配电箱、开关箱应装设在坚固、稳定的支架上。其中心点与地面的垂直距离宜为0.8～1.6m，

（9）配电箱、开关箱内的电器（含插座）应先安装在金属或非木质阻燃绝缘电器安装板上，然后方可整体紧固在配电箱、开关箱箱体内。

金属电器安装板与金属箱体应做电气连接。

(10) 配电箱、开关箱内的电器（含插座）应按其规定位置紧固在电器安装板上，不得歪斜和松动。

(11) 配电箱的电器安装板上必须分设N线端子板和PE线端子板。N线端子板必须与金属电器安装板绝缘；PE线端子板必须与金属电器安装板做电气连接。

进出线中的N线必须通过N线端子板连接；PE线必须通过PE线端子板连接。

(12) 配电箱，开关箱内的连接线必须采用铜芯绝缘导线。导线绝缘的颜色标志应按《施工现场临时用电安全技术规范》(JGJ 46—2005) 的有关要求配置并排列整齐；导线分支接头不得采用螺栓压接，应采用焊接并做绝缘包扎，不得有外露带电部分。

(13) 配电箱、开关箱的金属箱体、金属电器安装板以及电器正常不带电的金属底座、外壳等必须通过PE线端子板与PE线做电气连接，金属箱门与金属箱体必须通过采用编织软铜线做电气连接。

(14) 配电箱、开关箱的箱体尺寸应与箱内电器的数量和尺寸相适应，箱内电器安装板板面电器安装尺寸可按照表6-9确定。

配电箱、开关箱内电器安装尺寸选择值　　表6-9

间距名称	最小净距/mm
并列电器（含单极熔断器）间	30
电器进、出线瓷管（塑胶管）孔与电器边沿间	15A，30
	20～30A，50
	60A及以上，80
上、下排电器进出线瓷管（塑胶管）孔间	25
电器进、出线瓷管（塑胶管）孔至板边	40
电器至板边	40

(15) 配电箱、开关箱中导线的进线口和出线口应设在箱体的下底面。

（16）配电箱、开关箱的进、出线口应配置固定线卡，进出线应加绝缘护套并成束卡固在箱体上，不得与箱体直接接触。移动式配电箱、开关箱的进、出线应采用橡皮护套绝缘电缆，不得有接头。

（17）配电箱、开关箱外形结构应能防雨、防尘。

问题245：配电箱及开关箱安全使用与维护应注意哪些问题？

（1）配电箱、开关箱应有名称、用途、分路标记及系统接线图。

（2）配电箱、开关箱箱门应配锁，并应由专人负责。

（3）配电箱、开关箱应定期检查、维修。检查、维修人员必须是专业电工，检查、维修时必须按规定穿、戴绝缘鞋、手套，必须使用电工绝缘工具，并应做检查、维修工作记录。

（4）对配电箱、开关箱进行定期维修、检查时，必须将其前一级相应的电源隔离开并分闸断电。并悬挂“禁止合闸、有人工作”停电标志牌，严禁带电作业。

（5）配电箱、开关箱必须按照下列顺序操作：

1）送电操作顺序为：总配电箱→分配电箱→开关箱。

2）停电操作顺序为：开关箱→分配电箱→总配电箱。

但出现电气故障的紧急情况可除外。

（6）施工现场停止作业1h以上时，应将动力开关箱断电上锁。

（7）开关箱的操作人员必须符合《施工现场临时用电安全技术规范》（JGJ 46—2005）的有关规定。

（8）配电箱、开关箱内不得放置任何杂物，并应保持整洁。

（9）配电箱、开关箱内不得随意挂接其他用电设备。

（10）配电箱、开关箱内的电器配置和接线严禁随意改动。熔断器的熔体更换时，严禁采用不符合原规格的熔体代替。漏电保护器每天使用前应启动漏电试验按钮试跳一次，试跳不正常时严禁继续使用。

（11）配电箱、开关箱的进线和出线严禁承受外力，严禁与金属尖锐断口、强腐蚀介质和易燃易爆物接触。

问题 246：架空线路怎样进行安全管理？

（1）架空线必须采用绝缘导线。

（2）架空线必须架设在专用电杆上，严禁架设在树木、脚手架及其他设施上。

（3）架空线导线截面的选择应符合下列要求：

1）导线中的计算负荷电流不大于其长期连续负荷允许载流量。

2）线路末端电压偏移不大于其额定电压的 5%。

3）三相四线制线路的 N 线和 PE 线截面不小于相线截面的 50%，单相线路的零线截面与相线截面相同。

4）按机械强度要求，绝缘铜线截面不小于 $10mm^2$，绝缘铝线截面不小于 $16mm^2$。

5）在跨越铁路、公路、河流、电力线路挡距内，绝缘铜线截面不小于 $16mm^2$，绝缘铝线截面不小于 $25mm^2$。

（4）架空线在一个挡距内，每层导线的接头数不得超过该层导线条数的 50%，且一条导线应只有一个接头。

在跨越铁路、公路、河流、电力线路挡距内，架空线不得有接头。

（5）架空线路相序排列应符合下列规定：

1）动力、照明线在同一横担上架设时，导线相序排列是：面向负荷从左侧起依次为 L1、N、L2、L3、PE。

2）动力、照明线在二层横担上分别架设时，导线相序排列是：上层横担面向负荷从左侧起依次为 L1、L2、L3。下层横担面向负荷从左侧起依次为 L1（L2、L3）、N、PE。

（6）架空线路的挡距不得大于 35m。

（7）架空线路的线间距不得小于 0.3m，靠近电杆的两导线的间距不得小于 0.5m。

（8）架空线路横担间的最小垂直距离不得小于表 6-10 所列数值。

横担间的最小垂直距离（m）　　表 6-10

排列方式	直线杆	分支或转角杆
高压与低压	1.2	1.0
低压与低压	0.6	0.3

横担宜采用角钢或方木，低压铁横担角钢应按表 6-11 选用，方木横担截面应按 80mm×80mm 选用。

低压铁横担角钢选用　　表 6-11

导线截面/mm^2	直线杆	分支或转角杆	
		二线及三线	四线及以上
16	L50×5	2×L50×5	2×L63×5
25			
35			
50			
70	L63×5	2×L63×5	2×L70×6
95			
120			

横担长度应按表 6-12 选用。

横担长度选用　　表 6-12

二线	三线，四线	五线
0.7	1.5	1.8

（9）架空线路与邻近线路或固定物的距离应符合表 6-13 的规定。

架空线路与邻近线路或固定物的距离（m）　　表 6-13

<table>
<tr><th>项目</th><th colspan="7">距离类别</th></tr>
<tr><td rowspan="2">最小净空距离/m</td><td colspan="2">架空线路的过引线、接下线与邻线</td><td colspan="2">架空线与架空线电杆外缘</td><td colspan="3">架空线与摆动最大时树梢</td></tr>
<tr><td colspan="2">0.13</td><td colspan="2">0.05</td><td colspan="3">0.50</td></tr>
<tr><td rowspan="3">最小垂直距离/m</td><td rowspan="2">架空线同杆架设下方的通信、广播线路</td><td colspan="3">架空线最大弧垂与地面</td><td rowspan="2">架空线最大弧垂与暂设工程顶端</td><td colspan="2">架空线与邻近电力线路交叉</td></tr>
<tr><td>施工现场</td><td>机动车道</td><td>铁路轨道</td><td>1kV 以下</td><td>1～10kV</td></tr>
<tr><td>1.0</td><td>4.0</td><td>6.0</td><td>7.5</td><td>2.5</td><td>1.2</td><td>2.5</td></tr>
<tr><td rowspan="2">最小水平距离/m</td><td colspan="2">架空线电杆与路基边缘</td><td colspan="2">架上线电针与铁路轨道边缘</td><td colspan="3">架空线边线与建筑物凸出部分</td></tr>
<tr><td colspan="2">1.0</td><td colspan="2">杆高（m）+3.0</td><td colspan="3">1.0</td></tr>
</table>

（10）架空线路宜采用钢筋混凝土杆或木杆。钢筋混凝土杆不得有露筋、宽度大于 0.4mm 的裂纹和扭曲。木杆不得腐朽，其梢径不应小于 140mm。

（11）电杆埋设深度宜为杆长的 1/10 加 0.6m，回填土应分层夯实。在松软土质处宜加大埋入深度或采用卡盘等加固。

（12）直线杆和 15°以下的转角杆，可采用单横担单绝缘子，但跨越机动车道时应采用单横担双绝缘子。15°～45°的转角杆应采用双横担双绝缘子。45°以上的转角杆，应采用十字横担。

（13）架空线路绝缘子应按下列原则选择：

1）直线杆采用针式绝缘子。

2）耐张杆采用蝶式绝缘子。

（14）电杆的拉线宜采用不少于 3 根 ϕ4.0mm 的镀锌钢丝。拉线与电杆之间的夹角应在 30°～45°之间。拉线埋设深度不得小于 1m。电杆拉线如从导线之间穿过，应在高于地面 2.5m 处装设拉线绝缘子。

（15）因受地形环境限制不能装设拉线时，可采用撑杆代替拉线，撑杆埋设深度不得小于 0.8m 其底部应垫底盘或石块。撑杆与电杆的夹角宜为 30°。

（16）接户线在挡距内不得有接头，进线处离地高度不得小于 2.5m。接户线最小截面应符合表 6-14 规定。接户线线间及与邻近线路间的距离应符合表 6-15 的要求。

接户线的最小截面 **表 6-14**

接户线架设方式	接户线长度/m	接户线截面/mm^2	
		铜线	铝线
架空或沿墙敷设	10～25	6.0	10.0
	≤10	4.0	6.0

接户线线间及与邻近线路间的距离 **表 6-15**

接户线架设方式	接户线挡距/m	接户线线间距离/mm
架空敷设	≤25	150
	>25	200
沿墙敷设	≤6	100
	>6	150
架空接户线与广播电话线交叉时的距离/mm		接户线在上部，600
		接户线在下部，300
架空或沿墙敷设的接户线零线和相线交叉时的距离/m		100

（17）架空线路必须有短路保护。

采用熔断器做短路保护时，其熔体额定电流不应大于明敷绝缘导线长期连续负荷允许载流量的 1.5 倍。

采用断路器做短路保护时，其瞬动过流脱扣器脱扣电流整定值应小于线路末段单相短路电流。

（18）架空线路必须有过载保护。

采用熔断器或断路器做过载保护时，绝缘导线长期连续负荷允许载流量不应小于熔断器熔体额定电流或断路器长延时过流脱扣器脱扣电流整定值的 1.25 倍。

问题 247：电缆线路如何进行安全消防管理？

（1）电缆中必须包含全部工作芯线和用作保护零线或保护线的芯线。需要三相四线制配电的电缆线路必须采用五芯电缆。

五芯电缆必须包含淡蓝、绿/黄两种颜色的绝缘芯线。淡蓝色芯线必须用作 N 线。绿/黄双色芯线必须用作 PE 线，严禁混用。

（2）电缆截面的选择应符合《施工现场临时用电安全技术规范》（JGJ 46—2005）的有关规定，根据其长期连续负荷允许载流量和允许电压偏移确定。

（3）电缆线路应采用埋地或架空敷设，严禁沿地面明设，并应避免机械损伤和介质腐蚀。埋地电缆路径应设方位标志。

（4）电缆类型应根据敷设方式、环境条件选择。埋地敷设宜选用铠装电缆。当选用无铠装电缆时，应能防水、防腐。架空敷设宜选用无铠装电缆。

（5）电缆直接埋地敷设的深度不应小于 0.7m，并应在电缆紧邻上、下、左、右侧均匀敷设不小于 50mm 厚的细砂，然后覆盖砖或混凝土板等硬质保护层。

（6）埋地电缆在穿越建筑物、构筑物、道路、易受机械损伤、介质腐蚀场所及引出地面从 2.0m 高到地下 0.2m 处，必须加设防护套管，防护套管内径不应小于电缆外径的 1.5 倍。

（7）埋地电缆与其附近外电电缆和管沟的平行间距不得小于 2m，交叉间距不得小于 1m。

（8）埋地电缆的接头应设在地面上的接线盒内，接线盒应能防水、防尘、防机械损伤，并应远离易燃、易爆、易腐蚀场所。

（9）架空电缆应沿电杆、支架或墙壁敷设，并采用绝缘子固定，绑扎线必须采用绝缘线，固定点间距应保证电缆能承受自重所带来的荷载，敷设高度应符合《施工现场临时用电安全技术规范》（JGJ 46—2005）第 7.1 节架空线路敷设高度的要求，但沿墙壁敷设时最大弧垂距地不得小于 2.0m。架空电缆严禁沿脚手架、树木或其他设施敷设。

（10）在建工程内的电缆线路必须采用电缆埋地引入，严禁穿越脚手架引入。电缆垂直敷设应充分利用在建工程的竖井、垂直孔洞等，并宜靠近用电负荷中心，固定点每楼层不得少于一处。电缆水平敷设宜沿墙或门口刚性固定，最大弧垂距地不得小于 2.0m，装饰装修工程或其他特殊阶段，应补充编制单项施工用电方案。电源线可沿墙角、地面敷设，但应采取防机械损伤和电火措施。

（11）电缆线路必须有短路保护和过载保护，短路保护和过载保护电器与电缆的选配应符合《施工现场临时用电安全技术规范》（JGJ 46—2005）的有关要求。

问题 248：室内配线如何进行安全防火设置？

（1）室内配线必须采用绝缘导线或电缆。

（2）室内配线应根据配线类型采用瓷瓶、瓷（塑料）夹、嵌绝缘槽、穿管或钢索敷设。潮湿场所或埋地非电缆配线必须穿管敷设，管口和管接头应密封。当采用金属管敷设，金属管必须做等电位连接，且必须与 PE 线相连接。

（3）室内非埋地明敷主干线距地面高度不得小于 2.5m。

（4）架空进户线的室外端应采用绝缘子固定，过墙处应穿管保护，距地面高度不得小于 2.5m，并应采取防雨措施。

（5）室内配线所用导线或电缆的截面应根据用电设备或线路的计算负荷确定，但铜线截面不应小于 1.5mm^2，铝线截面不应小于 2.5mm^2。

（6）钢索配线的吊架间距不宜大于 12m。采用瓷夹固定导线时，导线间距不应小于 35mm，瓷夹间距不应大于 800mm。采用瓷瓶固定导线时，导线间距不应小于 100mm，瓷瓶间距不应大于 1.5m。采用护套绝缘导线或电缆时，可直接敷设于钢索上。

（7）室内配线必须有短路保护和过载保护，短路保护和过载保护电器与绝缘导线、电缆的选配应符合《施工现场临时用电安全技术规范》(JGJ 46—2005)的有关要求。对穿管敷设的绝缘导线线路，其短路保护熔断器的熔体额定电流不应大于穿管绝缘导线长期连续负荷允许载流量的2.5倍。

问题249：爆炸性环境的电力装置设计应符合哪些规定？

爆炸性环境的电力装置设计应符合下列规定：

(1) 爆炸性环境的电力装置设计宜将设备和线路，特别是正常运行时能发生火花的设备布置在爆炸性环境以外。当需设在爆炸性环境内时，应布置在爆炸危险性较小的地点。

(2) 在满足工艺生产及安全的前提下，应减少防爆电气设备的数量。

(3) 爆炸性环境内的电气设备和线路应符合周围环境内化学、机械、热、霉菌以及风沙等不同环境条件对电气设备的要求。

(4) 在爆炸性粉尘环境内，不宜采用携带式电气设备。

(5) 爆炸性粉尘环境内的事故排风用电动机应在生产发生事故的情况下，在便于操作的地方设置事故启动按钮等控制设备。

(6) 在爆炸性粉尘环境内，应尽量减少插座和局部照明灯具的数量。如需采用时，插座宜布置在爆炸性粉尘不易积聚的地点，局部照明灯宜布置在事故时气流不易冲击的位置。

粉尘环境中安装的插座开口的一面应朝下，且与垂直面的角度不应大于60°。

(7) 爆炸性环境内设置的防爆电气设备应符合现行国家标准《爆炸性环境 第1部分：设备 通用要求》(GB 3836.1—2010)的有关规定。

问题250：照明器表面的高温部位靠近可燃物应采取哪些防火保护措施？

卤钨灯(包括碘钨灯和溴钨灯)的石英玻璃表面温度很高，

如1000W的灯管温度高达500～800℃，很容易烤燃与其靠近的纸、布、木构件等可燃物。吸顶灯、槽灯、嵌入式灯等采用功率不小于100W的白炽灯泡的照明灯具和不小于60W的白炽灯、卤钨灯、荧光高压汞灯、高压钠灯、金属卤灯光源等灯具，使用时间较长时，引入线及灯泡的温度会上升，甚至到100℃以上。为防止高温灯泡引燃可燃物，而要求采用瓷管、石棉、玻璃丝等不燃烧材料将这些灯具的引入线与可燃物隔开。根据试验，不同功率的白炽灯的表面温度及其烤燃可燃物的时间、温度，见表6-16。

白炽灯泡将可燃物烤至着火的时间、温度　　表6-16

灯光功率/W	摆放形式	可燃物	烤至着火的时间/min	烤至着火的温度/℃	备注
75	卧式	稻草	2	360～367	埋入
100	卧式	稻草	12	342～360	紧贴
100	垂式	稻草	50	炭化	紧贴
100	卧式	稻草	2	360	埋入
100	垂式	棉絮被套	13	360～367	紧贴
100	卧式	乱纸	8	333～360	埋入
200	卧式	稻草	8	367	紧贴
200	卧式	乱稻草	4	342	紧贴
200	卧式	稻草	1	360	埋入
200	垂式	玉米秸	15	365	埋入
200	垂式	纸张	12	333	紧贴
200	垂式	多层报纸	125	333～360	紧贴
200	垂式	松木箱	57	398	紧贴
200	垂式	棉被	5	367	紧贴

因此，开关、插座和照明灯具靠近可燃物时，应采取隔热、散热等防火措施。

卤钨灯和额定功率不小于100W的白炽灯泡的吸顶灯、槽灯、嵌入式灯，其引入线应采用瓷管、矿棉等不燃材料作隔热保护。

额定功率不小于 60W 的白炽灯、卤钨灯、高压钠灯、金属卤化物灯、荧光高压汞灯（包括电感镇流器）等，不应直接安装在可燃物体上或采取其他防火措施。

6.3 消防应急照明和疏散指示标志

问题 251：照明用电有哪些安全防火要求？

（1）临时照明线路必须使用绝缘导线。户内（工棚）临时线路的导线必须安装在距离地面高度为 2m 以上支架上；户外临时线路必须安装在离地高度为 2.5m 以上支架上，零星照明线不允许使用花线，一般应使用软电缆线。

（2）建设工程的照明灯具宜采用拉线开关。拉线开关距地面高度为 2～3m，与出、入口的水平距离为 0.15～0.2m。

（3）严禁在床头设立插座和开关。

（4）电器、灯具的相线必须经过开关控制。

不得将相线直接引入灯具，也不允许以电气插头代替开关。

（5）对于影响夜间飞机或车辆通行的在建工程或机械设备，必须安装设置醒目的红色信号灯。其电源应设在施工现场电源总开关的前侧。

（6）使用行灯应符合下列要求：

1）电源电压不超过 36V。

2）灯体与手柄应坚固可靠，绝缘良好，并耐热防潮湿。

3）灯头与灯体结合牢固可靠。

4）灯泡外部有金属保护网。

5）金属网、反光罩、悬吊挂钩固定在灯具的绝缘部位上。

问题 252：电气照明如何分类？

1. 按使用性质分类

电器照明按使用性质，一般又分为工作照明、装饰照明和事故照明等。

（1）工作照明供室内外工作场所作为正常的照明使用；

（2）装饰照明用于美化城市，橱窗布置和节日装饰等的照明；

（3）事故照明。工厂、车间和重要场所以及公共集会场所发生电源中断时，供继续工作或人员疏散的照明，如备用的照明灯具和紧急安全照明。

2. 按光源的发光原理分类

广泛应用于照明的电光源按发光原理分热辐射光源和气体发光光源两类。目前比较常用、而火灾危险性又较大的照明光源主要有白炽灯、荧光灯、高压汞灯和卤钨灯等。

（1）白炽灯（钨丝灯泡）

当电流通过封在玻璃灯泡中的钨丝时，使灯丝温度升高到2000～3000℃，达到白炽程度而发光。灯泡一般都在抽成真空后，再充入惰性气体。

（2）荧光灯

荧光灯由灯管、镇流器、启动器（又称启辉器）等组成。当灯管两端的灯丝通电发热和发射电子时，使管内的水银气化，并在弧光放电时发出紫外线，激发灯管内壁所涂的荧光物质，发出近似日光的可见光，因此也称日光灯。镇流器刚启动时，在启动器的配合下瞬时产生高电压，使灯管放电；而在正常工作时，又限制灯管中的电流。启动器的作用则是在启动时使电路自动接通和断开。它们相互之间，必须按容量配合选用。荧光灯与普通白炽灯比较，不仅光线柔和，而且消耗的电能相同时，其发光强度要高出3～5倍。

（3）高压汞灯（高压水银灯）

高压汞灯分镇流器式和自镇流式两种，它们的主要区别在于镇流元件不同，前者附有配套安装的镇流器；后者为装在灯泡内的镇流钨丝。其特点是光效高、用电省、寿命长和光色好。它的发光原理与荧光灯相似，主电极间产生弧光放电的时候，灯泡温度升高，水银气化发出可见光和紫外线，紫外线又激发内壁上的荧光粉而发光。

（4）卤钨灯

卤钨灯工作原理与白炽灯基本相同，区别是在卤钨灯的石英玻璃灯管内充入适量的碘或溴，可被高温蒸发。将出来的钨送回灯丝，延长了灯管的使用寿命。

3. 从防火角度分类

从防火角度上看，按灯具的结构形式可分为开启型，封闭型，防水、防尘型（隔尘型、密封型）等。照明灯具结构特点见表 6-17。

照明灯具结构特点 **表 6-17**

<table>
<tr><th>结构形式</th><th colspan="3">特　点</th></tr>
<tr><td>开启型</td><td colspan="3">灯泡和灯头直接和外界空间接触</td></tr>
<tr><td>封闭型</td><td colspan="3">玻璃罩与灯具的外壳之间有衬垫密封，与外界分隔，但内、外空气仍有有限流通</td></tr>
<tr><td>防水、防尘型
（隔尘型、密封型）</td><td colspan="3">玻璃罩外缘与灯具外壳之间的衬垫用螺栓压紧密封，使内、外空气隔绝</td></tr>
<tr><td rowspan="2">防爆型</td><td rowspan="2">玻璃罩本身及其固定处的灯具外壳，均能承受要求的压力，能安全使用在有爆炸介质的场所</td><td>防爆型
（代号 B）</td><td>当灯具内部发生爆炸时，灯具铝盖及玻璃罩能承受灯具内的爆炸压力，火焰通过一定间隔的防爆面，不致引爆灯具外部的爆炸介质</td></tr>
<tr><td>安全型
（代号 A）</td><td>在正常运行时，不产生火花、电弧和危险温度，或者将正常运行时能产生火花、电弧的部件，装在灯具的单独隔爆小室内</td></tr>
</table>

问题 253：如何选择照明灯具？

照明灯具的选择应遵循以下原则：

（1）特别潮湿及有腐蚀性气体的场所，应采用密封型灯具，灯具的各种部件还应进行防腐处理。

(2) 潮湿的厂房内和户外可采用封闭型灯具，亦可采用有防水灯座的开启型灯具。

(3) 有爆炸性混合物或生产中易于产生爆炸介质的场所，应采用防爆型灯具；而爆炸危险场所的等级又有区别，还应选用不同形式的防爆型照明灯具。

(4) 灼热多尘场所（如炼铁、炼钢、轧钢等场所）可采用投光灯。

(5) 震动场所（如有空压机、锻锤、桥式起重机等）灯具应有防震措施（如采用吊链等软性连接）。

(6) 可能直接受外来机械损伤的场所，应采用有保护网（罩）的灯具。

问题 254：照明灯具引起火灾的原因有哪些?

照明设备是将电能转变为光能的一种设备。常用的主要有白炽灯、荧光灯、卤钨灯等。由于白炽灯、卤钨灯表面温度高，故火灾危险性较大。

(1) 灯头温度高，容易烤着附近的可燃物。

(2) 灯泡破碎，炽热灯丝能引燃可燃物。供电电压超过灯泡上所标的电压、大功率灯泡的玻璃壳受热不均、水滴溅在灯泡上等，都能引起灯泡爆碎。由于灯丝的温度较高，即使经过一段距离空气的冷却（灯泡距落地点的距离）仍有较高温度和一定的能量，能引起可燃物质的燃烧。

(3) 灯头接触不良。灯头接触部分由于接触不良而发热或产生火花，以及灯头与玻璃壳松动时，拧动灯头而引起短路等，也有可能造成火灾事故。

(4) 镇流器过热，能引起可燃物着火。镇流器正常工作时，由于镇流器本身也耗电，具有一定的温度，若散热条件不好或与灯管匹配不合理以及其他附件发生故障时，会使内部温度升高破坏线圈的绝缘强度，形成匝间短路则产生高温，会将周围可燃物烤着起火。

问题255：如何预防照明灯具引起的火灾？

应按照环境场所的火灾危险性来选择不同类型的照明灯具，此外还应符合下列防火要求：

（1）白炽灯、高压汞灯与可燃物、可燃结构之间的距离不应小于50cm，卤钨灯与可燃物之间的距离则应大于50cm。

（2）卤钨灯灯管附近的导线应采用有石棉、玻璃丝、瓷珠（管）等耐热绝缘材料制成的护套，而不应直接使用具有延燃性绝缘的导线，以免灯管的高温破坏绝缘层，引起短路。

（3）灯泡距离地面的高度一般不应低于2m。如必须低于此高度时，应采用必要的防护措施，可能会遇到碰撞的场所，灯泡应有金属或其他网罩防护。

（4）严禁用布、纸或其他可燃物遮挡灯具。

（5）灯泡的正下方不宜堆放可燃物品。

（6）室外或某些特殊场所的照明灯具应有防溅设施，以防水滴溅射到高温的灯泡表面，使灯泡炸裂，灯泡破碎后，应及时更换或将灯泡的金属头旋出。

（7）在Q-1、G-1级场所。当选用定型照明灯具有困难时，可将开启型照明灯具做成嵌墙式壁龛灯。它的检修门应向墙外开启，并确保有良好的通风；向室内照射的一面应有双层玻璃严密封闭，其中至少有一层必须是高强度玻璃。其安装位置不应设在门、窗及排风口的正上方。距门框、窗框的水平距离应不小于3m；距排风口水平距离应不小于5m。

（8）镇流器安装时应注意通风散热，不允许将镇流器直接固定在可燃顶棚、吊顶或墙壁上，应用隔热的不燃材料进行隔离。

（9）镇流器与灯管的电压与容量必须相同，配套使用。

（10）灯具的防护罩必须保持完好无损，必要时应及时更换。

（11）可燃吊顶内暗装的灯具（全部或大部分在吊顶内）功率不宜过大，并应以白炽灯或荧光灯为主。灯具上方应保持一定的空间，有利于散热。

(12) 明装吸顶灯具采用木制底台时，应在灯具与底台中间铺垫石棉板或石棉布。附带镇流器的各式荧光吸顶灯，应在灯具与可燃材料之间加垫瓷夹板隔热，禁止直接安装在可燃吊顶上。

(13) 暗装灯具及其发热附件，周围应用不燃材料（石棉布或石棉板）做好防火隔热处理。安装条件不允许时，应将可燃材料刷以防火涂料。

(14) 各种特效舞厅灯的电动机，不应直接接触可燃物，中间应铺垫防火隔热材料。

(15) 可燃吊顶上所有暗装、明装灯具、舞台暗装彩灯，舞池脚灯的电源导线，均应穿钢管敷设。舞台暗装彩灯泡，舞池脚灯彩灯灯泡，其功率均宜在 40W 以下，最大不应大于 60W。彩灯之间导线应焊接，所有导线不应与可燃材料直接接触。

(16) 大型舞厅在轻钢龙骨上以线吊方式安装的彩灯。导线穿过龙骨处应穿胶圈保护，以免导线绝缘破损，造成短路。

问题 256：照明供电系统有哪些防火措施？

照明供电系统包括照明总开关、熔断器、照明线路、灯具开关、灯头线、挂线盒、灯座等。由于这些零件和导线的电压等级及容量如选择不当，都会因超过负载、机械损坏等而导致火灾的发生。

1. 电气照明的控制方式

照明与动力如合用同一电源时，照明电源不应接在动力总开关之后，而应分别有各自的分支回路，所有照明线路均应设有短路保护装置。

2. 照明电压等级

照明电压一般采用 220V。

3. 负载及导线

电器照明灯具数和负载量一般要求是：一个分支回路内灯具数不应超过 20 个。照明电流量：民用不应超过 15A，工业用不应超过 20A。负载量应在严格计算后再确定导线规格，每一插座应以 2～3A 计入总负载量，持续电流应小于导线安全载流量。三相四线制照明电路，负载应均匀地分配在三相电源的各相。导线对地或线间绝缘电阻一般不应小于 0.5MΩ。

4. 事故照明

由于工作照明中断，容易引起火灾、爆炸以及人员伤亡，或产生重大影响的场所，应设置事故照明。事故照明灯应设置在可能引起事故的材料、设备附近和主要通道、出入口处或控制室，并涂以带有颜色的明显标志。事故照明灯一般不应采用启动时间较长的电光源。

5. 照明灯具安装使用的防火要求

（1）各种照明灯具安装前，应对灯座、开关、挂线盒等零件进行认真检查。发现松动、损坏的要及时修复或更换。

（2）开关应装在相线上，螺口灯座的螺口必须接在零线上。开关、插座、灯座的外壳均应完整无损，带电部分不得裸露在外面。

（3）功率在 150W 以上的开启式和 100W 以上的其他形式的灯具，必须采用瓷质灯座，不准使用塑胶灯座。

（4）各零件必须符合电压、电流等级，不得过电压、过电流使用。

（5）灯头线在顶棚挂线盒内应做保险扣，以避免接线端直接受力拉脱，产生火花。

（6）质量在 1 公斤以上的灯具（吸顶灯除外），应用金属链吊装或用其他金属物支持（如采用铸铁底座和焊接钢管），以防坠落。重量超过 3kg 时，应固定在预埋的吊钩或螺栓上。轻钢龙骨上安装的灯具，原则上不能加重钢龙骨的荷载，凡灯具重量在 3kg 及以下者，必须在主龙骨上安装；3kg 及 3kg 以上者，必须以铁件作固定。

（7）灯具的灯头线不能有接头；需接地或接零的灯具金属外壳，应有接地螺栓与接地网连接。

（8）各式灯具装在易燃结构部位或暗装在木制吊平顶内时，

在灯具周围应做好防火隔热处理。

（9）用可燃材料装修墙壁的场所，墙壁上安装的电源插座、灯具开关，电扇开关等应配金属接线盒，导线穿钢管敷设，要求与吊顶内导线敷设相同。

（10）特效舞厅灯安装前应进行检查：各部接线应牢固，通电试验所有灯泡无接触不良现象，电机运转平稳，温升正常，旋转部分没有异常响声。

（11）凡重要场所的暗装灯具（包括特制大型吊装灯具的安装），应在全面安装前做出同类型“试装样板”（包括防火隔热处理的全部装置），然后组织有关人员核定后再全面安装。

问题 257：什么是消防应急照明？

在发生火灾电网停电时，为人员安全疏散和有关火灾扑救人员继续工作而设置的照明，统称为消防应急照明。

火灾应急照明分为备用照明、疏散照明、安全照明。即：

（1）正常照明失效时，为继续工作（或暂时继续工作）而设的备用照明；

（2）为使人员在火灾情况下能从室内安全撤离至室外（某一安全地区）而设置的疏散照明；

（3）正常照明突然中断时，为确保处于潜在危险之中人员的安全而设置的安全照明。

问题 258：火灾时如何选择电光源？

火灾应急照明必须采用能瞬时点燃的光源，一般采用白炽灯、带快速启动装置的荧光灯等。当火灾应急照明作为正常照明的一部分经常点燃，且在发生故障时不需要切换电源的情况下，也可以采用其他光源，如普通荧光灯。

灯具的选用应与建筑的装饰水平相匹配，常采用的灯具有吸顶灯、深筒嵌入灯具、光带式嵌入灯具、荧光嵌入灯具等。但是，值得注意的是这些嵌入灯具要作散热处理，不得安装在易燃可燃材料上，且要保持一定防火间距。

对于火灾应急照明灯和疏散指示标志灯，为提高其在火灾中的耐火能力，应设玻璃或其他不燃烧材料制作的保护罩，目的是充分发挥其在火灾期间引导疏散的作用。

问题 259：如何设置消防应急照明？

设置火灾应急照明灯时需保证继续工作所需照度的场所，火灾应急照明灯的工作方式分为专用和混用两种：前者平时强行启点；后者与正常工作照明一样，平时即点亮作为工作照明的一部分，往往装有照明开关，必要时需在火灾事故发生后强行启点。高层住宅的楼梯间照明一般兼作火灾应急及疏散照明，通常楼梯灯采用定时自熄开关，因此需要具有火灾时强行启点功能。

火灾应急照明的电源可以是柴油发电机组、蓄电池组或电力网电源中任意两种组合，以满足双电源、双回路供电的要求。火灾应急照明在正常电源断电后，其电源转换时间应满足下列要求：疏散照明≤15s；备用照明≤15s（其中金融商业交易所≤1.5s）；安全照明≤0.5s。

对火灾应急照明可以集中供电，也可分散供电。大中型建筑多采用集中式供电，总配电箱设在建筑底层，以干线向各层照明配电箱供电，各层照明配电箱装于楼梯间或附近，每回路干线上连接的配电箱数不超过三个，此时的火灾应急照明电源无论是从专用干线分配电箱取得，还是从与正常照明混合使用的干线分配电箱取得，在有应急备用电源的地方，都要从最末一级的分配电箱中进行自动切换。国家工程建设消防技术标准规定，火灾应急照明灯具和灯光疏散指示标志的备用电源连续供电时间不应少于 30min。

小型单元式火灾应急照明灯，蓄电池多为镍镉电池或小型密封铅蓄电池。优点是可靠、灵活、安装方便；缺点是费用高、检查维护不便。

火灾应急照明灯应设玻璃或其他非燃烧材料制作的保护罩，

通常除了透光部分设玻璃外，其外壳须用金属材料或难燃材料制成。一般，火灾应急照明灯平时不亮，当遇有火警时接受指令，按要求分区点亮或全部点亮。国家工程建设消防技术标准规定，火灾应急照明灯具宜设置在墙面的上部、顶棚上或出口的顶部。

问题 260：建筑内应设置疏散照明的部位有哪些？

除建筑高度小于 27m 的住宅建筑外，民用建筑、厂房和丙类仓库的下列部位应设置疏散照明：

（1）封闭楼梯间、防烟楼梯间及其前室、消防电梯间的前室或合用前室、避难走道、避难层（间）。

（2）观众厅、展览厅、多功能厅和建筑面积大于 200m^2 的营业厅、餐厅、演播室等人员密集的场所。

（3）建筑面积大于 100m^2 的地下或半地下公共活动场所。

（4）公共建筑内的疏散走道。

（5）人员密集的厂房内的生产场所及疏散走道。

设置疏散照明可以使人们在正常照明电源被切断后，仍能以较快的速度逃生，是保证和有效引导人员疏散的设施。建筑内应设置疏散照明的部位主要为人员安全疏散必须经过的重要节点部位和建筑内人员相对集中、人员疏散时易出现拥堵情况的场所。

对于《建筑设计防火规范》（GB 50016—2014）未明确规定的场所或部位，设计师应根据实际情况，从有利于人员安全疏散需要出发考虑设置疏散照明，如生产车间、仓库、重要办公楼中的会议室等。

问题 261：哪些场所应在疏散走道和主要疏散路径的地面上增设能疏散指示标志？

下列建筑或场所应在疏散走道和主要疏散路径的地面上增设能保持视觉连续的灯光疏散指示标志或蓄光疏散指示标志：

（1）总建筑面积大于 8000m^2 的展览建筑。

（2）总建筑面积大于 5000m^2 的地上商店。

（3）总建筑面积大于500m²的地下或半地下商店。

（4）歌舞娱乐放映游艺场所。

（5）座位数超过1500个的电影院、剧场，座位数超过3000个的体育馆、会堂或礼堂。

（6）车站、码头建筑和民用机场航站楼中建筑面积大于3000m²的候车、候船厅和航站楼的公共区。

这些场所内部疏散走道和主要疏散路线的地面上增设能保持视觉连续的疏散指示标志是辅助疏散指示标志，不能作为主要的疏散指示标志。

合理设置疏散指示标志，能更好地帮助人员快速、安全地进行疏散。对于空间较大的场所，人们在火灾时依靠疏散照明的照度难以看清较大范围的情况，依靠行走路线上的疏散指示标志，可以及时识别疏散位置和方向，缩短到达安全出口的时间。

问题262：如何设置疏散指示标志？

应急照明的设置位置一般有：设在楼梯间的墙面或休息平台板下，设在走道的墙面或顶棚的下面，设在厅、堂的顶棚或墙面上，设在楼梯口、太平门的门口上部。

对于疏散指示标志的安装位置，是根据国内外的建筑实践和火灾中人的行为习惯提出的。具体设计还可结合实际情况，在规范规定的范围内合理选定安装位置，比如也可设置在地面上等。总之，所设置的标志要便于人们辨认，并符合一般人行走时目视前方的习惯，能起诱导作用，但要防止被烟气遮挡，如设在顶棚下的疏散标志应考虑距离顶棚一定高度。

目前，在一些场所设置的标志存在不符合现行国家标准《消防安全标志　第1部分：标志》（GB 13495.1—2015）规定的现象，如将“疏散门”标成“安全出口”，“安全出口”标成“非常口”或“疏散口”等，还有的疏散指示方向混乱等。因此，有必要明确建筑中这些标志的设置要求。

对于疏散指示标志的间距，设计还要根据标志的大小和发光方式以及便于人员在较低照度条件清楚识别的原则进一步缩小。

因此，疏散照明灯具应设置在出口的顶部、墙面的上部或顶棚上；备用照明灯具应设置在墙面的上部或顶棚上。

公共建筑、建筑高度大于 54m 的住宅建筑、高层厂房（库房）和甲、乙、丙类单、多层厂房，应设置灯光疏散指示标志，并应符合下列规定：

（1）应设置在安全出口和人员密集的场所的疏散门的正上方。

（2）应设置在疏散走道及其转角处距地面高度 1.0m 以下的墙面或地面上。灯光疏散指示标志的间距不应大于 20m；对于袋形走道，不应大于 10m；在走道转角区，不应大于 1.0m。

7　建筑施工防火安全要求

7.1　建筑施工防火基本要求

问题263：防火防爆有哪些基本规定？

（1）重点工程和高层建筑应编制防火防爆技术措施并履行报批手续，一般工程在拟定施工组织设计的同时，要拟定现场防火防爆措施。

（2）按规定施工现场配置消防器材、设施和用品，并设立消防组织。

（3）施工现场明确划分用火和禁火区域，并设置明显安全标志。

（4）现场动火作业必须履行审批制度，动火操作人员必须经考试合格持证上岗。

（5）施工现场应定期进行防火检查，及时消除火灾隐患。

问题264：施工现场防火有哪些规定？

（1）施工单位的负责人应全面负责施工现场的防火安全工作，履行《中华人民共和国消防法》规定的主要职责。

（2）施工现场都要建立、健全防火检查制度，发现火险隐患，必须立即消除；一时难以消除的隐患要定项目、定人员、定措施，限期整改。

（3）施工现场发生火警或火灾，应立即报告公安消防部门，并组织力量扑救。

（4）根据“四不放过”的原则（事故原因未查清不放过；事

故责任人未受到处理不放过；事故责任人和相关人员没有受到教育不放过；未采取防范措施不放过），在火灾事故发生后，施工单位和建设单位应共同做好现场保护和会同消防部门进行现场勘察的工作。对火灾事故的处理提出建议，并积极落实防范措施。

（5）施工单位在承建工程项目签订的“工程合同”或安全协议中，必须有防火安全的内容，会同建设单位搞好防火工作。

（6）各单位在编制施工组织设计时，施工总平面图、施工方法和施工技术都要符合消防安全要求。

（7）施工现场应明确划分用火作业区，例如易燃可燃材料堆场、仓库、易燃废品集中站和生活区等区域。

（8）施工现场夜间应有照明设备；保持消防车通道畅通无阻，并要安排力量加强值班巡逻。

（9）施工现场应配备足够的消防器材，指定专人维护、管理，定期更新，确保完整好用。

（10）在土建施工时，应先将消防器材和设施配备好，有条件的，应铺设好室外消防水管和消火栓。

（11）施工现场用电，应严格执行《施工现场临时用电安全技术规范》(JGJ 46—2005)，加强用电管理，以防发生电气火灾。

（12）施工现场的动火作业，必须依照不同等级动火作业执行审批制度。

（13）古建筑和重要文物单位等场所的动火作业，按一级动火手续上报审批。

问题 265：施工现场火源有哪些来源？

1. 施工人员在现场吸烟不慎失火

烟头虽然不大，但烟头的表面温度为 200～300℃，中心温度可达 700～800℃，一支香烟点燃延续时间为 5～15min。如果剩下的烟头长度为香烟长度的 1/4～1/5，那么可延续燃烧 1～4min。一般来说，多数可燃物质的燃点低于烟头的表面温度，如纸张为 130℃，麻绒为 150℃，布匹为 200℃，松木为 250℃。

在自然通风的条件下试验可证实，燃烧的烟头扔进深 50mm 的锯末中，经过 70～90min 的阴燃，便开始出现火焰；燃烧的烟头扔进深 50～100mm 的刨花中，有 75%的机会，经过 60～100min 开始燃烧；把燃烧的烟头放在甘蔗板上，60min 后燃烧面积扩展至直径 150mm 范围，170min 后则发生火焰燃烧。可见，施工人员现场吸烟这一现象不能忽视。要采取必要的措施来防止吸烟引发的火灾。如设置专门的吸烟室，加强对施工人员的消防安全教育等。另外，烟头的烟灰在弹落时，有一部分呈不规则的颗粒，带有火星，如果落在比较干燥、疏松的可燃物上，也极有可能会引起燃烧。对于这一点，也要引起高度重视。

2. 施工现场的锅炉运行失控也易引起火灾

建筑施工工地常常使用小型锅炉，如果锅炉的烟囱靠近易燃的工棚，由于烟囱有飞火，易燃物质着火易引起火灾；锅炉燃烧系统的化学性爆炸，有时也会引起锅炉房着火；在建筑施工工地上，因为使用的是小型锅炉，人们在思想认识上容易麻痹，且往往是锅炉工没有经过严格而正规的安全教育培训，操作不当也容易引发锅炉发生爆炸、火灾事故。

3. 施工现场焊接、切割的明火源

焊接是连接金属件的一种方法，建筑施工工地常需进行钢筋焊接，装配式构件之间的铁件也需焊接。切割是利用乙炔等可燃气体与氧混合燃烧产生高温，而割开金属的一种加工方法。焊接和切割均属于明火作业。焊接或切割金属时，大量高温的熔渣四处飞溅；并且使用的能源丙烷、乙炔、氢气等都是易燃、易爆的气体；而氧气瓶、乙炔气瓶以及其他液化石油气瓶、乙炔发生器等又均是压力容器。在建筑施工工地上又存放和使用大量易燃材料，如木草席、板、油毡等。如果施工人员在焊接、切割作业过程中违反操作规程就潜伏着发生火灾和爆炸的可能性及危险性。所以，对施工现场的焊接、切割作业要严加管理，必要时要有专人监护，以确保焊接、切割的作业安全。

4. 变压器、电气线路起火引发火灾

建筑施工现场的用电大多数属于临时供电线路，往往存在着不规范的行为，极易引起火灾事故，对于施工现场的用电，不管是正式永久性供电，还是临时性供电，都必须依据国家规范的要求进行，该设置安全电压的必须设置安全电压，该绝缘的必须绝缘，该屏护的必须屏护，该保护接地或接零的必须保护接地或接零，该装漏电保护装置的必须装设漏电保护装置。这样，才能有效地避免或控制变压器、电气线路或一些用电设备引发的火灾事故。

5. 熬制沥青作业用火不慎起火

建筑施工中经常熬制沥青，沥青在加热熔融过程中，常常由于温度过高或因加料过多，使沥青沸腾外溢冒槽或产生易燃性蒸气，接触炉火而发生火灾。

6. 石灰受潮或遇水发热起火

建筑施工工地储存的石灰，一旦遇到水或受潮湿的空气影响时，就会起化学变化，由氧化钙生成氢氧化钙（熟石灰），在化学反应过程中，放出大量的热量，温度高达 800℃，此时若接触到可燃材料，极易发生起火造成火灾。例如，用竹子、芦席、木板等可燃材料搭建的石灰棚，当石灰受潮或遇水发热的温度达到 170～230℃时，就会引燃起火。

7. 木屑自燃起火

在建筑施工工地上，当大量木屑（锯末）堆积在一起，当含有一定的水分时，由于存在一定的微生物，并生长繁殖产生热量。又由于木屑的导热性很差，热量不易散发，使温度逐渐升高到 70℃左右时，此时微生物会死亡，积热不散。同时木屑中的有机化合物开始分解，生成多孔炭，并能吸收气体，同时放热，继续升温，又引起新的化合物的分解、炭化，使温度持续上升，当温度升到 150～200℃时，木屑中心的纤维素开始分解，进入氧化过程，温度继续上升，反应迅速加快，热量不断增大，在积热不散的情况下，就会引起自燃。

问题 266：防止火灾的基本技术措施有哪些？

1. 消除火源

防火的基本原则主要应建立在消除火源的基础上。建筑施工现场随处都是可燃物质，而且不缺乏助燃的空气，只有消除火源，才能有效地预防火灾的发生。

火灾发生后的原因调查，重点也是查清是哪种火源引发的火灾。

2. 控制可燃物

对于工地上容易燃烧的可燃物，进行严格控制和管理，是防止火灾发生的重要措施。具体措施分为及时清理运走、库存和隔离三种。对易燃的木屑、刨花、木模板等应及时清理运走或运到安全地点存放；对煤油、汽油、炸药等危险品应存放到安全防燃、防爆的专用库房内，严格控制和管理；对于那些相互作用能产生可燃气体的物品应加以隔离，分开存各存放点之间的距离应符合安全要求。

3. 隔绝空气

可燃物与周围的空气隔开，就能立刻使燃烧停止。常用的措施有：将灭火剂（四氯化碳、二氧化碳等）、泡沫等不燃气体或液体覆盖、喷洒在燃烧物体表面，使之与空气隔绝，可达到灭火的目的。

4. 冷却

将燃烧物的温度降至着火点（燃点）以下，燃烧即可停止。常用水和干冰进行降温灭火。

5. 隔绝火源与可燃物

采取措施将火源和可燃物隔离开来，防止产生新的燃烧条件，可阻止火灾的扩大。例如：建筑物之间留防火间距；在仓库里修建防火墙；在火场临近可燃物之间形成一道“冰墙”；拆除火场临近的建筑物等，均可有效地阻止火灾的蔓延。

问题 267：施工区和非施工区有哪些防火要求？

既有建筑进行扩建、改建施工时，必须明确划分施工区和非施工区。施工区不得营业、使用和居住；非施工区继续营业、使用和居住时，应符合下列规定：

（1）施工区和非施工区之间应采用不开设门、窗、洞口的耐火极限不低于 3.0h 的不燃烧体隔墙进行防火分隔。

（2）非施工区内的消防设施应完好和有效。疏散通道应保持畅通，并应落实日常值班及消防安全管理制度。

（3）施工区的消防安全应配有专人值守，发生火情应能立即处置。

（4）施工单位应向居住和使用者进行消防宣传教育。告知建筑消防设施、疏散通道的位置及使用方法，同时应组织疏散演练。

（5）外脚手架搭设不应影响安全疏散、消防车正常通行及灭火救援操作，外脚手架搭设长度不应超过该建筑物外立面周长的 1/2。

问题 268：火险隐患整改有哪些要求？

火险隐患是指在施工中、生产中、生活中有可能造成火灾危害的不安全因素。整改火险隐患，要本着既要保证安全又要便利生产的原则。总之，目的为了保证防火安全。

火险隐患，一般都是客观存在的既成事实，只有及时认真整改，才能保证施工安全。对有些火险隐患的整改，往往受经费、人员、设备、场地的条件限制，因而存在一定的困难。但是为了确保施工安全，必须提请有关领导批准，坚决进行整改。事实证明，只要有关领导坚持“预防为主”的指导思想，下定决心。问题并不难解决。

（1）提请领导重视，火险隐患能不能及时进行整改，关键在于领导。有些重大火险隐患，之所以成了“老检查、老问题、老不改”的“老大难”问题，是与有的领导不够重视防火安全分不开的。大量的事实证明：光检查不整改，就势必养患成灾，届时想改也来不及了。一旦发生了火灾事故。同整改隐患比较起来，在人力、物力、财力等各个方面所付出的代价不知要高出多少倍。因此，迟改不如早改。这方面的教训很多，必须引以为戒。

（2）边查边改，对检查出来的火险隐患，要求施工单位能立即整改的就立即整改，不要拖延。

（3）对一时解决不了的火险隐患，检查人员应逐件登记、定项、定人、定措施，限期整改。并要建立档案、销案制度，改一件销一件。

（4）对一些重大的火险隐患，经过施工单位自身的努力仍得不到解决的，公安消防监督机关应该督促他们及时向上级主管机关请示报告，求得解决，同时采取可靠的临时性措施。对能够整改而又不认真整改的部门、单位，公安消防监督机关要发出“重大火险隐患通知书”。如单位在接到“重大火险通知书”后，仍置之不理，拖延不改的，公安消防监督机关应根据有关法规，严肃处理。

（5）对遗留下来的建筑布局、消防通道、水源等方面的问题，一时确实无法解决的，公安消防监督机关应提请有关部门纳入建设规划，逐步加以解决。在没有解决前，要采取一些必要的、临时性的补救措施，以保证安全。

问题 269：防火检查的内容有哪些？

防火检查涉及面广，技术性强。这就要求我们防火管理部门和人员必须熟悉了解防火对象和设施的特点，学习掌握防火业务知识和提高技术水平，要善于发现火险隐患，提出解决问题的措施和办法。

防火检查的内容，从施工单位来说，主要有以下几个方面：

（1）检查用火、用电和易燃易爆物品及其他重点部位生产储存、运输过程中的防火安全情况和建筑结构、平面布局、水源、道路是否符合防火要求。

（2）检查火险隐患整改情况。

（3）检查义务和专职消防队组织及活动情况。

（4）检查各级防火责任制、岗位责任制、八大工种责任书和各项防火安全制度执行情况。

（5）检查三级动火审批及动火证、操作证、消防设施、器材管理及使用情况。

（6）检查防火安全宣传教育，外包工管理等情况。

（7）检查十项标准是否落实，基础管理是否健全，防火档案资料是否齐全，发生事故是否按“三不放过”原则进行处理。

7.2 建筑施工重点工种防火要求

问题270：电焊工、气焊工防火防爆应掌握哪些一般规定？

（1）从事电焊、气割操作人员，必须进行专门培训，掌握焊割的安全技术、操作规程，经过考试合格，取得操作合格证后方准操作。操作时应持证上岗。徒工学习期间，不能单独操作，必须在师傅的监护下进行操作。

（2）严格执行用火审批程序和制度。操作前必须办理用火申请手续，经本单位领导同意和消防保卫或安全技术部门检查批准，领取用火许可证后方可操作。

（3）用火审批人员要认真负责，严格把关。审批前要深入用火地点查看，确认无火险隐患后再行审批。批准用火应采取定时（时间）、定位（层、段、档）、定人（操作人、看火人）、定措施（应采取的具体防火措施），部位变动或仍需继续操作，应事先更换用火证。用火证只限当日本人使用并随身携带，以备消防保卫人员检查。

（4）进行电焊、气割前，应由施工员或班组长向操作、看火人员进行消防安全技术措施交底，任何领导不能以任何借口纵容电、气焊工人进行冒险操作。

(5) 装过或有易燃、可燃液体、气体及化学危险物品的容器、管道和设备，在未彻底清洗干净前，不得进行焊割。

(6) 严禁在有可燃蒸气、气体、粉尘或禁止明火的危险性场所焊割。在这些场所附近进行焊割时，应按有关规定，保持一定的防火距离。

(7) 遇有5级以上大风气候时，施工现场的高空和露天焊割作业应停止。

(8) 领导及生产技术人员，要合理安排工艺和编排施工进度程序，在有可燃材料保温的部位，不准进行焊割作业。必要时，应在工艺安排和施工方法上采取严格的防火措施。焊割作业不准与涂装、喷漆、脱漆、木工等易燃操作同时间、同部位上下交叉作业。

(9) 焊割结束或离开操作现场时，必须切断电源、气源。赤热的焊嘴、焊钳以及焊条头等，禁止放在易燃、易爆物品和可燃物上。

(10) 禁止使用不合格的焊割工具和设备。电焊的导线不能与装有气体的气瓶接触，也不能与气焊的软管或气体的导管放在一起。焊把线和气焊的软管不得从生产、使用、储存易燃、易爆物品的场所或部位穿过。

(11) 焊割现场必须配备灭火器材，危险性较大的应有专人现场监护。

问题271：电焊工有哪些防火要求?

(1) 电焊工在操作前，要严格检查所用工具（包括电焊机设备、线路敷设、电缆线的接点等)，使用的工具均应符合标准，保持完好状态。

(2) 电焊机应有单独开关，装在防火、防雨的闸箱内，电焊机应设防雨棚（罩)。开关的保险丝容量应为该机的1.5倍。保险丝不准用铜丝或铁丝代替。

（3）焊割部位必须与氧气瓶、乙炔瓶、乙炔发生器及各种易燃、可燃材料隔离，二瓶之间不得小于 5m，与明火之间不得小于 10m。

（4）电焊机必须设有专用接地线，直接放在焊件上，接地线不准接在建筑物、机械设备、各种管道、避雷引下线和金属架上借路使用，防止接触火花，造成起火事故。

（5）电焊机一、二次线应用线鼻子压接牢固，同时应加装防护罩，防止松动、短路放弧，引燃可燃物。

（6）严格执行防火规定和操作规程，操作时采取相应的防火措施，与看火人员密切配合，防止引起火灾。

问题 272：气焊工有哪些防火要求？

（1）乙炔发生器、乙炔瓶、氧气瓶和焊割具的安全设备必须齐全有效。

（2）乙炔发生器、乙炔瓶、液化石油气罐和氧气瓶在新建、维修工程内存放，应设置专用房间单独分开存放并有专人管理，要有灭火器材和防火标志。

（3）乙炔发生器和乙炔瓶等与氧气瓶应保持距离。在乙炔发生器旁严禁一切火源。夜间添加电石时，应使用防爆手电筒照明，禁止用明火照明。

（4）乙炔发生器、乙炔瓶和氧气瓶不准放在高低压架空线路下方或变压器旁。在高空焊割时，也不要放在焊割部位的下方，应保持一定的水平距离。

（5）乙炔瓶氧气瓶应直立使用，禁止平放卧倒使用，以防止油类落在氧气瓶上。油脂或沾油的物品，不要接触氧气瓶、导管及其零部件。

（6）氧气瓶、乙炔瓶严禁暴晒、撞击，防止受热膨胀。开启阀门时要缓慢开启，防止升压过速产生高温、产生火花引起爆炸和火灾。

（7）乙炔发生器、回火阻止器及导管发生冻结时，只能用蒸气、热水等解冻，严禁使用火烤或金属敲打。测定气体导管及其分配装置有无漏气现象时，应用气体探测仪或用肥皂水等简单方法测试，严禁用明火测试。

（8）操作乙炔发生器和电石桶时，应使用不产生火花的工具，在乙炔发生器上不能装有纯铜的配件。加入乙炔发生器的水，不能含油脂，以免油脂与氧气接触发生反应，引起燃烧或爆炸。

（9）防爆膜失去作用后，要按照规定规格、型号更换，严禁任意更换防爆膜规格、型号，禁止使用胶皮等代替防爆膜。浮桶式乙炔发生器上面不准堆压其他物品。

（10）电石应存放在电石库内，不准在潮湿场所和露天存放。

（11）焊割时要严格执行操作规程和程序。焊割操作时先开乙炔气点燃，然后再开氧气进行调火。操作完毕时按相反程序关闭。瓶内气体不能用尽，必须留有余气。

（12）工作完毕，应将乙炔发生器内电石、污水及其残渣清除干净，倒在指定的安全地点，并要排除内腔和其他部分的气体。禁止电石、污水到处乱放乱排。

问题 273：木工有哪些防火要求？

（1）操作间只能存放当班的用料，成品及半成品要及时运走。木工应做到活儿完场地清，刨花、锯末每班都打扫干净，倒在指定地点。

（2）严格遵守操作规程，对旧木料一定要经过检查，起出铁钉等金属后，方可上锯锯料。

（3）配电盘、刀闸下方不能堆放成品、半成品及废料。

（4）工作完毕应拉闸断电，并经检查确无火险后方可离开。

问题 274：电工有哪些防火要求？

（1）电工应经过专门培训，掌握安装与维修的安全技术，并经过考试合格后，才允许独立操作。

(2) 施工现场暂设线路、电气设备的安装与维修应执行《施工现场临时用电安全技术规范》(JGJ46—2005) 的规定。

(3) 新设、增设的电气设备，必须经主管部门或人员检查合格后，方可通电使用。

(4) 各种电气设备或线路，不应超过安全负荷，并要牢靠。绝缘良好和安装合格的保险设备，严禁用铜丝、铁丝等代替保险丝。

(5) 放置及使用易燃气体、液体的场所，应采用防爆型电气设备及照明灯具。

(6) 定期检查电气设备的绝缘电阻是否符合“不低于 1kΩ/V (如对地 220V 绝缘电阻应不低于 0.22MΩ)”的规定，如果发现隐患，应及时排除。

(7) 不可用布、纸或其他可燃材料做无骨架的灯罩，灯泡距可燃物应保持一定距离。

(8) 变(配)电室应保持清洁、干燥。变电室要有良好的通风。配电室内禁止吸烟、生火及存放与配电无关的物品(如食物等)。

(9) 施工现场严禁私自使用电炉、电热器具。

(10) 当电线穿过墙壁、苇席或与其他物体接触时，应当在电线上套有磁管等非燃材料加以隔绝。

(11) 应经常检查电气设备和线路，发现可能引起火花、短路、发热和绝缘损坏等情况时，必须立即修理。

(12) 各种机械设备的电闸箱内，必须保持清洁，不得存放其他物品，电闸箱应配锁。

(13) 电气设备应安装在干燥处，各种电气设备应有妥善的防潮、防雨设施。

(14) 每年雨季前要检查避雷装置，避雷针接点要牢固，电阻不应大于 10Ω。

问题 275：熬炼工有哪些防火要求？

(1) 熬沥青灶应设在工程的下风方向，不能设在电线垂直下方，距离新建工程、料场、库房和临时工棚等应在 25m 以外。现场窄小的工地有困难时，应采取相应的防火措施或尽量采用冷防水施工工艺。

（2）沥青灶必须坚固、无裂缝，靠近火门上部的锅台，应砌筑 18～24cm 的砖沿，以防沥青溢出引燃。火口与锅边应有 70cm 的隔离设施，锅与烟囱的距离应大于 80cm，锅与锅的距离应大于 2m。锅灶高度不宜超过地面 60cm。

（3）熬沥青应由熟悉此项操作的技工进行，操作人员不能擅离岗位。

（4）不准使用铸铁锅或劣质铁锅熬制沥青，锅内的沥青一般不应多于锅容量的 3/4，不准向锅内投入有水分的沥青。配制冷底子油，不得超过锅容量的 1/2。温度不得超过 80℃。熬沥青的温度应控制在 275℃以下（沥青在常温下呈固态，其闪点为 200～230℃，自燃点为 270～300℃）。

（5）降雨、雪或刮 5 级以上大风时，严禁露天熬制沥青。

（6）使用燃油灶具时，必须先熄灭火后再加油。

（7）沥青锅处要备有铁质锅盖或铁板，并配备相适应的消防器材或设备。

（8）沥青熬制完毕后，要彻底熄灭余火，盖好锅盖后（以防雨、雪浸入，熬油时产生溢锅引起着火），方可离开。

（9）沥青锅要随时进行检查，以防漏油。

（10）向熔化的沥青内添加汽油、苯等易燃稀释剂时，要离开锅灶和散发火花地点的下风方向 10m 以外，并应严格遵守操作程序。

（11）熬炼场所应配备测温仪或温度计。

（12）施工人员应穿不易产生静电的工作服及不带钉子的鞋。

（13）施工区域内禁止一切火源，不准与电、气焊同部位、同时间、上下交叉作业。

（14）施工区域内应配备消防器材。

（15）严禁在屋顶用明火熔化柏油。

问题276：煅炉工有哪些防火要求?

煅炉工是施工现场不可缺少的一个工种，这项工作主要是进行钎子的加工和淬火。工作过程中使用明火和淬火液。如工作完毕后未将余火熄灭或工作时违反规定，也易引起着火，因此存在着一定的火灾危险性。

(1) 煅炉应独立设置，并应选择在距可燃建筑、可燃材料堆场50m以外的地点。

(2) 煅炉不宜设在电源线的下方，其建筑应采用不燃或难燃材料修建。

(3) 煅炉建造好后，需经工地消防保卫或安全技术部门检查合格，并取得用火审批合格证后，方准操作及使用。

(4) 禁止使用可燃液体点火，工作完毕，应将余火彻底熄灭后才能离开。

(5) 鼓风机等电气设备要安装合理，符合防火要求。

(6) 加工完的钎子要码放整齐，与可燃材料的防火间距应不小于4m。

(7) 遇有5级以上的大风天气时，应停止露天煅炉作业。

(8) 使用可燃液体或硝石溶液淬火时，要控制好油温，以防因液体加热而自燃。

(9) 煅炉间应配备适量的灭火器材。

问题277：喷灯操作工有哪些防火要求?

1. 操作注意事项

(1) 喷灯加油时，要选择好安全地点，并认真检查喷灯是否有漏油或渗油的地方，若发现有漏油或渗油，应禁止使用。因为汽油的渗透性和流散性极好，一旦加油不慎倒出油或喷灯渗油，点火时极易引起着火。

(2) 喷灯加油时，应将加油防爆盖旋开，用漏斗灌入汽油。如果加油不慎，油洒在灯体上，则应将油擦干净，同时放置在通风良好的地方，使汽油挥发掉再点火使用。加油不能过满，加至灯体容积的 3/4 即可。

（3）喷灯在使用过程中需要添油时，应首先把灯的火焰熄灭，随后慢慢地旋松加油防爆盖放气，待放尽气和灯体冷却以后再添油，严禁带火加油。

（4）喷灯点火后要先预热喷嘴。预热喷嘴应利用喷灯上的储油杯，不能图省事采取喷灯对喷灯的方法或用炉火烘烤的方法进行预热，以防造成灯内的油类蒸气膨胀，使灯体爆破伤人或引起火灾。放气点火时，要慢慢地旋开手轮，防止放气太急将油带出起火。

（5）喷灯作业时，火焰与加工件应注意保持适当的距离，防止高热反射造成灯体内气体膨胀而发生事故。

（6）高处作业使用喷灯时，应在地面上点燃喷灯后，将火焰调至最小，再用绳子吊上去。不应携带点燃的喷灯攀高。作业点下面及周围不许堆放可燃物，以防金属熔渣及火花掉落在可燃物上发生火灾。

（7）在地下人井或地沟内使用喷灯时，应首先通风，排除该场所内的易燃、可燃气体，严禁在地下人井或地沟内进行点火，应在距离人井或地沟 1.5～2m 以外的地面点火，然后用绳子将喷灯吊下去使用。

（8）使用喷灯，禁止与喷漆、木工等工种同部位、同时间、上下交叉作业。

（9）喷灯连续使用时间不宜过长，发现灯体发烫时，应停止使用，进行冷却，防止气体膨胀发生爆炸，引起火灾。

2. 作业现场的防火安全管理

实践证明，若选择不好安全用火的作业地点，不认真检查清理作业现场的易燃、可燃物，不采取隔热、降温、熄灭火星、冷却熔珠等安全措施，喷灯作业现场极易造成人员伤亡和火灾事故。所以，对喷灯作业的现场，务必加强防火安全管理，落实防火措施。

（1）作业开始前，要将作业现场下方和周围的易燃、可燃物清理干净，清除不了的易燃、可燃物要采取浇湿、隔离等可靠的安全措施。作业结束后，要认真检查现场，在确认无余热引起燃烧危险时，才能离开。

（2）在相互连接的金属工件上使用喷灯烘烤时，要防止由于热传导作用，将靠近金属工件上的易燃、可燃物烤着引起火灾。喷灯火焰与带电导线的距离为：10kV 及以下的 1.5m；20～35kV 的 3m；110kV 及以上的 5m，并应用石棉布等绝缘隔热材料将绝缘层、绝缘油等可燃物遮盖，防止烤着。

（3）电话电缆，常常需要干燥芯线，严禁用喷灯直接烘烤芯线，应在蜡中去潮，熔蜡不应在工程车上进行，烘烤蜡锅的喷灯周围应设三面挡风板，控制温度不要过高。熔蜡时，容器内放入的蜡不要超过容积的 3/4，防止熔蜡渗漏，避免蜡液外溢遇火燃烧。

（4）在易燃易爆场所或在其他的禁火区域使用喷灯烘烤时，事先必须制定相应的防火、灭火方案，办理动火审批手续，未经批准不得动用喷灯烘烤。

（5）作业现场要准备一定的灭火器材，一旦起火便能及时扑灭。

3. 其他要求

（1）使用喷灯的操作人员，应经过专门训练，其他人员不应随便使用喷灯。

（2）喷灯使用一段时间后应例行检查和保养。手动泵应保持清洁，不应有污物进入泵体内，手动泵内的活塞应经常加少量机油，保持润滑，以防活塞干燥碎裂。加油防爆盖上装有安全防爆器，在压力 600～800Pa 范围内能自动开启关闭，在一般情况下不应拆开，以防失效。

（3）煤油和汽油喷灯，应有明显的标志，煤油喷灯严禁使用汽油燃料。

（4）使用后的喷灯，应冷却后，将余气放掉，才能存放在安全地点，不应与废棉纱、绳子、手套等可燃物混放在一起。

问题278：涂漆、喷漆和油漆工有哪些防火要求？

（1）喷漆、涂漆的场所应有良好的通风，以防形成爆炸极限浓度，引起火灾和爆炸。

（2）喷漆、涂漆的场所内禁止一切火源，应采用防爆的电器设备。

（3）禁止与焊工同时间、同部位的上下交叉作业。

（4）油漆工不能穿易产生静电的工作服。接触涂料、稀释剂的工具应采用防火花型的。

（5）浸有涂料、稀释剂的纱团、破布、手套和工作服等，应及时清理，不能随意堆放，防止因化学反应而生热，发生自燃。

（6）在维修工程施工中，使用脱漆剂的，应使用不燃性脱漆剂（如TQ-2或840脱漆剂）。若因工艺或技术上的要求，使用易燃性脱漆剂的，一次涂刷脱漆剂量不宜过多，控制在能使漆膜起皱膨胀为宜，及时妥善处理清除掉的漆膜。

（7）对使用中能分解、发热自燃的物料，要妥善管理。

问题279：仓库保管员有哪些防火要求？

（1）仓库保管员，要牢记《仓库防火安全管理规则》。

（2）熟悉存放物品的性质、储存中的防火要求及灭火方法，要严格按照其性质、灭火方法、包装、储存灭火要求和密封条件等分别存放。性质相抵触的物品不得混存在一起。

（3）严格按照“五距”储存物品。即垛与垛之间的距离不小于1m；垛与墙之间的距离不小于0.5m；垛与梁、柱之间的距离不小于0.3m；垛与散热器、供暖管道之间的距离不小于0.3m；照明灯具垂直下方与垛的水平间距不得小于0.5m。

（4）库存物品应分类、分垛储存，主要通道的宽度不小于2m。

（5）露天存放物品应当分类、分堆、分组和分垛，并留出必要的防火间距。甲、乙类桶装液体，不宜露天存放。

（6）物品入库前应当进行检查，确保无火种等隐患后，才允许入库。

（7）库房门窗等应当严密，物资不能储存在预留孔洞的下方。

（8）库房内的照明灯具不准超过 60W，并且做到人走断电、锁门。

（9）库房内严禁吸烟和使用明火。

（10）库房管理人员在每日下班前，应对经管的库房巡查一遍，确保无火灾隐患后关好门窗，切断电源后方准离开。

（11）随时清扫库房内的可燃材料，保持地面清洁。

（12）严禁在仓库内兼设办公室、更衣室、休息室或值班室以及各种加工作业等。

7.3 建筑施工重点部位防火要求

问题 280：料场仓库有哪些防火要求？

（1）易着火的仓库应设在工地下风方向、水源充足和消防车能驶到的地方。

（2）易燃露天仓库四周应设有 6m 宽平坦空地的消防通道，禁止堆放障碍物。

（3）贮存量大的易燃仓库应设两个以上的大门，并将堆放区与有明火的生活区、生活辅助区分开布置，至少应保持 30m 防火距离，有飞火的烟囱应布置在仓库的下风方向。

（4）易燃仓库和堆料场应分组设置堆垛，堆垛之间应有 3m 宽的消防通道，每个堆垛的面积不得超过：木材（板材）$300m^2$，稻草 $150m^2$，锯木 $200m^2$。

（5）库存物品应分类分堆贮存编号，对危险物品应加强入库检验，易燃易爆物品应使用不发火的工具设备搬运和装卸。

（6）库房内防火设施齐全，应分组布置种类适合的灭火器，每组不少于 4 个，组间距不超过 30m，重点防火区应每 $25m^2$ 布置 1 个灭火器。

（7）库房内不得兼做加工、办公等其他用途。

（8）库房内严禁使用碘钨灯，电气线路和照明应符合安全规定。

（9）易燃材料堆垛应良好通风，应经常检查其温、湿度，防止自燃起火。

（10）拖拉机不得进入仓库和料场进行装卸作业。其他车辆进入易燃料场仓库时，应安装符合要求的火星熄灭器。

（11）露天油桶堆放场应有醒目的禁火标志和防火防爆措施，润滑油桶应双行并列卧放、桶底相对，出口向上，桶口朝外，轻质油桶应与地面成 75°鱼鳞相靠式斜放，各堆之间应保持防火安全距离。

（12）各种气瓶均应单独设库存放。

问题 281：电石库有哪些防火要求？

（1）电石库属于甲类物品储存仓库。电石库的建筑应采用一、二级耐火等级。

（2）电石库应建在长年风向的下风方向，与其他建筑及临时设施的防火间距，应符合《建筑设计防火规范》（GB 50016—2014）的有关规定。

（3）电石库不应建在低洼处，库内地面应高于库外地面 20cm，同时不能采用易发火花的地面，可用木板或橡胶等铺垫。

（4）电石库应保持通风、干燥，不漏雨水。

（5）电石库的照明设备应采用防爆型，应使用不发火花型的开启工具。

（6）电石渣及粉末应随时进行清扫。

问题 282：乙炔站有哪些防火要求？

（1）乙炔属于甲类易燃易爆物品，乙炔站的建筑物应采用

一、二级耐火等级，一般应为单层建筑，与有明火的操作场所应保持30～50m间距。

（2）乙炔站泄压面积与乙炔站容积的比值应采用0.05～0.22m^2/m^3。房间及乙炔发生器操作平台应有安全出口，应安装百叶窗和出气口，门应向外开启。

（3）乙炔房与其他建筑物及临时设施的防火间距，应符合《建筑设计防火规范》（GB 50016—2014）的要求。

（4）乙炔房宜采用不发生火花的地面，金属平台应铺设橡皮垫层。

（5）有乙炔爆炸危险的房间与无爆炸危险的房间（更衣室、值班室），不能直通。

（6）操作人员不应穿着带铁钉的鞋和易产生静电的服装进入乙炔站。

问题283：木工操作间有哪些防火要求？

（1）操作间建筑应采用阻燃材料搭建。

（2）操作间冬季宜采用暖气（水暖）供暖，如用火炉取暖时，必须在四周采取挡火措施。不应用燃烧刨花、劈柴代煤取暖。

（3）每个火炉都要有专人负责，下班时要将余火彻底熄灭。

（4）电气设备的安装要符合要求。抛光、电锯等部位的电气设备应采用密封式或防爆式。应为刨花、锯末较多部位的电动机安装防尘罩。

（5）操作间内严禁吸烟和用明火作业。

问题284：油漆料库和调料间有哪些防火要求？

（1）油漆料库与调料间应分开设置，油漆料库及调料间应与散发火花的场所保持一定的防火间距。

（2）性质相抵触、灭火方法不同的品种，应分库存放。

（3）油漆和稀释剂的存放和管理，应符合《仓库防火安全管理规则》的规定。

（4）调料间应有良好的通风，并应采用防爆电器设备，室内禁止一切火源，调料间不能兼做更衣室和休息室。

（5）调料人员应穿不易产生静电的工作服、不带钉子的鞋。使用开启涂料及稀释剂包装的工具，应采用不易产生火花型的工具。

（6）调料人员应严格遵守操作规程，调料间内不应存放超过当日加工所用的原料。

问题 285：易燃易爆品的仓库应如何设置？

对易引起火灾的仓库，应将库房内、外按 500m^{2}的区域分段设立防火墙，把建筑平面划分为若干个防火单元，便于在失火后能阻止火势的扩散。仓库应设在水源充足，消防车能驶到的地方，同时，根据季节风向的变化，应设在下风方向。

储量大的易燃仓库，应将生活区、生活辅助区和堆场分开布置，仓库应设至少三个的大门，大门应向外开启。固体易燃物品应当与易燃易爆的液体分间存放，不得在一个仓库内混合储存不同性质的物品。

问题 286：施工现场宿舍及办公用房有哪些防火要求？

宿舍、办公用房的防火设计应符合下列规定：

（1）建筑构件的燃烧性能等级应为 A 级。当采用金属夹芯板材时，其芯材的燃烧性能等级应为 A 级。

（2）建筑层数不应超过 3 层，每层建筑面积不应大于 300m^2。

（3）层数为 3 层或每层建筑面积大于 200m^{2}时，应设置至少 2 部疏散楼梯，房间疏散门至疏散楼梯的最大距离不应大于 25m。

（4）单面布置用房时，疏散走道的净宽度不应小于 1.0m；

双面布置用房时，疏散走道的净宽度不应小于1.5m。

（5）疏散楼梯的净宽度不应小于疏散走道的净宽度。

（6）宿舍房间的建筑面积不应大于$30m^2$，其他房间的建筑面积不宜大于$100m^2$。

（7）房间内任一点至最近疏散门的距离不应大于15m，房门的净宽度不应小于0.8m；房间建筑面积超过$50m^2$时，房门的净宽度不应小于1.2m。

（8）隔墙应从楼地面基层隔断至顶板基层底面。

问题287：发电机房、变配电房、厨房操作间、锅炉房、可燃材料库房及易燃易爆危险品库房有哪些防火要求？

发电机房、变配电房、厨房操作间、锅炉房、可燃材料库房及易燃易爆危险品库房的防火设计应符合下列规定：

（1）建筑构件的燃烧性能等级应为A级。

（2）层数应为1层，建筑面积不应大于$200m^2$。

（3）可燃材料库房单个房间的建筑面积不应超过$30m^2$，易燃易爆危险品库房单个房间的建筑面积不应超过$20m^2$。

（4）房间内任一点至最近疏散门的距离不应大于10m，房门的净宽度不应小于0.8m。

问题288：石灰的存储有哪些防火要求？

生石灰能与水发生化学反应，并产生大量热，足以引燃燃点较低的材料。所以，储存石灰的房间不宜用可燃材料搭设，最好用砖石砌筑。石灰表面不得存放易燃材料，并且要有良好的通风条件。

问题289：亚硝酸钠的存储有哪些防火要求？

亚硝酸钠作为混凝土的早强剂、防冻剂，广泛使用在建筑工程的冬期施工中。

亚硝酸钠这种化学材料与磷、硫及有机物混合时，经摩擦、撞击有引起燃烧或爆炸的危险，因此在储存使用时，要特别注意严禁与磷、硫、木炭等易燃物混放、混运。要与有机物及还原剂分库存放，库房要干燥通风。装运氧化剂的车辆，如有散漏，应清理干净。搬运时要转拿轻放，要远离高温与明火，要设置灭火剂，灭火剂使用雾状水和砂子。

问题 290：油漆稀释剂临时存放有哪些防火要求？

建筑工程施工使用的稀释剂，都是闪点低、挥发性强的一级易燃易爆化学流体材料，诸如汽油、松香水等易燃材料。

油漆工在休息室内不得存放油漆和稀释剂，油漆和稀释剂必须设库存放，容器必须加盖，刷油漆时涮刷子残留的稀释剂应当及时妥善处理掉，不能放在休息室内，也不能明露放在库内。

问题 291：耐腐蚀性材料的存储有哪些防火要求？

环氧树脂、呋喃、酚醛树脂、乙二胺等都是建筑工程常用的树脂类防腐材料，都是易燃液体材料。它们都具有燃点和闪点低、易挥发的共同特性。它们遇火种、高温、氧化剂都有引起燃烧爆炸的危险。与氨水、盐酸、硝酸、氟化氢、硫酸等反应强烈，有爆炸的危险。因此，在使用、储存、运输时，都要注意远离火种，严禁吸烟，温度不能过高，防止阳光直射。应与氧化剂、酸类分库存放，库内要保持阴凉通风。搬运时要轻拿轻放，防止包装破坏外流。

问题 292：电石的存储有哪些防火要求？

电石本身不会燃烧，但遇水或受潮会迅速分解出乙炔气体。在装箱搬运、开箱使用时要严格遵守以下要求：严禁雨天运输电石，必须在雨中运输或途中遇雨应采取可靠的防雨措施。搬运电石时，发现桶盖密封不严，要在室外开盖放气后，再将盖儿盖严搬运。要轻搬轻放，严禁用滑板或在地面滚动、碰撞或敲打电石桶。电石桶不要放在潮湿的地方。库房必须是耐火建筑，有良好的通风条件，库房周围10m内严禁明火。库内不准设水、气管道，以防室内潮湿。库内照明设备应用防爆灯，开关采用封闭式并安装在库房外。严禁用铁工具开启电石桶，应用铜制工具开启，开启时人站在侧面。空电石桶未经处理，不许接触明火。小颗粒精粉末电石要随时处理，集中倒在指定坑内，而且要远离明火，坑上不准加盖，上面不许有架空线路。电石不要与易燃易爆物质混合存放在一个库内。禁止穿带钉子的鞋进入库内，防止摩擦产生火花。

问题293：易燃易爆品的存储有哪些注意事项?

（1）易燃仓库堆料场与其他建筑物、道路、铁路、高压线的防火间距，应按《建筑设计防火规范》（GB 50016—2014）的有关规定执行。

（2）易燃仓库堆料场物品应当分类、分堆、分组和分垛存放，每个堆垛面积为：木材（板材）不得超过300m^2；稻草不得超过150m^2；锯末不得超过200m^2；堆垛与堆垛之间应留3m宽的消防通道。

（3）易燃露天仓库的四周内，应有宽度不小于6m的平坦空地作为消防通道，通道上禁止堆放障碍物。

（4）有明火的生产辅助区和生活用房与易燃堆垛之间，应至少保持30m的防火间距。有飞火的烟囱应布置在仓库的下风地带。

（5）贮存的稻草、锯末、煤炭等物品的堆垛，应保持良好通风，注意堆垛内的温湿度变化；发现温度超过380℃，或水分过低时，应及时采取措施，以防其自燃起火。

（6）在建的建筑物内不得存放易燃易爆物品，尤其是不得将木工加工区设在建筑物内。

（7）仓库保管员应当熟悉储存物品的性质、分类、保管业务知识和防火安全制度，掌握防器材的操作使用和维护保养方法，做好本岗位的防火工作。

问题 294：易燃物品的装卸管理有哪些注意事项？

（1）物品入库前应当有专人负责检查，确定无火种等隐患后，才能装卸物品。

（2）拖拉机不推进入仓库、堆料场进行装卸作业，其他车辆进入仓库或露天堆料场装卸时，应安装符合要求的火星熄灭防火罩。

（3）在仓库或堆料场内进行吊装作业时，其机械设备必须符合防火要求，严防产生火星，引发火灾。

（4）装过化学危险物品的车，必须清洗干净后方准装运易燃和可燃物品。

（5）装卸作业结束后，应当对库区、库房进行检查，确认安全后，人员方可离开。

问题 295：易燃仓库的用电管理有哪些要求？

（1）仓库或堆料内一般应使用地下电缆，若有困难需设置架空电力线路，架空电力线与露天易燃物堆垛的最小水平距离，不应低于电线杆高度的 1.5 倍。库房内设的配电线路，需穿金属管或用非燃硬塑料管保护。

（2）仓库或堆料场所严禁使用碘钨灯和超过 60W 以上的白炽灯等高温照明灯具；当使用日光灯等低温照明灯具和其他防燃型照明灯具时，应当对镇流器采取隔热、散热等防火保护措施。照明灯具与易燃堆垛间至少保持 1m 的距离，安装的开关箱、接线盒，距离堆垛外缘应不小于 1.5m，不准乱拉临时电气线路。贮存大量易燃物品的仓库场地应设置独立的避雷装置。

（3）库房内不准设置移动式照明灯具。照明灯具下方不准堆放物品，其垂点下方与储存物品水平间距离不得小于 0.5m。

（4）库房内不准使用电炉、电烫斗、电烙铁等电热器具和电视机、电冰箱等家用电器。

（5）库区的每个库房应当在库房外单独安装开关箱，保管人员离库时，必须拉闸断电。禁止使用不合规格的电器保险装置。

问题 296：施工现场材料、半成品堆场有何布置要求？

（1）堆场的位置应选择适当，应做到便于运输和装卸，尽量做到减少二次搬运。

（2）地势选取在较高、坚实、平坦的地方，对回填土应分层夯实，必须设有排水措施。

（3）材料的堆放要留有通道，符合安全、防火的各项要求。对易燃材料应布置在在建房屋的下风向，并且要保持一定的安全距离；混凝土构建的堆放场地必须坚实、坚固、平整。按照规格、型号堆放，垫木位置要正确，对于多层构件的垫木，要求上下对齐，垛位不准超高；混凝土墙板宜设置插放架，插放架最好焊接或牢固绑扎，防止倒塌；砖堆要码放整齐，不准超高，距槽沟要保持一定的安全距离；怕日晒雨淋、怕潮湿的材料，应放入库房，并注意通风。

（4）单个建筑施工工程的施工现场比较窄小，对材料、半成品的堆放要结合各个不同的施工阶段。在同一地点要堆放不同阶段使用的材料，以充分利用施工场地，这样便于安全生产。

（5）施工材料的堆放应根据施工现场的变化及时地调整，并且保持道路畅通，不能因材料的堆放而影响施工的通道。

问题 297：哪些安全防护网应采用阻燃型安全防护网？

下列安全防护网应采用阻燃型安全防护网：

（1）高层建筑外脚手架的安全防护网。

（2）既有建筑外墙改造时，其外脚手架的安全防护网。

（3）临时疏散通道的安全防护网。

8 建筑施工防火设施及使用

8.1 灭火基本原理

问题298：灭火的基本原理有哪些？

根据燃烧所必须具备的几个基本条件可以得知，灭火就是破坏燃烧条件使燃烧反应终止的过程。其基本原理归纳为以下四个方面：冷却、窒息、隔离和化学抑制。前三种是物理作用，化学抑制是化学作用。

问题299：冷却灭火的作用机理是什么？

对一般可燃物来说，能够持续燃烧的条件之一就是它们在火焰或热的作用下达到了各自的着火温度。所以，对一般可燃物火灾，将可燃物冷却到其燃点或闪点温度以下，燃烧反应就会中止。水的灭火机理主要是冷却作用。

问题300：窒息灭火的作用机理是什么？

各种可燃物的燃烧都必须在其最低氧气浓度以上进行，否则燃烧不能持续进行。因此，通过降低燃烧物周围的氧气浓度可以起到灭火的作用。通常使用的氮气、二氧化碳、水蒸气等的灭火机理主要是窒息作用。

问题301：窒息灭火的适用范围有哪些？

窒息灭火法，仅适应于扑救比较密闭的房间、地下室和生产装置设备等部位发生的火灾。这些部位发生火灾的初期，有充足的空气，燃烧比较迅速。随着燃烧时间的延长，由于被封闭部位内的空气（氧）越来越减少，烟雾及其他燃烧产物逐渐充满空间，所以，燃烧速度降低。当空气中氧的含量降低到14%～18%时，燃烧即将停止。

在火场上运用窒息法扑灭火灾时，可采用石棉布，浸湿的棉被、帆布、海草席等不燃或难燃材料覆盖燃烧物或封闭孔洞；用水蒸气、惰性气体或二氧化碳、氮气充入燃烧区域内。利用建筑物原有的门、窗以及生产贮运设备上的部件，封闭燃烧区，阻止新鲜空气流入，以降低燃烧区内氧气的含量，从而达到窒息燃烧的目的。此外，在万不得已且条件允许的情况下，也可采用水淹没（灌注）的办法扑灭火灾。

问题302：采用窒息灭火法时有哪些安全注意事项？

采取窒息法扑救火灾时，必须注意下列几个问题：

（1）燃烧部位的空间必须较小，又容易堵塞封闭，且在燃烧区域内没有氧化剂物质存在。

（2）采取水淹方法扑救火灾时，必须考虑到水对可燃物质作用后，能否产生不良的后果。

（3）采取窒息法灭火后，必须在确认火已熄灭时，才能打开孔洞进行检查，严防因过早打开封闭的房间或生产装置，而使新鲜空气流入燃烧区，引起新的燃烧，导致火势猛烈发展。

（4）条件允许时，为阻止火热迅速蔓延，争取灭火战斗的准备时间，可先采取临时性的封闭窒息措施或先不打开门、窗，把燃烧速度控制在最低程度，在组织好扑救力量后，再打开门、窗解除窒息封闭措施。

（5）采用惰性气体灭火时，必须要保证充入燃烧区域内的惰性气体的数量，把燃烧区域内氧气的含量控制在14%以下，以求达到灭火的目的。

问题303：隔离灭火的作用机理是什么？

隔离灭火：把可燃物与引火源或氧气隔离开来，燃烧反应就能自动中止。火灾中，关闭阀门，切断流向着火区的可燃气体和液体的通道；打开有关阀门，使已经发生燃烧的容器或受到火势威胁的容器中的液体可燃物通过管道流至安全区域，都是隔离灭火的措施。

问题 304：化学抑制灭火的作用机理是什么？

化学抑制灭火，即使用灭火剂与链式反应的中间体自由基反应，从而使燃烧的链式反应中断使燃烧不能持续进行。常用的干粉灭火剂、卤代烷灭火剂的主要灭火机理就是化学抑制作用。

8.2 灭　火　器

问题 305：常用的灭火器材是如何进行分类的？

我国目前生产的灭火器按充装的灭火剂的类型划分，主要清水灭火器、有泡沫灭火器、卤代烷灭火器、二氧化碳灭火器、干粉灭火器等。按加压方式划分，可分为化学反应式灭火器、储气瓶式灭火器、储压式灭火器。按充装的灭火剂质量和移动方式划分，可分为手提式灭火器、推车式灭火器。

按照灭火器适宜扑灭的可燃物质划分有以下四类：

（1）用于扑灭 A 类物质（如木材、布匹、纸张、橡胶和塑料等）的火灾，称 A 类灭火器，如清水灭火器；

（2）用于扑灭 B 类物质（各种石油产品和油脂等）和 C 类物质（可燃气体）的火灾，称 B、C 类灭火器，如干粉灭火器、化学泡沫灭火器、二氧化碳灭火器等；

（3）用于扑灭 D 类物质（钾、钠、钙、镁等轻金属）的火灾，称 D 类灭火器，如轻金属灭火器；

（4）适用于 A、B、C 类火灾的灭火器又称通用灭火器，如磷酸铵盐干粉灭火器等。

问题 306：灭火器的使用年限一般为多长？

从出厂日期开始算起，达到如下年限的灭火器必须报废：

手提式酸碱灭火器——5 年。

手提式化学泡沫灭火器——5 年。

手提式清水灭火器——6 年。

手提式干粉灭火器（贮气瓶式）——8 年。

手提贮压式干粉灭火器——10 年。

手提式 1211 灭火器——10 年。

手提式二氧化碳灭火器——12 年。

推车式化学泡沫灭火器——8 年。

推车式干粉灭火器（贮气瓶式）——10 年。

推车贮压式干粉灭火器——12 年。

推车式 1211 灭火器——10 年。

推车式二氧化碳灭火器——12 年。

此外，灭火器应每年至少进行一次维护检查。

问题 307：灭火器的基本结构有哪些？

1. 灭火器本体

灭火器本体为一柱状球形头圆筒，由钢板卷筒焊接或拉伸成圆筒焊接而成；二氧化碳灭火器本体由无缝钢管焖头制成。本体用来盛装灭火剂（或驱动气体）。

2. 器头

器头是灭火器操作机构，其性能直接影响灭火器的使用效能。器头含下列部件。

（1）保险装置是一保险箱或保险卡，作为启动机构的限位器，可防止误动作。

（2）启动装置是灭火器开启装置，起施放灭火剂（或释放驱动气体）的开关作用。

（3）安全装置是安全膜片或安全阀。在灭火器超压时启动，可防止灭火器因超压爆裂伤人。

（4）压力反应装置。应用于储压式灭火器。可以是显示灭火器内部压力的压力表，也可以是压力检测仪的连接器，用以显示灭火器内部压力。

（5）密封装置为一密封膜或密封垫，起密封作用，可避免灭火剂或驱动气体的泄漏。

（6）喷射装置为灭火剂输送通道，包括接头、喷射软管、喷射口、防尘（防潮）的堵塞（灭火剂喷射时可自动脱落或碎裂）；在水型或泡沫灭火器喷射的最小截面前，还需加滤网。

（7）卸压装置应用于水、干粉、泡沫灭火器上。以使灭火器带压情况下，能安全拆卸。

（8）间歇喷射装置应用于灭火剂量大于等于 4kg 的干粉、卤代烷、二氧化碳灭火器。

问题 308：灭火器在施工图中如何表示？

灭火器的图示符号见表 8-1。

灭火器符号表示方法 **表 8-1**

<table>
<tr><th colspan="2">图　例</th><th>名　称</th></tr>
<tr><td rowspan="2">灭火器基本图解</td><td></td><td>手提式灭火器
Portable fire extinguisher</td></tr>
<tr><td></td><td>推车式灭火器
Wheeled fire extinguisher</td></tr>
<tr><td rowspan="3">灭火器种类图例</td><td></td><td>水
Water</td></tr>
<tr><td></td><td>泡沫
Foam</td></tr>
<tr><td></td><td>含有添加剂的水
Water with additive</td></tr>
</table>

续表

图 例		名 称
灭火器种类图例		BC 类干粉 BC powder
		ABC 类干粉 ABC powder
	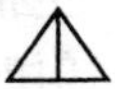	卤代烷 Halon
		二氧化碳 Carbon dioxide（CO_2）
	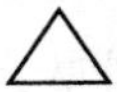	非卤代烷和二氧化碳类气体灭火剂 Extinguisher gas other than Halon or CO_2
灭火器图例举例		手提式清水灭火器 Water Portable extinguisher
		手提式 ABC 类干粉灭火器 ABC powder Portable extinguisher
		手提式二氧化碳灭火器 Carbon dioxide Portable extinguisher
		推车式 BC 类干粉灭火器 Wheeled BC powder extinguisher

问题 309：配置灭火器时应从哪些方面考虑？

1. 了解灭火器的适用范围

扑救 A 类火灾可选择水型灭火器、泡沫灭火器、磷酸铵盐干粉灭火器、卤代烷灭火器；扑救 B 类火灾可选择泡沫灭火器（化学泡沫灭火器只限于扑灭非极性溶剂）、干粉灭火器、卤代烷灭火器、二氧化碳灭火器；扑救 C 类火灾可选择干粉灭火器、二氧化碳灭火器、卤代烷灭火器等；扑救 D 类火灾可选择粉状石墨灭火器、专用干粉灭火器，也可用干砂或铸铁屑末代替。扑救带电火灾可选择干粉灭火器、二氧化碳灭火器、卤代烷灭火器等；带电火灾包括家用电器、电子元件、电气设备（计算机、打印机、复印机、传真机、发电机、电动机、变压器等）以及电线电缆等燃烧时仍带电的火灾，而顶挂、壁挂的日常照明灯具及起火后可自行切断电源的设备所发生的火灾则不应列入带电火灾范围。

2. 了解灭火器灭火的有效程度

相对于扑灭同一火灾而言，不同灭火器的灭火有效程度有很大差异：二氧化碳和泡沫灭火剂用量较大，灭火时间较长；干粉灭火剂用量较少，灭火时间很短；卤代烷灭火剂用量适中，时间略长于干粉。配置时可根据场所的重要性，对灭火速度要求的高低等方面综合考虑。

3. 了解灭火器设置场所的环境温度

灭火器设置场所的环境温度对于灭火器的喷射性能和安全性能有明显影响。若环境温度过低则灭火器的喷射性能显著降低，影响灭火效能；如果环境温度过高，则灭火器内压增加，灭火器有爆炸伤人的危险。因此，灭火器设置点的环境温度应在灭火器的使用温度范围内。

4. 了解灭火器对保护物品的污损程度

水、泡沫、干粉灭火器喷射后有可能产生不同程度的水渍、泡沫污染和粉尘污染等，对于贵重设备、精密仪器、高档电气设备、珍贵文物等，应选用二氧化碳和卤代烷等高效洁净的灭火器，不得配置低效且有明显污损作用的灭火器；对于价值较低的物品，则无须过多考虑灭火剂污染的影响。

5. 考虑使用灭火器人员的身体素质

灭火器的重量不等，小的只有 0.5kg，大的可达几十公斤，配置灭火器时应考虑其使用人员的性别、年龄、体力等。使用人员以青壮年为主的场所可配置较大级别的灭火器，有助于迅速灭火；而在服装厂（以女工为主）、医院、小学及养老院、福利工厂（工人存在生理缺陷）等场所应配置较小级别的灭火器，以便于灭火工作的开展。

6. 考虑灭火器设置场所的火灾危险等级

火灾危险等级越高，则单位剂量灭火器的保护面积越小，为了方便有效地扑救初起火灾，应选用较大灭火级别的灭火器，如堆场、汽车库可选用大型推车式灭火器。对于火灾危险等级较低的场所，如教学楼、办公楼等，可选用较小灭火级别的灭火器，以避免不必要的浪费。

7. 考虑灭火器的操作方法

各种灭火器的操作方法不尽相同，为了方便使用同一操作方法使用多具灭火器顺利灭火，同一场所最好采用同一类型的灭火器，或选用同一操作方法的灭火器。

8. 考虑不同类型灭火器之间的相容性

不同类型灭火器所充装的灭火剂不同，在灭火时，不同的灭火剂可能会发生反应，导致不利于灭火的反作用。所以选用两种或两种以上类型的灭火器时，应采用灭火剂相容的灭火器。

9. 其他应考虑的问题

比较几种灭火器，卤代烷 1211 灭火器的价格最高，磷酸铵盐干粉次之，其余的相对较便宜；二氧化碳灭火器单位灭火级别的体积最大。为了保护大气臭氧层，在非必要场所不得配置卤代烷灭火器。对于有防震动要求的计算机主机房等场所，不得选用推车式灭火器。

问题 310：在建工程及临时用房中哪些场所应配置灭火器？

在建工程及临时用房的下列场所应配置灭火器：

（1）易燃易爆危险品存放及使用场所。

（2）动火作业场所。

（3）可燃材料存放、加工及使用场所。

（4）厨房操作间、锅炉房、发电机房、变配电房、设备用房、办公用房、宿舍等临时用房。

（5）其他具有火灾危险的场所。

问题 311：施工现场灭火器的配置有哪些要求？

施工现场灭火器配置应符合下列规定：

（1）灭火器的类型应与配备场所可能发生的火灾类型相匹配。

（2）灭火器的最低配置标准应符合表 8-2 的规定。

灭火器的最低配置标准　　表 8-2

项目	固体物质火灾		液体或可熔化固体物质火灾、气体火灾	
	单具灭火器最小灭火级别	单位灭火级别最大保护面积/(m^2/A)	单具灭火器最小灭火级别	单位灭火级别最大保护面积/(m^2/B)
易燃易爆危险品存放及使用场所	3A	50	89B	0.5
固定动火作业场	3A	50	89B	0.5
临时动火作业点	2A	50	55B	0.5
可燃材料存放、加工及使用场所	2A	75	55B	1.0
厨房操作间、锅炉房	2A	75	55B	1.0
自备发电机房	2A	75	55B	1.0
变配电房	2A	75	55B	1.0
办公用房、宿舍	1A	100	—	—

（3）灭火器的配置数量应按现行国家标准《建筑灭火器配置设计规范》（GB 50140—2005）的有关规定经计算确定，且每个场所的灭火器数量不应少于 2 具。

（4）灭火器的最大保护距离应符合表 8-3 的规定。

灭火器的最大保护距离（m）　　表 8-3

灭火器配置场所	固体物质火灾	液体或可熔化固体物质火灾、气体火灾
易燃易爆危险品存放及使用场所	15	9
固定动火作业场	15	9
临时动火作业点	10	6
可燃材料存放、加工及使用场所	20	12
厨房操作间、锅炉房	20	12
发电机房、变配电房	20	12
办公用房、宿舍等	25	—

问题 312：如何安全使用酸碱灭火器？

发生火灾时，平稳地将灭火器提到起火点，用手指压喷嘴，颠倒筒身，上下摇晃几次，松开手指，将液流射向燃烧物质，扑灭火焰。灭火时要看清火源，将液流射向燃烧最猛烈的地方。

使用灭火器不能将筒盖或筒底部分对着人体，以防筒底爆破或筒盖飞出伤人。如果灭火器颠倒后，液流喷不出来，应将灭火器平稳放于地面，用铁丝疏通喷嘴，仍可继续使用。在液流喷完前，切记不要旋松筒盖，避免伤人。

问题 313：如何安全使用清水灭火器？

灭火时，在距燃烧物 10m 左右，把灭火器直立放稳，取下器头的保险帽，用力打击一下凸头，这样，弹簧打击机构刺穿储气瓶口的密封片，于是储气钢瓶中的二氧化碳气体就会喷到筒体内，产生压力，使清水从喷嘴喷出灭火。此时，应立即用一只手提起灭火器上的提圈，另一只手托住灭火器底圈，使喷射的水流对准燃烧最猛烈处喷射。随着水流喷射距离的缩短，使用者应逐步向燃烧物靠近，使水流始终射在燃烧处，直至扑灭。

使用清水灭火器时，千万不可倒置或横卧，否则水将无法喷出来。另外，清水灭火器喷射出的柱状水流不能用于扑救带电设备火灾，否则有触电危险；也不能用于扑救可燃液体或轻金属火灾。

问题 314：如何安全使用空气泡沫灭火器？

在距离燃烧物 6m 左右，先撕掉小铅块，拔出保险销，一手握住开启压把，另一手握住喷枪，对准燃烧最猛烈处。同时，握紧开启压把，将灭火器密封开启，空气泡沫即从喷枪喷出。

使用时要注意以下几点，简述如下。

喷射过程中，应一手始终紧握开启压把，既不能松开也不能将灭火器倒置或横卧，否则会中断喷射。

随着喷射距离的缩减，逐渐向燃烧处靠近，以保证始终将泡沫喷射在燃烧物上。

若扑救的是可燃液体火灾，当可燃液体呈流淌状燃烧时，喷射的泡沫应由远而近地覆盖在燃烧液体上；当可燃液体在容器中燃烧时，应将泡沫喷射在容器的内壁上，使泡沫沿壁淌入可燃液体表面加以覆盖，防止将泡沫直接喷射在可燃液体表面上，否则射流的冲力会将可燃液体冲出容器而扩大燃烧范围。

喷嘴被杂物堵塞时，不能采取打击筒体等措施，应将筒身平放在地面，用铁丝疏通喷嘴。

筒盖和筒底不朝人身，防止发生意外爆炸时筒盖、筒底飞出伤人。

问题 315：如何安全使用 MP 型手提泡沫灭火器？

在介绍使用方法之前，先介绍其装药步骤。

向筒身内装一号药剂：把一号药剂全部倒入干净容器，加清水 6L，用棒搅动，使药剂完全溶解。清除筒身内的杂物，将溶液全部倒入筒身。

向瓶胆内装二号药剂：把二号药剂全部倒入耐酸容器，加温水 1L，用棒搅动，使药剂完全溶解。将溶液全部倒入瓶胆，擦干净瓶胆外表，装上瓶盖，把瓶胆放进筒身。

放好垫圈，装好筒盖，均衡地用扳手旋紧螺母。

装好之后，将灭火器挂在明显、取用方便的地方备用。

在提取备用的泡沫灭火器时，筒身不可过度倾斜（防止两种溶液混合）。平衡地提到火场后，颠倒筒身，两种药液混合即刻发生化学反应，生成化学泡沫。

使用泡沫灭火器时，必须注意灭火器的筒盖和底部不能朝向人，以防因筒盖、筒底爆破造成伤亡事故。如果灭火器已经颠倒，泡沫喷不出来，应将筒身平放在地上，用铁丝疏通喷嘴，切不可旋开筒盖，以免筒盖飞出伤人。若是容器内的易燃液体着火，要使泡沫喷射在容器的内壁上，使其平衡地覆盖在油面上，不要直接喷射油面，以减少油液的搅动和泡沫被破坏。因为水流会破坏泡沫，使泡沫失去覆盖作用，所以用泡沫的同时不要用水流，当然用水流冷却容器外部是可以的。用泡沫扑救固体物质火灾时要接近火源，以最快速度向燃烧物体普遍喷射。

问题 316：如何安全使用 MPZ 型手提舟车式泡沫灭火器？

先将瓶盖机构向上扳起，中轴即向上弹出开启瓶口。然后颠倒筒身，混合酸碱两种溶液，生成泡沫，从喷嘴喷出。

问题 317：如何安全使用手提式干粉灭火器？

使用外装式手提干粉灭火器时，一只手握住喷嘴，另一只手向上提起提环，提环提起时，干粉即可喷出。

使用内装式干粉灭火器时，先要拔去安全销，一只手握住喷嘴，另一只手紧握压把和提把，用力下压，干粉即可喷出。

使用前，应先将灭火器上下颠倒几次，使干粉预先松动，然后开阀喷粉，并将喷嘴对准火焰根部左右摆动，由远及近、快速推进，不留残火，防止复燃。在扑救油类等易燃液体火灾时，应避免冲击液面，以防液体溅出。

使用时要注意以下几个方面：使用前先将灭火器上下颠倒几次，使筒内干粉松动；在室外使用时，应选择在上风方向喷射；扑救地面油火时，喷粉要由近而远向前平堆，左右横扫，要注意防止回火复燃。

问题 318：如何安全使用手提式二氧化碳灭火器？

二氧化碳灭火器在备用前，要先灌装药剂，其灌装要求如下：

二氧化碳灭火器钢瓶在灌装前，必须进行水压试验。检验压力为 22.1MPa，维持 1min，钢瓶应不裂不漏，残余变形率不超过 5%，胶管耐受 8.8MPa 的水压检验保持 0.5min 不破不漏，接头不得脱出。充装了二氧化碳的灭火器应全部浸入 42℃的温水中做气密性试验，保持 2h，不漏气为合格。然后，按规定灌装系数灌气，最多不得超过 0.75kg/L。在钢瓶中，二氧化碳在高压下是呈液态而存在的，由于钢瓶容积是固定不变的，二氧化碳液体的压力将随着温度升高而增大。为了避免钢瓶因温度升高而爆裂，在钢瓶中必须保留 25%以上的空间。

使用时，首先将灭火器提到起火地点，然后将喷筒对准火源，打开开关，即可喷出二氧化碳。由于开关不同，开启方法也不一样。鸭嘴开关：右手拔去保险销，紧握喇叭木柄，左手将上面的鸭嘴向下压，二氧化碳就会从喷嘴喷出；手轮开关：向左旋转，即可喷出二氧化碳。不可颠倒使用。

使用二氧化碳灭火器时一定要注意安全。因为空气中二氧化碳含量达到 8.5%时，人就会血压升高，呼吸困难；当含量达 20%～30%时，人就会呼吸衰弱、精神不振，严重的可窒息死亡。所以，在窄小的密闭空间使用后应迅速撤离。应及时通风，然后人再进入。使用过程中要连续喷射，防止余烬复燃。同时，切勿逆风使用。这是因为二氧化碳灭火器喷射距离较短，逆风使用可使灭火剂很快被吹散而妨碍灭火。此外，要防止冻伤。由于钢瓶内的液态二氧化碳由喷筒喷出时，迅速汽化并从周围空气中吸取大量热，所以，从喷筒喷出的是温度很低的气态二氧化碳，因此，使用中要防止冻伤。

问题 319：如何安全使用手提式 1211 灭火器？

使用时，首先拔掉安全销，一只手紧握压把，压杆即将密封阀启开，1211 灭火剂在氮气压力作用下，经过虹吸管由喷嘴射出。当松开压把时，压杆在弹簧作用下恢复原位，封闭喷嘴，停止喷射。

使用时应垂直操作，不可颠倒或水平使用。要将喷嘴对准火源根部，向火源边缘左右扫射，并快速向前推进。要防止回火复燃，如遇零星小火可点射灭火。

问题 320：如何安全使用推车式 1211 灭火器？

灭火时，取下喷枪，展开胶管，先打开钢瓶阀门，拉出伸缩喷杆，使喷嘴对准火源，紧握手握开关，将药剂喷向火源根部，并向前推进。将火扑灭后，只要关闭钢瓶阀门，剩余药剂就仍可以继续使用。

问题 321：如何安全使用四氯化碳灭火器？

（1）四氯化碳是一种阻火能力很强的灭火剂，如前所述，但在不少条件下能生成盐酸和光气，因此，在使用四氯化碳灭火器时，必须戴防毒面具，并站在上风处；

（2）四氯化碳灭火器在扑救电气火灾时，应与电气设备保持一定距离，一般不应小于表 8-4 的要求。

四氯化碳灭火器与电气设备的距离　　表 8-4

电压/V	10	35	66	110	154	220	330
距离/cm	40	60	70	100	140	180	240

（3）四氯化碳灭火器应设在明显而易于取用的地方，且应防止受热、日晒或腐蚀；

（4）四氯化碳灭火器应每隔半年检查一次气压，当气压低于0.6MPa时，应重新加压，使其压力保持不小于0.8MPa，定期检查灭火器的质量，若质量减少1/10以上时，应再充装，每隔3年应对筒身进行水压试验，在1.2MPa的压力下，持续2min不渗漏、不变形时，方能继续使用。

问题322：灭火器应如何维护和管理？

（1）使用单位必须加强对灭火器的日常管理和维护。要建立“灭火器维护管理档案”，登记类型、设置部位、配置数量和维护管理的责任人；明确维护管理责任人的职责。

（2）使用单位要对灭火器的维护情况至少每季度检查一次，检查内容包括：责任人维护职责的落实情况，灭火器压力值是否处于正常压力范围内，保险销和铅封是否完好，灭火器不能挪作他用，摆放稳固，没有埋压，灭火器箱不得上锁，避免日光暴晒和强辐射热，灭火器是否在有效期内等，要将检查灭火器有效状态的情况制作成“状态卡”，挂在灭火器筒体上明示。

（3）使用单位应当至少每12个月自行组织或委托维修单位对所有灭火器进行一次功能性检查，主要的检查内容是：灭火器筒体是否有变形、锈蚀现象；铭牌是否完整、清晰；喷嘴是否有变形、开裂、损伤；喷射软管是否畅通、是否有变形和损伤；灭火器压力表的外表面是否变形、损伤，指针是否指在绿区；灭火器压把、阀体等金属件是否有严重损伤、锈蚀、变形等影响使用的缺陷；灭火器的橡胶、塑料件是否变色、变形、老化或断裂；在相同批次的灭火器中抽取一具灭火器进行灭火性能测试。灭火器经功能性检查发现存在问题的必须委托有维修资质的维修单位进行维修，更换已损件、筒体进行水压试验、重新充装灭火剂和驱动气体。维修单位必须严格落实灭火器报废制度。

8.3 临时消防给水系统

问题 323：施工现场消防给水系统用水的主要来源是什么？

施工现场消防给水系统，在城市，主要采用市政给水；在农村及边远地区，采用地面水源（江河、湖泊、储水池及海水）和地下水源（潜水、自流水、泉水）。无论采用何种消防给水，都应确保枯水期最低水位时供水的可靠性。施工现场的消防给水系统可与施工、生活用水系统合并。

问题 324：消防用水定额是如何规定的？

消防用水定额参见表 8-5。

消防用水定额 **表 8-5**

项次	项目		火灾同时发生数	单位	耗水量
1	居住区消防用水	5000 人以内	1	L/s	10
		10000 人以内	2	L/s	10～15
		25000 人以内	2	L/s	15～20
2	施工现场消防用水	施工现场在 $25hm^2$ 以内	2	L/s	10～15
		每增加 $25hm^2$ 递增			5

问题 325：临时消防用水量是如何规定的？

临时消防用水量应为临时室外消防用水量与临时室内消防用水量之和。

临时室外消防用水量应按临时用房和在建工程的临时室外消防用水量的较大者确定，施工现场火灾次数可按同时发生 1 次确定。

临时用房的临时室外消防用水量不应小于表 8-6 的规定。

临时用房的临时室外消防用水量　　　　表 8-6

临时用房的建筑面积之和	火灾延续时间/h	消火栓用水量/(L/s)	每支水枪最小流量/(L/s)
1000m^2<面积≤5000m^2	1	10	5
面积>5000m^2		15	5

在建工程的临时室外消防用水量不应小于表 8-7 的规定。

在建工程的临时室外消防用水量　　　　表 8-7

在建工程（单体）体积	火灾延续时间/h	消火栓用水量/(L/s)	每支水枪最小流量/(L/s)
10000m^3<体积≤3000m^3	1	15	5
体积>3000m^2	2	20	5

在建工程的临时室内消防用水量不应小于表 8-8 的规定。

在建工程的临时室内消防用水量　　　　表 8-8

建筑高度、在建工程体积（单体）	火灾延续时间/h	消火栓用水量/(L/s)	每支水枪最小流量/(L/s)
24m<建筑高度≤50m 或 30000m^3<体积≤50000m^3	1	10	5
建筑高度>50m 或体积>50000m^3	1	15	5

问题 326：施工现场的消防用水量如何确定？

根据火灾资料统计，火灾造成重大损失的绝大部分原因是因为火场缺水。所以，发生火灾时，消防给水系统供给足够数量的水量，是施工组织设计中消防部分的一项主要内容。

施工现场消防用水量等于同一时间内的火灾次数与一次灭火用水量的乘积。可按下式进行计算

$$Q = Nq \tag{8-1}$$

式中 Q——施工现场消防用水量，L/s；

N——同一时间内火灾次数；

q——一次灭火用水量，L/s。

1. 同一时间内的火灾次数

同一时间的火灾次数是指在同一时间施工现场内发生火灾的次数。根据火灾统计资料，同一时间内的火灾次数与人口密度和占地面积有关。国家消防技术规范对施工现场同一时间内的火灾次数没有规定，在日常工作中，一般根据工厂同一时间内火灾次数进行确定。工厂同一时间内火灾次数见表 8-9。

工厂同一时间内火灾次数　　表 8-9

名称	基地面积/hm^2	附有居住区人数/万人	同一时间内火灾次数	备注
工厂	≤100	≤1.5	1	按需水量最大的一座建筑物（或堆场）计算
		>1.5	2	工厂、居住区各考虑一次
	>100	小限	2	按需水量最大的一座建筑物（或堆场）计算

2. 施工现场一次灭火用水量

一次灭火用水量应等于同时使用的水枪数量和每支水枪平均用水量的乘积。

一般城市消防队（或现场内义务消防队）第一出动力量到达火场时，常出两支（19mm）水枪扑救初起（期）火灾。每支水枪的平均出水量为 5L/s。所以，施工现场内消防用水量的起点流量不应立小于 10L/s。

施工现场一次灭火用水量参照表 8-10 和表 8-11 计算。

易燃、可燃材料露天、半露天堆场的消防用水量　　表 8-10

堆场名称	一个堆场的总储量	消防用水量/(L/s)	堆场名称	一个堆场的总储量	消防用水量/(L/s)
木材等可燃材料/m^3	50～1000	20	稻草、芦苇、麦秸等易燃材料/t	50～500	20
	1001～5000	30		501～5000	35
	5001～10000	45		5001～10000	50
				10001～20000	60

建筑物的室外消防用水量　　表 8-11

耐火等级	建筑名称		建筑容积/m^3					
			<1500	1501～3000	3001～5000	5001～20000	20001～50000	>50000
			一次灭火用水量/(L/s)					
一、二级	厂房	甲、乙	10	15	20	25	30	35
		丙	10	15	20	25	30	40
		丁、戊	10	10	10	15	15	20
	库房	甲、乙	15	15	25	25	—	—
		丙	15	15	25	25	35	45
		丁、戊	10	10	10	15	15	20
	民用建筑		10	15	15	20	25	30
三级	厂房或库房	乙、丙	15	20	30	40	45	—
		丁、戊	10	10	15	20	25	35
	民用建筑		10	15	20	25	30	—
四级	丁、戊类厂房或库房		10	15	20	25	—	—
	民用建筑		10	15	20	25	—	—

问题 327：施工现场如何布置消防给水管道？

施工现场消防给水管道应布置成环状，但在布置有困难或施工现场消防用水量不超过 15L/s 时，可布置成枝状。

环状管道应用阀门分成若干独立段，每段内消火栓的数量不宜多于 5 个。

施工现场消防给水管道的最小直径不应小于 100mm。

问题 328：施工现场的消火栓有哪些？如何进行选择？

施工现场的消火栓分为地下消火栓和地上消火栓两种，我国北方寒冷地区宜采用地下消火栓，南方温暖地区既可采用地上消火栓，也可采用地下消火栓。

地下消火栓有直径 100mm 和 65mm 栓口各一个，地上消火栓有一个直径 100mm 和两个直径 65mm 的栓口。

施工现场消火栓的数量，应根据消火栓的保护半径（150m）和消火栓的间距（不超过 120m）确定其数量。施工现场内的任何部位必须在消火栓的保护范围以内。若施工现场周围有公共消火栓，且施工现场内的设施在公共消火栓的保护范围以内时，施工现场内消火栓数量可酌情减少。

在市政消火栓保护半径内的施工现场，如果施工现场消防用水量小于 15L/s，该施工现场可不再设置临时消火栓。

问题 329：施工现场如何布置消火栓？

为了便于火场使用和安全，消火栓应沿施工道路两旁设置。消火栓距道路边不应大于 2m，距房屋或临时暂设外墙不应小于 5m，设地上消火栓距房屋外墙 5m 有困难时，可适当缩小距离，但最小不应小于 1.5m。

问题 330：什么是消防水池？如何布置？

一切储存消防用水的水池均称为消防水池。消防水池分为独立的消防水池，生活用水与消防用水合用的消防水池，施工用水与消防用水合用的消防水池，生活、施工用水与消防用水合用的消防水池。

施工现场未设有消防给水管网，或消防给水管网不能满足消防用水的水量和压力要求时，应设置消防水池储存消防用水。

消防水池的容积（储水量）应为灭火延续时间与消防用水量的乘积。灭火延续时间，一般指开始扑救火灾到火灾扑灭的一般时间。参照火灾资料统计，一般按 2h 计算；易燃、可燃露天或半露天堆场按 8h 计算。

确保连续供水的条件下，消防水池的容积可以减去在灭火延续时间内补充的水量。

为了在清池、检修、换水时保持必要的消防应急用水，超过 $1000m^3$ 的消防水池应分设成两个，并能单独使用、单独泄空。

施工水池的水一经动用，应尽快恢复，其补水时间不应超过 48h。

消防用水与生活、施工用水合用的消防水池，应有保证消防用水不作他用的技术措施。例如，将生活、施工用水水泵的吸水管置于消防水位以上；也可将生活、施工用水水泵的吸水管在消防水位上打孔等。

消防水池的保护半径为 150m。

消防水池与建筑物之间的距离，一般不应小于 15m（消防泵房除外）。在消防水池的周围应设有消防车道。

在寒冷地区，消防水池应具备可靠的防冻措施。

问题 331：什么是消防水泵？如何布置？

消防水泵的型号规格应根据工程需要的消防用水量、水压进行确定。宜采用自灌式引水。并应确保在起火后 5min 内开始工作，确保不间断的动力供应。

当消防泵采用双电源或双回路供电有困难时，也可采用一个电源供电，但应将消防系统的供电与生活、生产供电分开，当其他用电因事故停止时，消防水泵仍能正常运转。

消防水泵应设机工专门值班。

问题332：哪些工程应设置临时消防给水？

根据火灾资料的统计及公安部关于建筑工地防火基本措施的规定，下列工程内应设置临时消防给水。

（1）高度高于24m的工程。

（2）层数大于10层的工程。

（3）重要的及施工面积较大（超过施工现场内临时消火栓保护范围）的工程。

工程内的消防给水可以与施工用水合用。

问题333：工程内的临时消火栓如何布置？

工程内临时消火栓应分设于各层明显且便于使用的地点，并应确保消火栓的充实水柱到达工程内任何部位。栓口出水方向宜与墙壁成90°角，离地面1.2m。

消火栓口径应为65mm，配备的水带每节长度不宜大于20m，水枪喷嘴口径不应小于19mm。每个消火栓处宜设启动消防水泵的按钮。

工程内临时消火栓的布置应保证充实水柱到达工程内任何部位。

（1）消火栓的保护半径　消火栓的保护半径按照下面的公式计算

$$R = L + h \tag{8-2}$$

式中　R——消火栓的保护半径；

L——水带长度，取配备水带长度的90%，m；

h——水枪射流上倾角按45°计算时，工程内地板至最高点的高度，m。

（2）消火栓间距一股水柱到达工程内任何着火点时，消火栓的间距按以下公式计算。

$$S = 2\sqrt{R^2 - b^2} \tag{8-3}$$

式中　S——消火栓间距，m；

b——消火栓最大保护宽度，m。

问题334：在建工程临时室内消防竖管如何设置？

在建工程临时室内消防竖管的设置应符合下列规定：

（1）消防竖管的设置位置应便于消防人员操作，其数量至少应有2根，当结构封顶时，应将消防竖管设置成环状。

（2）消防竖管的管径应参照在建工程临时消防用水量、竖管内水流计算速度计算确定，且不应小于$DN100$。

问题335：如何维护管理施工现场消火栓、水池？

平时应对消火栓、水池进行必要的维护管理，使其时刻处于良好状态。施工现场消火栓、水池每季度应进行一次检查和保养。

（1）用专用扳手转动消火栓启闭杆，检查启闭杆是否灵活，必要时应加注润滑油。

（2）检查橡胶垫圈等密封件有无损坏或老化变质情况，必要时应更换。

（3）北方寒冷地区，应在入冬前检查消火栓、水池的防冻设施及措施是否完好，露天消防水池应设专人定时破冰。

（4）消火栓严禁埋、压、圈、占，随时消除消火栓及水池周围的杂物，以确保使用方便。对于地下式消火栓，还应及时清除消火栓片内的积水、杂物等。

（5）施工现场的消火栓应有明显的标志，有条件的施工现场夜间应设红灯作为消火栓的标志。

（6）每周应观察一次消防水池的水位，发现不足时应及时补充。

问题336：如何维护管理工程内临时消防给水系统？

（1）经常检查消火栓有无生锈、堵塞、漏水现象，栓口橡胶垫圈有无丢失或损坏，消火栓闸阀开启是否灵活，必要时应对阀杆加润滑油。

（2）消火栓箱内的水枪、水龙带等器材是否齐备，水龙带有无霉腐。

（3）水泵房应制定严格的管理制度和详尽的操作使用程序。

（4）每1～2周应对消防水泵进行一次运转试验，每次水泵工作时间一般不少于5min。

（5）每隔2年或扑救较长时间的火灾后，应对消防水泵进行检修。

（6）北方寒冷地区，应在冬期施工前做好消防给水系统的保温工作，回水阀一定要设在水平管的最低处。

问题337：施工现场临时室外消防给水系统有何设置要求？

在建工程、临时用房、可燃材料堆场及其加工场是施工现场的重点防火区域，室外消火栓的布置应以现场重点防火区域位于其保护范围为基本原则，因此，施工现场临时室外消防给水系统的设置应符合下列规定：

（1）给水管网宜布置成环状。

（2）临时室外消防给水干管的管径，应根据施工现场临时消防用水量和干管内水流计算速度计算确定，且不应小于$DN100$。

（3）室外消火栓应沿在建工程、临时用房和可燃材料堆场及其加工场均匀布置，与在建工程、临时用房和可燃材料堆场及其加工场的外边线的距离不应小于5m。

（4）消火栓的间距不应大于120m。

（5）消火栓的最大保护半径不应大于150m。

9 建筑施工现场消防安全管理

9.1 建筑施工现场消防管理责任制

问题338：施工现场消防安全管理应由谁来负责？

施工现场的消防安全管理应由施工单位负责。

实行施工总承包时，应由总承包单位负责。分包单位应向总承包单位负责，并应服从总承包单位的管理，同时应承担国家法律、法规规定的消防责任和义务。

监理单位应对施工现场的消防安全管理实施监理。

施工单位应根据建设项目规模、现场消防安全管理的重点，在施工现场建立消防安全管理组织机构及义务消防组织，并应确定消防安全负责人和消防安全管理人员，同时应落实相关人员的消防安全管理责任。

问题339：建设单位的消防安全职责有哪些？

（1）建设单位在工程招标时，应审查投标单位的消防安全管理水平和信誉。

（2）建设单位应根据工程进度，及时从现场安全文明施工措施费中拨付确保施工现场消防安全作业环境及施工措施所需要的费用。

（3）建设单位应组织施工现场消防安全检查，对发现的问题，按照各单位职责落实整改时限、措施和责任。

问题340：设计单位的消防安全职责有哪些？

（1）设计单位对采用新材料、新结构、新工艺和特殊结构的建设工程，涉及消防安全的，应当在设计中提出预防火灾事故的措施建议。

（2）设计单位在施工技术交底时，应根据工程特点，对施工过程中的消防安全保障措施向建设单位、施工单位做出详细说明。

问题341：施工单位的消防安全职责有哪些？

施工单位是建设工程施工现场消防安全责任的主体，必须将消防安全管理作为一项基本工作内容，与其他工作同计划、同部署、同检查、同落实。并符合以下规定：

（1）建立健全逐级消防安全责任制和各类消防安全管理制度、操作规程。

（2）定期开展施工现场消防安全检查，排除事故隐患。

（3）大型工程施工现场，应制订施工现场消防安全保障方案和火灾事故应急救援预案，每半年演练一次。

（4）加强对员工消防安全宣传教育，特殊工种人员做到持证上岗。

（5）定期检查和更新消防设施设备，保证消防设施设备完好有效。

问题342：监理单位的消防安全职责有哪些？

监理单位对施工现场消防安全承担监理责任，根据法律、法规及工程强制性标准实施监理，监督施工单位落实施工现场消防安全保障措施，消除不安全因素。

问题343：项目经理的消防安全管理职责有哪些？

（1）对项目工程生产经营过程中的消防工作负全面领导责任。

（2）贯彻落实消防保卫方针、政策、法规和各项规章制度，结合项目工程特点及施工全过程的情况，制定本项目各消防保卫管理办法或提出要求，并严格监督实施。

（3）根据工程特点确定消防工作的管理体制和人员，并明确各业务承包人的消防保卫责任和考核指标，支持、指导消防人员的工作。

（4）组织落实施工组织设计中消防措施，组织并监督项目施工中消防技术交底制度及设备、设施验收制度的实施。

（5）领导、组织施工现场定期的消防检查，发现消防工作中的问题，制定措施，及时解决。对上级提出的消防与管理方面的问题，要定时、定人、定措施予以整改。

（6）发生事故以后，要做好现场保护与抢救工作，及时上报，组织、配合事故的调查，认真落实制定的整改措施，吸取事故教训。

（7）对外包队伍加强消防安全管理，并对其进行评定。

（8）参加消防检查，对存在于施工中的不安全因素，从技术方面提出整改意见和方法予以消除。

（9）参加和配合火灾及重大未遂事故的调查，从技术上分析事故原因，提出防范措施、意见。

问题344：工长的消防安全管理职责有哪些？

（1）认真执行上级有关消防安全生产规定，对所管辖班组的消防安全生产负直接领导责任。

（2）认真执行消防安全技术措施及安全操作规程，针对生产任务的特点，向班组进行书面消防保卫安全技术交底，履行签字手续，并对措施、规程、交底的执行情况实施经常检查，随时纠正现场及作业中违章、违规行为。

（3）经常检查所辖班组作业环境及各种设备、设施的消防安全状况，发现问题及时纠正、解决。对重点、特殊部位施工，必须检查作业人员及设备、设施技术状况是否满足消防保卫安全要求，严格执行消防保卫安全技术交底，落实安全技术措施，并监督其认真执行，做到不违章指挥。

（4）定期组织所辖班组开展消防安全教育活动，学习消防规章制度，接受安全部门或人员的消防安全监督检查，及时解决提出的不安全问题。

（5）对分管工程项目应用的符合审批手续的新工艺、新材料、新技术，要组织作业人员进行消防安全技术培训；若在施工中发现问题，必须立即停止使用，并上报有关部门或领导。

（6）发生火灾或未遂事故要保护现场，立即上报。

问题345：班组长的消防安全管理职责有哪些？

（1）认真执行消防保卫规章制度和安全操作规程，合理安排班组人员工作。

（2）经常组织班组人员学习消防知识，监督班组人员正确使用个人劳动保护用品。

（3）认真落实消防安全技术交底工作。

（4）定期检查班组作业现场消防状况，发现问题及时解决。

（5）如发现火灾苗头，保护好现场，立即上报有关领导。

问题346：班组工人的消防安全管理职责有哪些？

（1）认真学习，严格执行消防保卫制度。

（2）认真执行消防保卫安全交底，服从指导管理，不违章作业。

（3）发扬团结友爱精神，在消防保卫安全生产方面做到相互帮助、互相监督，对新工人要积极传授消防保卫知识，维护一切消防设施和防护用具，做到正确使用，不私自挪用、拆改。

（4）对不利于消防安全的作业要积极提出意见，并有权拒绝违章指令。

（5）发生火灾、失窃及未遂事故，保护现场并立即上报。

（6）有权拒绝违章指挥。

问题347：消防安全组织包括哪些？

（1）建设、施工、监理单位应成立建设工程消防领导小组，全面抓好消防安全组织领导工作。

（2）施工单位应确定一名施工现场负责人为消防安全负责人，全面负责施工现场消防安全工作。

（3）建设、施工、监理单位应根据工程规模配备专、兼职消防安全管理人员，重点工程及规模较大的施工现场应成立义务消防队。

（4）专兼职消防安全管理人员和义务消防队员在施工现场消防安全负责人和保卫部门领导下，负责日常消防工作。

9.2 建筑施工安全管理制度

问题348：施工单位应建立的消防安全制度主要包括哪些内容？

施工单位应在施工现场建立的消防安全制度包括：

（1）消防安全活动会议制度包括：会议召集、参加人员、会议事项、会议频次、会议记录等内容。

（2）消防安全检查制度包括：检查部门、检查人员、检查部位、检查频次、检查内容和办法、火灾隐患内容、整改责任和防范措施、情况记录等内容。

（3）消防安全教育、培训制度包括：责任部门、责任人和培训频次、对象（包括特殊工种和新员工）及考核办法、情况记录等内容。

（4）用火用电制度包括：电器线路敷设、动火审批等内容。

（5）易燃易爆管理制度包括：易燃、易爆管理责任部门、责任人、使用、存放等要求。

（6）员工宿舍、食堂、机修间、木工间等部位防火管理制度包括：责任部门、责任人、生产生活用火用电、物品存放等要求。

（7）消防设施、器材维护管理制度包括：责任部门、责任人和职责、设备登记、保管和维护管理要求等内容。

（8）火灾事故应急救援预案包括：预案制定、责任部门、组织员工演练频次、范围、演练程序、注意事项、演练情况记录、演练总结与评价等内容。

（9）消防安全工作考评和奖惩制度包括：考评内容、目标及奖惩办法等内容。

问题349：消防安全管理制度主要包括哪些内容？

施工单位应针对施工现场可能导致火灾发生的施工作业及其他活动，制订消防安全管理制度。消防安全管理制度应包括下列主要内容：

（1）消防安全教育与培训制度。

（2）可燃及易燃易爆危险品管理制度。

（3）用火、用电、用气管理制度。

（4）消防安全检查制度。

（5）应急预案演练制度。

问题350："三级"动火审批制度包括哪些内容？

（1）一级动火

即可能发生一般火灾事故的（没有明显危险因素的场所），由本单位技安部门和保卫部门提出意见，经本单位的防火责任人审批。

（2）二级动火

即可能发生重大火灾事故的，由动火单位技安部门和保卫部门提出意见，防火责任人加具意见，报公司技安科和保卫科共同审核，经公司防火责任人审批。

（3）三级动火

即可能发生持大火灾事故的，由公司技安科和保卫科提出意见，防火责任人加具意见，经集团公司技安部门会同保卫部门共同审核，报集团公司防火责任人审批，并报市消防部门备案。若有疑难问题，还须邀请市劳动、公安、消防等有关部门的专业人员共同研究审批。

问题351：临时设施防火管理制度包括哪些内容？

（1）临时建筑的围蔽和骨架必须使用不燃材料搭建（门、窗除外），厨房、茶水房、易燃易爆物品仓必须单独设置，用砖墙围蔽。施工现场材料仓宜搭建在保卫值班室旁。

（2）临时建筑必须牢固、整齐、划一，远离火灾危险性大的场所，每栋临时建筑占地面积不宜大于200m^2，室内地面要平整，其四周应当修建排水明渠。

（3）每栋临时建筑的居住人数不准超过50人，每25人要有一个可以直接出入的门口，门的宽度不得少于1.2m，高度不应低于2m，室内的通道宽不少于1.2m，床架搭建不得超过2层，床位不准围蔽，临时建筑的高度不低于3m，门窗要向外开。

（4）临时建筑一般不宜搭建两层，如确因施工用地所限，需搭建两层的宿舍其围蔽必须用砖砌，楼面应使用不燃材料铺设，二层住人应按每50人有一樘疏散楼梯，楼梯的宽度不少于1.2m，坡度不超过45°，栏杆扶手的高度不应低于1m。

（5）搭建两栋以上（含两栋）临时宿舍共用同一疏散通道，其通道净宽不少于5m，临时建筑与厨房、变电房之间防火距离不少于3m。

（6）使用、贮存易燃易爆物品的设施要独立搭建，并远离其他临时建筑。

（7）临时建筑不要修建在高压架空电线下面，并距离高压架空电线的水平距离不少于6m。

问题352：日常消防教育制度包括哪些内容？

（1）新职工、外来工上岗前必须进行防火知识、防火安全教育，并做好签证登记。

（2）每周根据生产特点对职工、外来工进行至少一次的防火教育。

（3）每半年组织一次义务消防队培训、演练。

（4）施工现场要设立防火标语和防火宣传栏。

问题 353：防火检查登记制度包括哪些内容？

（1）班组实行班前班后检查。

（2）每月由现场防火责任人带队，组织有关部门人员，对施工现场进行全面检查，每季公司进行抽查。

（3）认真做好动火后的安全检查。

（4）认真落实整改隐患的跟踪、复查。

问题 354：宿舍防火管理制度包括哪些内容？

（1）严禁携带易燃易爆物品进入宿舍，严禁在宿舍内存放摩托车。

（2）宿舍内严禁生火和使用电炉、气化炉具，不准使用电热器具，不得烧香拜神。

（3）严禁乱拉乱接电线，不准在电线上晾挂衣物和使用超过 60W 以上的灯泡。

（4）不准随地乱丢烟头、火种、纸屑等杂物，严禁躺在床上吸烟。

（5）要保持宿舍道路畅通，不准在宿舍通道、门口堆放物品和作业。

问题 355：易燃易爆物品管理制度包括哪些内容？

（1）易燃易爆物品存放量不准多于 3 天的使用量。

（2）易燃易爆物品必须设专人看管，严格收发、回仓登记手续。

（3）易燃易爆物品使用时应做好防火措施。

（4）易燃易爆物品严禁露天存放。

（5）易燃易爆物品仓照明必须使用设有防火、防爆装置的电气设备。

(6) 使用液化石油气作焊、割作业，必须经施工现场防火责任人批准。

(7) 严禁携带火种、手机、对讲机及非防爆装置的照明灯具进入易燃易爆物品仓。

问题356：灭火器日常管理制度包括哪些内容？

灭火器日常管理制度如表9-1所示。

灭火器日常管理制度　　表9-1

序号	灭火器种类	放置环境要求	日常管理内容
1	清水灭火器	(1) 环境温度应为4～45℃ (2) 通风、干燥地点	(1) 定期检查储气瓶，如发现动力气体的重量减少10%时，应重新充气，并查明泄漏原因及部位，予以修复 (2) 使用2年后，应进行水压试验，并在试验后标明试验日期
2	泡沫灭火器	环境温度应为4～45℃	(1) 每次使用后应及时打开桶盖，将筒体和瓶胆清洗干净，并充装新的灭火药液； (2) 使用2年后，进行水压试验，并在试验后标明试验日期
3	二氧化碳灭火器	环境温度不大于55℃，不能接近火源	(1) 每年用称重法检查一次重量，泄漏量不大于充装量的5%。否则，重新灌装 (2) 每5年进行一次水压试验，并标明试验日期
4	卤代烷灭火器	(1) 环境温度应为－10～45℃ (2) 通风、干燥，远离火源和采暖设备，避免日光直射	(1) 每隔半年检查一次灭火器上的压力表，如压力表的指针指示在红色区域内，应立即补足灭火剂和氮气 (2) 每隔5年或再次充装灭火剂前应进行水压试验，并标明试验日期

续表

序号	灭火器种类	放置环境要求	日常管理内容
5	干粉灭火器	（1）环境温度应为−10～45℃ （2）通风、干燥地点	（1）定期检查干粉是否结块和动力气压力是否不足 （2）一经打开使用，不论是否用完，都必须进行再充装。充装时不得变换品种 （3）动力气瓶充装二氧化碳气体前，应进行水压试验，并标明试验日期

问题357：安全用电管理制度包括哪些内容？

（1）施工现场一切电气安装必须根据中华人民共和国国家标准《建设工程施工现场供用电安全规范》（GB 50194—2014）和建设部《施工现场临时用电安全技术规范》（JGJ 46—2005）要求执行。

（2）施工现场一切电气设备必须由有上岗操作证的电工进行安装管理，认真做好班前班后检查，及时排除不安全因素，并做好每日检查登记。

（3）电线残旧要及时更换，电气设备和电线不准超过安全负荷。

（4）不准使用铜丝及其他不合规范的金属丝作照明电路保险丝。

（5）照明必须做到一灯一制一保险。

（6）加强对碘钨灯、卤化物灯的使用管理。

（7）室内、外电线架设应有瓷管或瓷瓶与其他物体隔离，室内电线不得直接敷设在金属物、可燃物上，要套防火绝缘线管。

问题358：值班巡逻制度包括哪些内容？

（1）节假日期间施工现场必须安排好有关人员值班。

（2）值班人员必须坚守岗位，按时值勤，不得搞私人事务，不得迟到、早退，不准打瞌睡和擅离职守。

（3）值班人员要敢于履行职责，纠正违章行为，发现情况立即汇报，值班人员要做好交接班登记。

（4）防火检查员每天班后必须巡查，发现不安全因素要及时消除和汇报。

问题359：动火作业批制度包括哪些内容？

（1）焊、割作业必须由有证焊工操作。

（2）严格执行临时动火作业“三级”审批制度，领取动火作业许可证后才可动火。

（3）动火作业必须做到“八不”、“四要”、“一清理”。

（4）高处动火作业要安排专人监焊，落实防止焊渣、切割物下跌的安全措施。

（5）动火作业后要立即告知防火检查员或值班人员。

问题360：易燃杂物清理制度包括哪些内容？

（1）班组每天班后要及时清理可燃杂物。

（2）宿舍（生活区）每天要有人清扫可燃杂物。

（3）可燃杂物不宜堆放在建建筑物内和宿舍附近，要集中堆放。

（4）施工现场要设专人清理外脚手架上和现场内的可燃杂物，并及时进行清运。

问题361：施工现场用火管理有哪些要求？

（1）动火作业应办理动火许可证；动火许可证的签发人收到动火申请后，应前往现场查验并确认动火作业的防火措施落实后，再签发动火许可证。

（2）动火操作人员应具有相应资格。

（3）焊接、切割、烘烤或加热等动火作业前。应对作业现场的可燃物进行清理：作业现场及其附近无法移走的可燃物应采用不燃材料对其覆盖或隔离。

（4）施工作业安排时，宜将动火作业安排在使用可燃建筑材料的施工作业前进行。确需在使用可燃建筑材料的施工作业之后进行动火作业时，应采取可靠的防火措施。

（5）裸露的可燃材料上严禁直接进行动火作业。

（6）焊接、切割、烘烤或加热等动火作业应配备灭火器材，并应设置动火监护人进行现场监护，每个动火作业点均应设置1个监护人。

（7）五级（含五级）以上风力时，应停止焊接、切割等室外动火作业；确需动火作业时，应采取可靠的挡风措施。

（8）动火作业后，应对现场进行检查，并应在确认无火灾危险后，动火操作人员再离开。

（9）具有火灾、爆炸危险的场所严禁明火。

（10）施工现场不应采用明火取暖。

（11）厨房操作间炉灶使用完毕后，应将炉火熄灭，排油烟机及油烟管道应定期清理油垢。

问题362：施工现场用电管理有哪些要求？

施工现场用电应符合下列规定：

（1）施工现场供用电设施的设计、施工、运行和维护应符合现行国家标准《建设工程施工现场供用电安全规范》（GB 50194—2014）的有关规定。

（2）电气线路应具有相应的绝缘强度和机械强度，严禁使用绝缘老化或失去绝缘性能的电气线路，严禁在电气线路上悬挂物品。破损、烧焦的插座、插头应及时更换。

（3）电气设备与可燃、易燃易爆危险品和腐蚀性物品应保持一定的安全距离。

（4）有爆炸和火灾危险的场所，应按危险场所等级选用相应的电气设备。

（5）配电屏上每个电气回路应设置漏电保护器、过载保护器，距配电屏2m范围内不应堆放可燃物，5m范围内不应设置可能产生较多易燃、易爆气体、粉尘的作业区。

（6）可燃材料库房不应使用高热灯具，易燃易爆危险品库房内应使用防爆灯具。

（7）普通灯具与易燃物的距离不宜小于300mm，聚光灯、碘钨灯等高热灯具与易燃物的距离不宜小于500mm。

（8）电气设备不应超负荷运行或带故障使用。

（9）严禁私自改装现场供用电设施。

（10）应定期对电气设备和线路的运行及维护情况进行检查。

问题363：施工现场用气管理有哪些要求？

（1）储装气体的罐瓶及其附件应合格、完好和有效；严禁使用减压器及其他附件缺损的氧气瓶，严禁使用乙炔专用减压器、回火防止器及其他附件缺损的乙炔瓶。

（2）气瓶运输、存放、使用时，应符合下列规定：

1）气瓶应保持直立状态，并采取防倾倒措施，乙炔瓶严禁横躺卧放。

2）严禁碰撞、敲打、抛掷、滚动气瓶。

3）气瓶应远离火源，与火源的距离不应小于10m，并应采取避免高温和防止暴晒的措施。

4）燃气储装瓶罐应设置防静电装置。

（3）气瓶应分类储存，库房内应通风良好；空瓶和实瓶同库存放时，应分开放置，空瓶和实瓶的间距不应小于1.5m。

（4）气瓶使用时，应符合下列规定：

1）使用前，应检查气瓶及气瓶附件的完好性，检查连接气路的气密性，并采取避免气体泄漏的措施。严禁使用已老化的橡皮气管。

2）氧气瓶与乙炔瓶的工作间距不应小于5m，气瓶与明火作业点的距离不应小于10m。

3）冬季使用气瓶，气瓶的瓶阀、减压器等发生冻结时，严禁用火烘烤或用铁器敲击瓶阀，严禁猛拧减压器的调节螺栓。

4）氧气瓶内剩余气体的压力不应小于0.1MPa。

5）气瓶用后应及时归库。

9.3 建筑施工现场消防档案管理

问题364：消防安全基本情况资料包括哪些内容？

（1）单位基本概况和消防安全重点部位情况。

（2）建筑物或者场所施工、使用或者开业前的消防设计审核、消防验收以及消防安全检查的资料、文件。

（3）消防管理组织机构和各级消防安全责任人。

（4）消防安全制度。

（5）灭火器材、消防设施情况。

（6）专职消防队、义务消防队人员及其消防装备配备情况。

（7）与消防安全有关的重点工种人员情况。

（8）新增消防产品、防火材料的合格证明材料。

（9）灭火和应急疏散预案。

问题365：消防安全管理资料包括哪些内容？

（1）公安消防机构填发的各种法律文书。

（2）消防设施定期检查记录、自动消防设施全面检查测试的报告以及维修保养的记录。

（3）整改情况记录。

（4）防火巡查、检查记录。

（5）有关燃气、电气设备检测（包括防静电、防雷）等记录资料。

（6）消防安全培训记录。

（7）灭火和应急疏散预案的演练记录。

（8）火灾情况记录。

（9）消防奖惩情况记录。

问题 366：防火技术方案主要包括哪些内容？

施工单位应编制施工现场防火技术方案，并应根据现场情况变化及时对其修改、完善。防火技术方案应包括下列主要内容：

（1）施工现场重大火灾危险源辨识。

（2）施工现场防火技术措施。

（3）临时消防设施、临时疏散设施配备。

（4）临时消防设施和消防警示标识布置图。

问题 367：灭火及应急疏散预案主要包括哪些内容？

施工单位应编制施工现场灭火及应急疏散预案。灭火及应急疏散预案应包括下列主要内容：

（1）应急灭火处置机构及各级人员应急处置职责。

（2）报警、接警处置的程序和通信联络的方式。

（3）扑救初起火灾的程序和措施。

（4）应急疏散及救援的程序和措施。

问题 368：消防安全教育和培训主要包括哪些内容？

施工人员进场时，施工现场的消防安全管理人员应向施工人员进行消防安全教育和培训。消防安全教育和培训应包括下列内容：

（1）施工现场消防安全管理制度、防火技术方案、灭火及应急疏散预案的主要内容。

（2）施工现场临时消防设施的性能及使用、维护方法。

（3）扑灭初起火灾及自救逃生的知识和技能。

（4）报警、接警的程序和方法。

问题 369：消防安全检查主要包括哪些内容？

施工过程中，施工现场的消防安全负责人应定期组织消防安全管理人员对施工现场的消防安全进行检查。消防安全检查应包括下列主要内容：

（1）可燃物及易燃易爆危险品的管理是否落实。

（2）动火作业的防火措施是否落实。

（3）用火、用电、用气是否存在违章操作，电、气焊及保温防水施工是否执行操作规程。

（4）临时消防设施是否完好有效。

（5）临时消防车道及临时疏散设施是否畅通。

问题370：消防安全操作规程包括哪些内容？

参照施工现场实际情况，制定下列保障消防安全的操作规程：

（1）变、配电操作规程。

（2）设备安装操作规程。

（3）电气线路安装操作规程。

（4）电焊、气焊操作规程。

（5）油漆等易燃易爆物品使用操作规程。

（6）电梯操作规程。

（7）其他有关消防安全操作规程。

问题371：消防安全技术交底主要包括哪些内容？

施工作业前，施工现场的施工管理人员应向作业人员进行消防安全技术交底。消防安全技术交底应包括下列主要内容：

（1）施工过程中可能发生火灾的部位或环节。

（2）施工过程应采取的防火措施及应配备的临时消防设施。

（3）初起火灾的扑救方法及注意事项。

（4）逃生方法及路线。

问题372：什么是防火档案？

防火档案是防火管理的基础，是记载企事业单位、施工现场消防安全基本情况的文书资料。建立防火档案是消防监督机关的规定，也是消防工作十项标准要求之一。同时，防火档案是各级防火安全委员会和防火安全主管部门的一项基础工作，是提高各单位防火安全管理水平的一项措施，也是防火主管部门考核各施工单位防火安全工作的重要依据之一。因此，防火主管部门必须十分注意防火档案的建立和管理工作，使防火档案真正成为促进施工防火安全的工具。

问题 373：防火档案包括哪些主要内容？

（1）基本情况。

（2）总平面图。

（3）防火安全委员会或领导小组人员名单及网络图。

（4）消防队员名单。

（5）特殊工种人员名单。

（6）班组防火员名单。

（7）重大火险隐患情况。

（8）重点部位。

（9）防火安全制度。

（10）火警、火灾事故登记记录。

（11）防火安全检查及工作记事。

（12）防火工作奖惩记录。

（13）其他。

问题 374：防火档案包括哪些范围？

（1）各企事业单位。

（2）各企事业单位所属的工程处、站、分公司等。

（3）建筑、建材、安装企业所属的工厂及其独立的分厂（车间）。

（4）建筑施工面积在 2000～5000m^2之间及以上的高层建筑工程。

(5) 国家列为重点的施工工程。

(6) 施工危险性大，事故发生后影响大，损失大的特殊工程。

(7) 各企事业单位防火主管部门认为需要建立《防火档案》的其他单位和工程。

9.4 建筑施工安全事故及救治

问题 375：急救有哪些原则？

1. 机智、果断

发生伤亡或意外伤害后 4～8min 是紧急抢救的关键时刻，失去这段宝贵时间，伤员或受害者的伤势会急剧变化，甚至死亡。所以要争分夺秒地进行抢救，冷静科学地进行紧急处理。发生重大，恶性或意外事故后，当时在现场或赶到现场的人员要立即进行紧急呼救，立即向有关部门拨打呼救电话，讲清事发地点、简要概况和紧急救援内容，同时要迅速了解事故或现场情况，果断、机智、迅速和因地制宜地采取有效应急措施和安全对策，防止事故、事态和当事人伤害的进一步扩大。

2. 及时、稳妥

当事故或灾害现场十分危险或危急，伤亡或灾情可能会进一步扩大时，要及时稳妥地帮助伤（病）员或受害者脱离危险区域或危险源，在紧急救援或急救过程中，要避免发生二次事故或次生事故，并要采取措施确保急救人员自身和伤病员或受害者的安全。

3. 正确、迅速

要正确迅速地检查伤（病）员、受害者的情况，若发现心跳呼吸停止，要立即进行心脏按压、人工呼吸，一直要坚持到医生到来；如伤（病）员和受害者出现大出血，要立即进行止血；若发生骨折，要设法进行固定等。医生到后，简要反映伤（病）员的情况、急救过程和采取的措施，并协助医生继续进行抢救。

4. 细致、全面

对伤（病）员或受害者的检查要细致、全面，尤其是当伤（病）员或受害者暂时没有生命危险时，要再次进行检查，不能粗心大意，防止临阵慌乱、疏忽漏项。对头部伤害的人员，要注意跟踪观察和对症处理。

在给伤员急救处理之前，首先必须了解伤员受伤的部位和伤势，观察伤情的变化。需急救的伤员伤情往往比较严重，要对伤员重要的体征、伤情、症状进行了解，绝不能疏忽遗漏。通常在现场要作简单的体检。

5. 现场简单体检

心跳检查：正常人每分钟心跳为 60～80 次，失血过多，严重创伤的伤员，心跳增快，且力量较弱，脉搏细而快。

呼吸检查：正常人，每分钟呼吸数为 16～18 次，重危伤员，呼吸变快、变浅，不规则。当伤员临死前，呼吸变得缓慢，不规则，直至呼吸停止。通过观察伤员胸廓起伏可知有无呼吸。如果呼吸极其微弱，不易看到胸廓明显的起伏，可以用一小片棉花或薄纸片、较轻的小树叶等放在伤员鼻孔旁边，看这些物体是否随呼吸飘动。

瞳孔检查：正常人两眼的瞳孔等大、等圆，遇光线能迅速收缩。受到严重伤害的伤员，两瞳孔大小不一，可能缩小或放大，用电筒光线刺激时，瞳孔不收缩或收缩迟钝。当伤员瞳孔逐步散大，固定不动，对光的反应消失时，伤员趋于死亡。

问题 376：常备急救物品有哪些？

（1）急救包、气管切开包、缝合包、各种常用小夹板或石膏绷带、担架、止血带、氧气袋等。

（2）20％甘露醇注射液、0.9％盐水注射液、低分子右旋糖酐注射液、血浆、多巴胺、毛花苷 C 等。

（3）酒精、碘酒、甲紫、过氧化氢、红汞等消毒用品。

（4）消炎药，治疗冠心病及降血压药、止咳平喘药、清热止痛药、解痉止痛药、镇静药、脱敏药、脱水药、抢救药和治疗配药的液体等常用药品。

（5）体温计、血压计、冰袋、听诊器、一次性注射器及输液装置等常用物品。

问题 377：火灾急救有哪些基本方法？

（1）先控制，后消灭。对于不可能立即扑灭的火灾，要首先控制火势，具备灭火条件时再展开全面进攻，一举消灭。

（2）救人重于救火。灭火的目的是为了打开救人通道，使被困的人员得到救援。

（3）先重点，后一般。重要物资与一般物资相比，保护和抢救重要物资；火势蔓延猛烈方面与其他方面相比，控制火势蔓延的方面是重点。

（4）正确使用灭火器材；水是最常用的灭火剂，取用方便，资源丰富，但要注意水不能用于扑救带电设备的火灾；以下是各种灭火器的用途和使用方法：

1）酸碱灭火器

倒过来稍加摇动或打开开关，药剂喷出；适合扑救油类火灾。

2）泡沫灭火器

将灭火器筒身倒过来；适用于扑救木材、棉花、纸张等火灾，不能扑救油类、电气火灾。

3）二氧化碳灭火器

一手拿好喇叭筒对准火源，另一手打开开关即可；适用于扑救贵重设备和仪器，不能扑救金属钾、钠、镁、铝等物质的火灾。

4）干粉灭火器

打开保险销，把喷管口对准火源，拉出拉环，即可喷出；适用于扑救石油产品、油漆、有机溶剂和电气设备等火灾。

（5）人员撤离火场途中被浓烟围困时，应采取低姿势行走或匍匐穿过浓烟，有条件时可用湿毛巾等捂住嘴鼻，以便顺利撤离烟雾区；如无法逃生，可向外伸出衣物或抛出小物件，发出救人信号引起注意。

（6）疏散物资时应将参加疏散工作的员工编成组，指定负责人首先疏散通道，其次疏散物资，疏散的物资应堆放在上风向的安全地带，不得堵塞通道，并要派人看护。

问题378：火灾急救的要点有哪些？

一般来说，起火要有三个条件：即可燃物（汽油、木材等）、助燃物（氧气等）和点火源（明火、烟火、电焊花等）。扑灭初期火灾的一切措施，都是为了破坏已经产生的燃烧条件。

发现火灾要拨打电话119，有人员受伤要拨打电话120进行急救。

施工现场应有经过训练的义务消防队；发生火灾时。应由义务消防队急救，其他人员应迅速撤离现场。

（1）及时报警，组织扑救；全体员工在任何时间、地点，一旦发现起火都要立即报警，并参与和组织群众扑灭火灾。

（2）集中力量，主要利用灭火器材，控制火势，集中灭火力量在火势蔓延的主要方向进行扑救，控制火势蔓延。

（3）消灭飞火，组织人力监视火场周围的建筑物，露天物质堆放场所的未尽飞火应及时扑灭。

（4）疏散物质，安排人力及设备，将受到火势威胁的物质转移到安全地带，阻止火势蔓延。

（5）积极抢救被困人员。人员集中的场所发生火灾，要有熟悉情况的人做向导，积极寻找并抢救被困的人员。

问题379：如何处理电烧伤？

由于电流的特殊作用，电烧伤所造成的软组织损伤是不规则的立体烧伤。伤口小，基底大而深，不能单纯看烧伤部位的面积来衡量烧伤的程度，而应同时注意致伤的深度及全身情况。

电烧伤一般有以下两种情况：

1. 接触性烧伤

人接触电源可能造成的局部烧伤。

2. 电弧烧伤

电弧由高压导线跳至皮肤，瞬间温度可达 2500～3000℃，可引起局部严重烧伤。

电烧伤应视情况，进行心肺功能的复苏，有神志障碍者，头部可放置冰帽或冰袋，经相应处置后，尽快护送至医院救治。

问题 380：如何处理化学烧伤？

建筑施工现场常见的化学烧伤为各种酸（如硫酸、盐酸、硝酸等）、碱（如氢氧化钠、氢氧化钾、生石膏等）烧伤，症状各不相同。如果化学物质不慎进入眼内，切忌用水或手帕揉擦，以免增加创伤。现场强酸、强碱、生石灰等烧伤常采取以下急救方法。

1. 强酸烧伤急救

（1）立即用大量温水或大量清水反复冲洗皮肤上的强酸，冲洗得越早、越干净、越彻底越好，一点儿残留也会使烧伤越来越严重。

（2）采用恰当的中和治疗，如：酸烧伤可用 2％苏打水或 3％食盐水或肥皂水冲洗中和。

（3）切忌未经冲洗，急急忙忙地将病人送往医院。

（4）用水冲洗干净后，用清洁纱布轻轻覆盖创面，送往医院处理。

2. 强碱烧伤急救

（1）立即用大量清水反复冲洗，至少冲洗 20 分钟；碱性化学烧伤也可用食醋来清洗，可用 3％的硼酸水或 2％醋酸溶液冲洗患处。以中和皮肤的碱液。

（2）用水冲洗干净后，用清洁纱布轻轻覆盖创面，送往医院救治。

3. 生石灰烧伤急救

（1）应先用手绢、毛巾揩净皮肤上的生石灰颗粒，再用大量清水冲洗。

（2）切忌先用水洗，因为生石灰遇水会发生化学反应，产生大量热量灼伤皮肤。

（3）冲洗彻底后快速送医院救治。

问题381：如何处理一般部位热烧伤？

一般部位是指除头面部、呼吸道等要害部位以外的身体烧伤。其急救措施为：

（1）防止烧伤扩大：身体已经着火可就地打滚或用厚湿的衣物覆盖以压灭火苗，或者尽快脱去燃烧衣物，如果衣物与皮肤粘连在一起，应用冷水浸湿或浇湿后，轻轻脱去或剪去。附近有浅河沟或水池处，也可让伤员跳入水中灭火，切勿奔跑或用手拍打，以免助长火势，防止手烧伤。

（2）冷却烧伤部位，用冷水冷敷、冲洗或浸泡肢体，降低皮肤温度。

（3）用干净纱布或被单覆盖和包裹烧伤创面，不要弄破水疱，更不能自行用不卫生或不对症的药物乱涂创面（如紫药水、红药水等），以免掩盖病情，增加进一步处理的困难。

（4）为防止烧伤休克，烧伤伤员可口服自制烧伤饮料糖盐水，在500mL开水中放入50g左右白糖、1.5g左右食盐制成。但是，切忌给烧伤伤员喝白开水。

（5）搬运烧伤伤员动作要轻柔、平稳，尽量不要拖拉、滚动，以免加重皮肤损伤。伤员经现场处理后，应急送医院救治。

问题382：如何处理特殊部位热烧伤？

特殊部位是指头面部、呼吸道等要害部位的烧伤。应分别做以下处理：

1. 头面部烧伤

头面部是一个多器官、多功能的部位，烧伤后常极度肿胀，且容易引起继发性感染，招致形态改变、畸形和功能障碍。所以在抢救时要特别注意，应以最快的速度送往医院救治。

2. 呼吸道烧伤

吸入热气流或热蒸汽会使呼吸道黏膜充血水肿，严重者甚至黏膜坏死、脱落，导致气道堵塞。吸入火焰烟雾或化学蒸气、烟雾，使支气管痉挛，肺充血水肿，降低通气功能而导致呼吸窘迫。由于呼吸道烧伤属于内脏烧伤，外表症状不太明显，难以判断，容易被漏诊而延误抢救，以致造成早期死亡。

人们在火灾现场大声呼喊，或人在火区失去知觉，都易吸入热气流、火焰。伤员如出现口干、咽喉部疼痛、声音嘶哑、痰中带烟灰尘屑的情况，都属于有呼吸道烧伤可能的征兆。碰到上述情况，要格外观察伤员有无进展性呼吸困难，并及时护送到医院做进一步诊断治疗。

问题 383：触电事故的主要原因有哪些?

（1）缺乏电气安全知识，自我保护意识淡薄。

（2）违反安全操作规程。

（3）电气设备安装不合格。

（4）电气设备缺乏正常维护和检修。

（5）其他偶然因素。

问题 384：触电事故有哪些特点?

（1）电压越高，危险性越大。

（2）有一定的季节性，每年的第二、三季度因天气多雨、潮湿、天气炎热触电事故较多。

（3）低压设备触电事故较多。因施工现场低压设备较多，又被多数人直接使用。

（4）发生在携带式设备和移动式设备上的触电事故多。

（5）在潮湿、高温、混乱或金属设备多的现场中触电事故多。

（6）违章操作和无知操作而触电的事故占绝大多数。

问题385：触电事故有哪些急救方法？

经过简单诊断后，可按表9-2所列，迅速进行现场救治。

触电事故现场急救措施　　表9-2

项目	神志情况	心跳	呼吸	对症救治措施
解脱电源进行抢救并通知医疗部门	清醒	存在	存在	静卧、保暖、严密观察
	昏迷	存在	存在	严密观察，做好复苏准备，立即护送医院
	昏迷	停止	存在	体外心脏挤压来维持血液循环
	昏迷	存在	停止	口对口人工呼吸来维持气体交换
	昏迷	停止	停止	同时进行心脏体外挤压和口对口人工呼吸

问题386：发生触电事故时应按照什么步骤进行急救？

施工现场一旦发生触电事故，在向医疗部门告急的同时，应采取以下紧急措施：

1. 迅速脱离电源

发生触电事故后，切不可惊慌失措，束手无策。要立即切断电源，使伤员脱离继续受电流损害的状态，减少损伤的程度。同时向医疗部门呼救，这是决定能否抢救成功的首要因素。进行切断电源前，应注意伤员身上因有电流通过，已成带电体，任何人不应触碰伤员，以免自己也遭电击，确认自己无触电危险再进行救护。

切断电源可采取下面两种方法：

（1）立即拉开电源开关或拔掉电源插头，以断开电源；

（2）不能立即按上面的办法切断电源时，可用绝缘物品挑开或切断触电者身上的电线、灯、插座等带电物品，使伤员脱离电源。绝缘物品可利用现场随手找到的干燥的木棍、竹竿、扁担、擀面杖、塑料棒等，也可用带木柄的铲子、电工用绝缘钳子等。抢救者应站在绝缘物体上，如胶垫、木板；穿着绝缘的鞋：胶底鞋、塑料鞋等。此时切不可用手或金属和潮湿的导电物体直接碰伤员的身体或触碰伤员接触的电线，以免引起抢救人员自身触电。

在进行切断电源的动作时，事先要采取防御措施，防止触电者脱离电源后因肌肉放松而自行摔倒，造成新的外伤。切断电源的动作要用力适当，防止因用力过猛而将带电电线击伤在场的其他人员。

2. 现场对伤情进行简单诊断

在触脱电源后，伤员往往处于昏迷状态，全身各组织严重缺氧，生命垂危。因此，这时不能用整套常规方法进行系统检查，而只能用简单有效的方法尽快对心跳、呼吸与瞳孔的情况作一判断，以确定随后的现场救治方法：

（1）观察伤员是否还存在呼吸

可将手或者纤维毛放在伤员鼻孔前，感受和观察是否有气体流动，同时观察伤员的胸廓和腹部是否存在上下起伏的呼吸运动。

（2）检查伤员是否存在心跳

可直接在心前区听是否有心跳的心音，或摸颈动脉、肱动脉是否搏动。

（3）观察瞳孔是否扩大

人的瞳孔受大脑控制，在正常情况下，瞳孔的大小可随外界光线的强弱变化而自然调节，使进入眼内的光线适中，在假死的状态中，大脑细胞严重缺氧，机体处于死亡边缘，整个调节系统失去了作用，瞳孔便自行扩大，并且对光线强弱变化也不起反应。

参 考 文 献

[1] 国家标准.《建筑设计防火规范》GB 50016—2014[S]. 北京：中国计划出版社，2014.

[2] 国家标准.《自动喷水灭火系统设计规范(2005 年版)》GB 50084—2001[S]. 北京：中国计划出版社，2005.

[3] 国家标准.《火灾自动报警系统设计规范》GB 50116—2013[S]. 北京：中国计划出版社，2014.

[4] 国家标准.《泡沫灭火系统设计规范》GB 50151—2010[S]. 北京：中国计划出版社，2011.

[5] 国家标准.《气体灭火系统设计规范》GB 50370—2005[S]. 北京：中国计划出版社，2006.

[6] 石敬炜. 建筑消防工程设计与施工手册[M]. 北京：化学工业出版社，2014.

[7] 郭树林，孙英男. 建筑消防工程设计手册[M]. 北京：中国建筑工业出版社，2012.

[8] 王维瑞等主编. 安全员手册(第 3 版)[M]. 北京：中国建筑工业出版社，2011.

[9] 徐志嫱. 建筑消防工程[M]. 北京：中国建筑工业出版社，2009.

[10] 张志勇. 消防设备施工技术手册[M]. 北京：中国建筑工业出版社，2012.

[11] 阎士琦. 建筑电气防火实用手册[M]. 北京：中国电力出版社，2005.

[12] 赵际萍，施新昌主编. 建筑施工现场安全生产作业须知[M]. 上海：同济大学出版社，2011.

[13] 周和荣主编. 建筑施工安全[M]. 北京：中国环境科学出版社，2010.